21世纪高等学校公共课计算机规划教材

大学计算机基础

——以能力为导向的项目化教程

孔令德　主编

刘宇君　杨慧炯　王　伟　周晓青　副主编

电子工业出版社

Publishing House of Electronics Industry

北京 · BEIJING

内 容 简 介

本书以社会岗位需求为导向，重新定位了学生的计算机基本操作能力。基本厘清了"应用型本科"与"现代职教体系"两个基本概念，前者培养的是具有后学能力的一线工程师，后者培养的是一线技术人员。本书是为应用型本科教学编写的一本计算机基础教材，引导读者在 Windows 7 环境下熟练掌握和使用办公软件 Office 2010(含 Visio 2010 模块) 的基本能力。本书基于"项目引导，任务驱动"的理念编写，可满足 32～48 学时的授课任务。建议在计算机机房中进行现场教学。老师在教学机器上直接开发项目，学生边学习边实践。学生学习结果的检验不再采用试题试卷的笔试方式，而采用直接在机器上完成项目的真实环境考核方式。

本书可作为本科院校各专业"计算机基础"课程的教材，也可作为各类计算机培训班的教材或自学教材。

图书在版编目（CIP）数据

大学计算机基础：以能力为导向的项目化教程 / 孔令德主编 . —北京：电子工业出版社，2015.7
21 世纪高等学校公共课计算机规划教材
ISBN 978-7-121-26012-4

Ⅰ.①大… Ⅱ.①孔… Ⅲ.①电子计算机－高等学校－教材 Ⅳ.① TP3

中国版本图书馆 CIP 数据核字（2015）第 097177 号

策划编辑：谭海平
责任编辑：谭海平 特约编辑：王 崧
印　　刷：北京虎彩文化传播有限公司
装　　订：北京虎彩文化传播有限公司
出版发行：电子工业出版社
　　　　　北京市海淀区万寿路 173 信箱　邮编　100036
开　　本：787×1092　1/16　印张：18　字数：460 千字
版　　次：2015 年 7 月第 1 版
印　　次：2024 年 7 月第 15 次印刷
定　　价：45.00 元

凡所购买电子工业出版社图书有缺损问题，请向购买书店调换。若书店售缺，请与本社发行部联系，联系及邮购电话：(010) 88254888，88258888。

质量投诉请发邮件至 zlts@phei.com.cn，盗版侵权举报请发邮件至 dbqq@phei.com.cn。

本书咨询联系方式：(010) 88254552，tan02@phei.com.cn。

前　言

随着应用型本科教学改革的不断深入，从关注知识体系的完整性到关注动手能力的完整性的转变已经形成共识。采用岗位对接、能力分析、知识点对应、模块设置，最终实现"产教融合、项目伴随"，是笔者所在团队在应用型本科教学改革中的有效探索和实践。本书针对应用型人才的岗位需求，打破了"课程等于教材"的传统理念，采用"项目引导，任务驱动"的方法编写，从岗位所需能力或子能力着手，抽象出完成某个项目所需要的知识点，然后采用任务化序列，在实践过程中动手完成整个项目，最后将这些项目组合形成模块。虽然项目化教学不能保证理论体系的完整性，但却保持了能力体系的连续性，适合应用型人才培养。

本书以"Windows 7 + Office 2010（含 Visio 2010 模块）"主流应用软件为教学内容，主要特点如下。

1. 贯彻理实一体化教学理念

传统的大学计算机基础课程，人为地分为理论教学和实践训练两部分。理论部分在教室上课，实训部分在机房上课，对应的教材也分为理论和实训两部，理论和实践存在脱节，教学效果不理想。本书不区分理论和实训，而是将理论融合在实训中，要求教学过程完全放在机房，学中做，做中学，真正实现理实一体化教学。

2. 项目引导，任务驱动

本书设计的项目主要体现课堂的完整性，即以一节课实现 1 ~ 2 个项目为单元设计项目，以能力和子能力为主，将相关知识点碎片化，渗透到项目中，每个模块由 4 ~ 6 个项目组成，每个项目由项目描述、项目目标、项目实施、项目小结和同步训练组成。教师可以根据教学时数完成部分或全部项目，余下的项目由学生自主学习。

3. 新增绘图软件

Visio 2010 是 Office 家族的一员，是一款专业的绘图软件。Visio 支持 Word、Excel 和 PowerPoint 的交互编辑功能，功能非常强大，可以创作出优秀的图表，以满足大学生撰写毕业论文时图文混排的实际需要。

4. 构建科学有效的考核平台

"大学计算机基础"是一门实操性很强的课程，但许多院校的考核方式还停留在选择题、填空题的传统模式中，与应用型人才培养目标严重背离。本课程建议使用真实环境考试系统考核学生的动手能力，这样既提高了课程考核的科学性，又减少了教师的工作量，还使得考核内容与教学目标完全一致。

本书中的模块 1 由孔令德和傅宏智编写，模块 2 由孔令德和王俊秀编写，模块 3 由王伟和纪良雄编写，模块 4 由刘宇君和张伟编写，模块 5 由杨慧炯和韩燕丽编写，模块 6 由周晓青和侯欢欢编写。全书由孔令德提出编写提纲并统稿校对。

本书提供有各模块配套的课件、项目素材等教学资源，需要的教师请加 QQ 群 362559295 联系作者获得。

孔令德

2015 年 5 月

目　录

模块1 概　　论

计算机是 20 世纪人类最伟大的科技发明之一，并深刻地改变着人们的工作、学习、生活甚至思维方式。本模块从介绍计算机基本知识开始，通过学习计算机组成部件的性能参数，指导读者选购一台合适的计算机。

项目 1.1　计算机的诞生、发展及系统组成

 项目描述

本项目通过介绍计算机的诞生、分类情况，重点讲解计算机的软/硬件组成和性能指标，为以后选购计算机打下良好的基础。

 项目目标

- 计算机的诞生过程及原因
- 掌握计算机系统的硬件组成和软件组成
- 了解微型计算机的主要性能指标

 项目实施

- 任务 1　了解计算机的发展历史
- 任务 2　认识冯·诺伊曼结构计算机
- 任务 3　熟悉计算机的硬件组成
- 任务 4　熟悉计算机的软件组成
- 任务 5　了解计算机的主要性能指标

 任务 1　了解计算机的发展历史

在人类文明发展的历史长河中，计算工具的演化经历了从简单到复杂、从低级到高级的不同阶段，例如从"结绳记事"中的绳结到算筹、算盘、计算尺、机械计算机等。它们在不同的历史时期各自发挥了作用，同时也孕育了电子计算机的雏形和设计思路。

1．计算机的产生和发展

1946 年 2 月 14 日，由美国军方定制的世界上第一台电子计算机"电子数字积分计算机"（Electronic Numerical Integrator And Calculator，ENIAC）在美国宾夕法尼亚大学问世，目的在于计算炮弹及火箭、导弹武器的弹道轨迹，如图 1.1 所示。主要发明人是电气工程师普雷斯波·埃

克特（J. Prespen Eckert）和物理学家约翰·莫奇勒（John W. Mauchly）博士。通常，根据计算机所采用的物理器件，可将计算机的发展分为四个阶段：电子管数字计算机（1946—1957），晶体管数字计算机（1958—1964），中小规模集成电路数字计算机（1965—1971），大规模、超大规模集成电路计算机（1972—）。

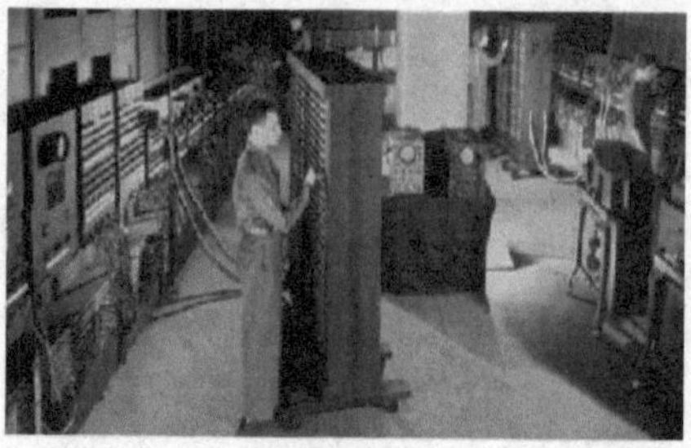

图 1.1 ENIAC 计算机

2. 计算机的特点

作为高速、自动进行科学计算和信息处理的电子计算机与过去的计算工具相比，具有以下 6 个主要特点。

（1）运算速度快

计算机最显著的特点就是能以很高的速度进行算术运算和逻辑运算，其运算速度可达万万亿次运算每秒。由于计算机运算速度快，使得如航空航天、天文气象等数据处理和数值计算等过去无法快速处理的问题得以解决。

（2）计算精度高

电子计算机具有其他计算工具无法企及的计算精度，一般可达十几位、几十位、几百位以上的有效数字精度。事实上，计算机的计算精度可根据实际需要而定。

（3）具有存储和“记忆”能力

计算机中的存储器能够用来存储程序、数据和运算结果。随着多媒体技术的出现，计算机不但可以用来记录数字和符号，还可以记录声音、图像和影视等多媒体信息。

（4）能自动连续地运行

因为计算机具有存储和逻辑运算能力，所以它能把输入的程序和数据存储起来，在运行时逐条取出指令并执行，实现了运算的连续性和自动化。

（5）可靠性高

随着微电子学和计算机技术的发展，现代电子计算机连续无故障运行时间可达几万、几十万小时，具有极高的可靠性。用于控制宇宙飞船和人造卫星的计算机可以长时间可靠地运行。

（6）具有逻辑判断能力

对运算结果进行比较称为逻辑判断。例如，判断锅炉温度大于还是小于某个额定值，判断某人的年龄是否在 20 岁以上等。计算机判断能力是计算机有别于其他传统计算工具的关键点。

3. 计算机的分类

计算机种类很多，可以从不同的角度对计算机进行分类。按照 1989 年电气与电子工程师协会（IEEE）提出的运算速度分类法，计算机可分为巨型机、小巨型机、大型机、小型机、工作站和微型机 6 种。近年来我国巨型机的研发取得了很大的成绩，中国科学院的“曙光”系列和中国国防科学技术大学的“天河”系列都是杰出代表，其中后者如图 1.2 所示。下文所称计算机指的是图 1.3 所示的微型计算机。

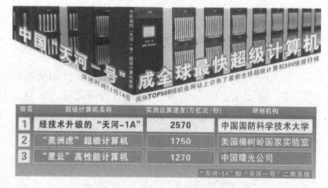

中国“天河一号”成全球最快超级计算机
当地时间11月14日 国际TOP500组织在网站上公布了最新全球超级计算机500强排行榜
排名 超级计算机名称 实测运算速度(万亿次/秒) 研制机构
1 经技术升级的“天河-1A” 2570 中国国防科学技术大学
2 “美洲虎”超级计算机 1750 美国橡树岭国家实验室
3 “星云”高性能计算机 1270 中国曙光公司
“天河-1A”即“天河一号”二期系统

图 1.2 “天河一号”巨型机

图 1.3　微型计算机

当前计算机的 5 种发展趋势为巨型化、微型化、网络化、智能化和多媒体化。

 任务 2　认识冯·诺伊曼结构计算机

冯·诺伊曼（Von Neumann，1903 年 12 月 28 日—1957 年 2 月 8 日），见图 1.4，出生于匈牙利，20 世纪最杰出的美国籍犹太人数学家之一，现代计算机创始人之一。

1946 年 6 月，冯·诺伊曼在其设计报告"电子计算机装置逻辑结构初探"一文中，系统地阐述了计算机的逻辑设计思想，主要有如下 3 点：

（1）采用二进制来表示各种指令和数据。

（2）将指令和数据同时放在存储器中。

（3）计算机的硬件由控制器、运算器、存储器、输入设备和输出设备 5 大部分组成。

这一设计思想是计算机发展史上的一个里程碑，标志着计算机时代的真正开始。因此，冯·诺伊曼也被誉为"现代计算机之父"。

图 1.4　冯·诺伊曼

一个完整的计算机系统是由计算机硬件系统和计算机软件系统两部分组成的，如图 1.5 所示。硬件系统是构成计算机系统的各种物理设备的总称，是机器的实体，又称为硬设备，它通常由运算器、控制器、存储器、输入设备和输出设备构成，其中运算器和控制器共同组成了中央处理器。软件系统是运行、管理和维护计算机的各类程序与文档的总称，它可以提高计算机的工作效率，扩展计算机的功能。计算机硬件系统是计算机的躯体，软件系统是计算机的灵魂。

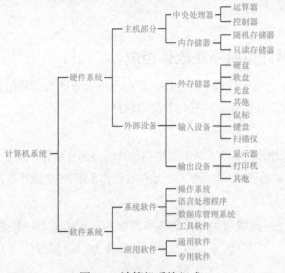

图 1.5　计算机系统组成

3

任务 3　熟悉计算机硬件组成

1．运算器（Arithmetic and Logic Unit）

运算器又称为算术逻辑单元，主要完成算术运算和逻辑运算。运算过程中，运算器不断地从内存储器取得数据，运算后又把结果送回内存储器保存起来。整个运算过程是在控制器的统一指挥下，按程序中设计的操作顺序进行的。

2．控制器（Control Unit）

控制器是计算机的指挥中心，是对计算机发布命令的"决策机构"，用来协调和指挥整个计算机系统的操作。它本身不具有运算功能，而是通过读取各种指令，并对其进行翻译和分析，而后对各部件进行相应的控制。

随着电子技术的发展和电路集成化程度的提高，运算器和控制器被集成到了一个芯片中，该芯片称为中央处理器（Central Processing Unit，CPU）。

3．存储器（Memory Unit）

存储器是用来存储数据和程序的部件。对存储器操作有两种方式：从存储器中取出原来记录的内容，并且不破坏存储器中的内容，这种操作称为对存储器的"读"；用新的内容覆盖存储器中原来的内容，这种操作称为对存储器的"写"。根据功能的不同，存储器可分为内存储器和外存储器两类，简称内存和外存。

4．输入设备（Input Device）

输入设备是把程序、数据等转换成计算机能够接受的二进制代码，并存放于存储器中的部件。它用于向计算机输入信息，通过输入设备，人们可以把程序、数据和操作命令等输入计算机进行处理。

5．输出设备（Output Device）

输出设备是把计算机处理的结果从内存中输出，并转换成人们能够识别的形式的部件。它用于输出计算机的信息。

 ## 任务 4　熟悉计算机系统软件组成

计算机软件是指运行在计算机上的程序、运行程序所需的数据和相关文档的总称。计算机软件系统一般分为两大类，包括系统软件和应用软件。

1．系统软件

系统软件是指管理计算机资源、分配和协调计算机各部分工作、增强计算机功能、使用户能方便地使用计算机而编制的程序。常用的系统软件有操作系统、程序设计语言、数据库管理系统等。

2．应用软件

应用软件是为某种应用或解决某类问题所编制的应用程序。应用软件处于软件系统的最外层，直接面向用户，为用户服务。根据服务对象来分，应用软件可分为通用软件和专用软件两类。

（1）通用软件

这类软件通常是为解决某一类问题而设计的，并且这类问题是大多数人都要遇到和需要解决的。例如微软的 Office 办公软件包含了 Word、Excel、PowerPoint、Visio 等组件。这类软件的内部程序之间可以共享数据，从而达到功能互补、协调操作的作用。

（2）专用软件

这类软件通常是为特定用户解决某一具体问题而开发的，它在计算机系统软件和通用软件的支持下开发和运行，如游戏软件、财务专业管理软件、人事管理信息系统等。

 任务5　了解计算机的主要性能指标

针对计算机的不同用途,对其部件的性能指标要求有所不同。用做科学计算为主的计算机,对主频要求较高；用做数据库管理的计算机,对存储容量、存取速度和外存储器的读写速度要求较高。

1. 主频

主频又称为时钟频率，单位一般是 MHz 或 GHz，表示 CPU 内数字脉冲信号振荡的速度。一般来说，主频越高，一个时钟周期里完成的指令数就越多，当然 CPU 的速度就越快。目前 Intel 酷睿 i7 3770K（四核，8 线程）芯片的主频可达 3.5GHz。

2. 字长

字长是衡量计算机的重要性能指标之一。字长就是 CPU 可以同时处理数据的二进制位数，它反映了 CPU 的寄存器和数据总线的数据位数，在很大程度上决定着计算机的内存最大容量、文件的最大长度、数据在计算机内的传输速度、计算机的处理速度和精度等重要指标。微型计算机字长有 4 位、8 位、16 位，目前主要为 32 位或 64 位。

3. 存储容量

存储容量包括内存容量和外存容量,内存容量越大,处理的数据范围越广,运算速度也越快。外存储容量是指磁盘和光盘等的容量。一般将一位二进制数称为 1 个二进制位（bit），8 个二进制位记为 1 字节（Byte），内存容量一般用 KB（1024B）、MB（1024KB）或 GB（1024MB）来表示。安装 Windows 7 操作系统至少需要 1GB 内存。目前，微型计算机内存配置已超过 4GB。

4. 存取周期

存取周期也称读写周期，是计算机一次完成读（取）或写（存）信息所需的时间，它的单位是 MIPS（Million Instruction Per Second，百万条指令每秒）。

5. 外设扩展能力

一台微型计算机可配置的外部设备的数量和类型，对整个系统性能有重大影响。例如显示器的分辨率、多媒体接口功能和打印机型号等，都是外部设备选择中要考虑的问题。

6. 软件配置情况

软件配置情况直接影响着微型计算机系统的使用和性能的发挥。通常，应配置的软件有操作系统、计算机程序设计语言以及工具软件等，另外还可配置数据库管理系统和各种应用软件。

除以上主要指标外，还有兼容性、可靠性、可维护性、输入 / 输出数据传输率等指标可考察计算机的性能优劣。

 项目小结

本项目通过 5 个任务介绍了计算机的发展历史、计算机系统的硬件组成和软件组成，最后简单介绍了计算机的主要性能指标。其主要内容如下：

1．计算机发展根据电子元器件分为四代，即第一代电子管，第二代晶体管，第三代中小规模集成电路，第四代大规模、超大规模集成电路。

2．计算机具有运算速度快、计算精度高、具有存储和"记忆"能力、能自动连续地运行、可靠性高等特点；其种类大体可分为巨型机、小巨型机、主机、小型机、工作站、微型机。

3．计算机系统由硬件和软件组成，其中硬件主要包括控制器、运算器、存储器、输入设备和输出设备五大部分，计算机软件主要分为系统软件和应用软件。

4．衡量计算机的主要性能指标是 CPU 字长、主频、内存大小及操作系统等。

 同步训练

1．通过 Internet 查找资料，写一份 500 字介绍冯・诺伊曼的资料。

2．查找我国巨型计算机的相关资料，写出"曙光"、"天河"、"银河"等的发展情况。

3．通过 Internet 搜集被称为"蓝色巨人"的 IBM 公司的相关资料。

4．通过"中关村在线"网站，查找目前主流计算机的配置情况。

项目 1.2　计算机各个部件的性能参数

 项目描述

从外观角度看，一台典型的计算机主要由主机箱、显示器、键盘、鼠标、打印机等组成。主机包括主板、中央处理器、内存、显卡、声卡、硬盘、光盘驱动器等设备。购买一台计算机时，需要了解组成计算机各个部件的性能参数。

 项目目标

• 了解组成计算机的各个部件

• 掌握计算机 CPU、内存等部件的主要参数和性能

• 能根据自己的需求，选择一台性价比较高的计算机

 项目实施

任务 1　认识主板

任务 2　认识中央处理器

任务 3　认识内存储器

任务 4　认识外存储器

任务 5　认识输入 / 输出设备

任务 6　认识计算机接口

微型计算机的硬件是由主板、中央处理器（CPU）、内存、I/O 接口和外部设备等部件构成的，其基本组成如图 1.6 所示。

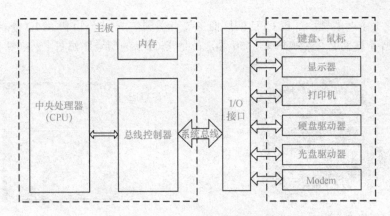

图 1.6 微型计算机的基本组成

任务 1 认识主板

主板又称为系统板（或母板），是位于机箱内底部的一块大型印制电路板，是计算机主要的核心部件。主板要完成计算机系统管理和协调任务，支持各种 CPU、功能卡和各总线接口的正常运行。主板通常由 CPU 插槽、CMOS 芯片、键盘接口、直流电源供电插座和 BIOS（基本输入 / 输出系统）等组成。目前，市场上的主板主要有华硕、技嘉、微星、磐正等，其中华硕 B85M-G 主板如图 1.7 所示。

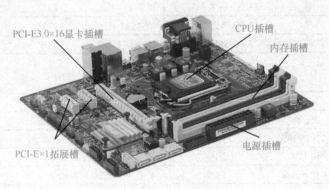

图 1.7 华硕 B85M-G 主板示意图

主板的性能主要由芯片组决定，Intel 芯片组主要有 9 系列（X99、Z97、H97）、8 系列（Z87、H87、B85）和 7 系列（B75、H77、Z75、Z77、X79），AMD 芯片组主要有 APU（A85、A55、A75）、9 系列（970、990X、990FX）和 8 系列（870、880G、890GX、890FX）。

任务 2 认识中央处理器

中央处理器（CPU）制作在一块集成电路芯片上，也称微处理器（Micro Processor Unit，MPU）。计算机使用中央处理器处理数据，使用存储器来存储数据。CPU 是计算机硬件的核心，主要包括运算器和控制器两大部分，控制着整个计算机系统的工作。计算机的性能主要取决于 CPU 的性能。

目前世界上生产微型计算机 CPU 的厂商主要有美国的 Intel 公司和 AMD 公司。通常我们所说的 Intel 酷睿 i3 3225、AMD FX-8150 等，都是指 CPU 的型号，如图 1.8 和图 1.9 所示。

图 1.8　Intel 的 CPU

图 1.9　AMD 的 CPU

CPU 的主要参数是内核的个数、主频大小、二级缓冲大小及生产工艺。表 1.1 为 Intel 公司第四代 Haswel CPU，制作工艺是 22nm，适合于 Z97/Z87/H87/B85 主板使用。表 1.2 为 AMD 主流 CPU 型号。

表 1.1　Intel CPU 主要型号

型号	核心	参数（主频 /L3/TDP）	型号	核心	参数（主频 /L3/TDP）
赛扬 G1840	双核	2.8G/2MB/53W	酷睿 i5 4690	四核	3.5G/6MB/84W
奔腾 G3420	双核	3.2G/3MB/53W	酷睿 i5 4690K	四核	3.5G/6MB/88W
酷睿 i3 4150	双核	3.5G/3MB/54W	酷睿 i7 4770	四核	3.4G/8MB/84W
酷睿 i5 4460	四核	3.2G/6MB/84W	酷睿 i7 4770K	四核	3.5G/8MB/84W
酷睿 i5 4590	四核	3.3G/6MB/84W	酷睿 i7 4790	四核	3.6G/8MB/88W
酷睿 i5 4670K	四核	3.4G/6MB/84w	酷睿 i7 4790K	四核	4.0G/8MB/88W

表 1.2　AMD CPU 主要型号

FM2/FM2 + 接口		
型号	核心	参数（主频 /L3/ 制程 / 核显）
A10 7850K	四核	3.7G/4MB/28nm/R7
A10 7700K	四核	3.5G/4MB/28nm/R7
A10 6800K	四核	4.1G/4MB/32nm/HD8670D
A10 5800K	四核	3.8G/4MB/32nm/HD7660D
A8 6600K	四核	3.9G/3MB/32nm/HD8570D
A6 6400K	双核	3.9G/1MB/32nm/HD8470D
X4 860K	四核	3.7G/4MB/28nm
X4 760	四核	3.8G/4MB/32nm
X4 740（盒）	四核	3.2G/4MB/32nm
X4 730	双核	2.8G/4MB/32nm
FM1 接口		
型号	核心	参数（主频 /L3/ 制程 / 核显）
A8-3870K	四核	3.0G/4MB/32nm/HD6550D
A8-3850（盒）	四核	2.9G/4MB/32nm/HD6550D
A6-3650（盒）	四核	2.7G/4MB/32nm/HD6530D
型号	核心	参数（主频 /L3/ 制程 / 核显）

（续表）

A6-3500（盒）	三核	2.1G/3MB/32nm/HD6530D
A4-3400（盒）	双核	2.7G/1MB/32nm/HD6410D
X4 651（盒）	四核	3.0G/4MB/32nm
X4 641（盒）	四核	2.8G/4MB/32nm
X4 631（盒）	四核	2.6G/4MB/32nm
AM3 + 接口		
型号	核心	参数（主频 /L3/ 制程）
FX8350（盒）	八核	4.0G/8MB/32nm
FX8320（盒）	八核	3.5G/8MB/32nm
FX6350（盒）	六核	3.9G/8MB/32nm
FX6300（盒）	六核	3.5G/8MB/32nm
FX4300（盒）	四核	3.8G/4MB/32nm

任务 3　认识内存储器

内存是计算机中用来存放指令和数据，并能由微处理器直接读写的存储器。计算机在工作时，整个处理过程用到的指令和数据都存放在内存中。它由大规模半导体集成电路芯片组成。其特点是存取速度快，但容量有限，不能长期保存所有数据。它的容量大小会直接影响整机系统的速度和效率。内存以内存条的形式组织，内存条插在主板的内存插槽中，其外观如图 1.10 所示。一个内存条上安装有多个 RAM 芯片。通常，微型计算机的内存容量是指 RAM，它是计算机性能的一个重要指标。目前一般内存选配容量为 2 ~ 8GB，用户可以自己购买额外的内存条来扩充计算机的内存容量。

图 1.10　8GB DDR3 1600 内存条

按照存取方式，内存储器分为随机读 / 写存储器（Random Access Memory，RAM）、只读存储器（Read Only Memory，ROM）和高速缓冲存储器（Cache）三类。内存一般指的是 RAM。

（1）RAM 是一种读写 / 存储器，其内容可以随时根据需要读出或写入。CPU 在工作时直接从 RAM 中读数据，而 RAM 中的数据来自外存，并随着程序的不同而随时变化。RAM 的特点主要有两个：一是存储器中的数据可以反复使用，只有向存储器写入新数据时存储器中的内容才被更新；二是 RAM 中的信息随着计算机的断电会自然消失，所以说 RAM 是计算机中数据的临时存储区，要想长期保存数据，必须将数据存储在外存中。

（2）ROM 中的数据是由设计者和制造商事先编制好并固化在里面的一些程序，使用者不能随意更改，断电后其中的信息不会丢失。ROM 主要用于检查计算机系统的配置情况并提供最基本的输入 / 输出控制程序，如存储 BIOS 参数的 CMOS 芯片。

（3）Cache 是在 CPU 与内存之间设置的一级或两级高速小容量特殊存储器，称为高速缓冲存储器，集成在 CPU 中。在计算机工作时，系统先将数据由外存读入 RAM，再由 RAM 读入 Cache，然后 CPU 直接从 Cache 中取得数据进行操作，解决了内存和外存之间速度不匹配的问题。

内存性能的主要参数有容量、频率、延迟值。主要类型有 DDR、DDR2、DDR3，现在主要是 DDR3，如金士顿 4GB DDR3 1600。

任务4　认识外存储器

外存储器的特点是存储容量大，信息能永久保存，但相对内存储器而言存取速度慢。目前，常用的外存储器有硬盘、光盘和可移动外存。

1. 硬盘

硬盘是计算机主要的外部存储设备，用于存放计算机操作系统、各种应用程序和数据文件。硬盘大部分组件都密封在一个金属外壳内，目前有机械硬盘（Hard Disk，HD）和固态硬盘（Solid State Disk，SSD）两种，如图 1.11 所示。

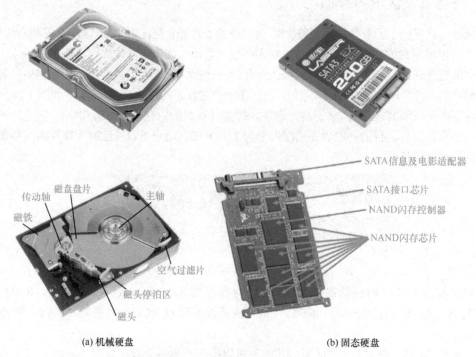

(a) 机械硬盘　　　　　　　　　　　(b) 固态硬盘

图 1.11　硬盘及其内部结构

机械硬盘是由若干盘片组成的盘片组，主要由磁盘盘片、磁头组件及磁头传动结构组成。固态硬盘用来在计算机中代替机械硬盘。固态硬盘是用固态电子存储芯片阵列而支持的硬盘，固态硬盘中已经没有可以旋转的盘状结构，但是依照人们的命名习惯，这类存储器仍被称为"硬盘"。新一代的固态硬盘普遍采用 SATA-3 接口，常见的内存颗粒理论擦写寿命为 5000 ~ 10000次其特点是读写速度快、功耗低、无噪声、抗震动、热量低、体积小、工作温度范围大，缺点是价格高，数据丢失后难以恢复。机械硬盘的内部部件要比固态硬盘复杂，内部存在固态硬盘没有的电动机和风扇，而且固态硬盘要比机械硬盘在工作的时候安静许多。在一般情况下，计算机中使用的基本上都是机械硬盘，但随着固态硬盘的发展，固态硬盘渐渐成为用户选购的首选。

硬盘在使用前要经过分区和格式化。分区是将硬盘空间划分成若干逻辑磁盘，每个磁盘可以单独管理，单独格式化，一个逻辑盘出现问题不会影响到其他逻辑盘。格式化是在硬盘上划分磁道、扇区，并建立存储文件的根目录。格式化时，逻辑盘上的文件会被删除，因此格式化前应做好备份。

硬盘的参数有容量、平均寻道时间、转速和接口等。硬盘的容量大小和硬盘驱动器的速度也是衡量计算机性能的指标之一。

2. 光盘

光盘是通过激光束来记录和读取二进制信息的光存储产品。光盘采用聚碳酸酯制成，轨道中凹痕和凸痕记录二进制的 "0" 和 "1"，上面覆盖一层薄铝反射层，最后再覆盖上一层透明胶膜保护层，保护层的一面可以印刷产品标记。根据激光束及反射光的强弱不同，使用光驱可以完成信息的读写。按照读写类型划分，光盘大致可分为 CD 系列和 DVD 系列，如图 1.12 和图 1.13 所示。

图 1.12　CD 光盘　　　　　　　　　　图 1.13　DVD 光驱

3. 可移动外存储器

常见的可移动外存储设备有闪存卡、U 盘和移动硬盘，如图 1.14 所示。

闪存卡（Flash Memory Card）基于半导体技术，具有低功耗、高存储密度、高读 / 写速度等。闪存卡种类繁多，有 Compact Flash（CF）卡、索尼公司的 Memory Stick（MS）和 Scan Disk（SD）卡等。目前，基于闪存技术的闪存卡主要面向数码相机、智能手机等产品，可通过读卡器读取闪存卡的信息。

U 盘又称为闪盘，是闪存芯片与 USB 芯片结合的产物，具有体积小，便于携带、兼容性好等特点。目前，容量通常为 4 ～ 64GB。

移动硬盘又称为 USB 硬盘，是一种容量更大的移动存储设备，能在一定程度上满足需要经常传送大量数据的用户的需求，容量可达几百 GB 到几 TB。

(a) 闪存卡　　　　　　　　　　(b) U 盘　　　　　　　　　　(c) 移动硬盘

图 1.14　可移动外存储器

任务 5　认识输入 / 输出设备

1. 输入设备

输入设备是将数字、字符、图像、声音等形式的信息输入到计算机中的设备，基本的输入设备有键盘、鼠标、扫描仪等。

（1）键盘

键盘是计算机系统的重要输入设备，也是计算机与外界交换信息的主要途径。键盘上通常有 104 个键，分为主键盘区、数字键盘区、功能区和编辑区，如图 1.15 所示。目前，键盘大多采用 USB 接口或无线方式与主机相连。随着用户层次的多样化，键盘的功能也在不断扩展：增加了多媒体功能键，如上网快捷键、音量开关键等；支持人体工程学；具有防水功能。

（2）鼠标

鼠标是增强键盘输入功能的重要设备，利用它可以快捷、准确、直观地使光标在屏幕上定位。对于屏幕上较远距离的光标移动，用鼠标比用键盘移动光标方便，同时鼠标有较强的绘图能力，是视窗操作系统必不可少的输入工具。目前，鼠标大多采用 USB 接口或无线方式与主机相连，外观如图 1.16 所示。

图 1.15　键盘　　　　　　　　　　　　　　图 1.16　鼠标

（3）其他输入设备

其他输入设备有扫描仪、触摸显示屏、条形码阅读器、手写笔、摄像头等，如图 1.17 所示。扫描仪是图像和文字的输入设备，可以将图形、图像、文本或照片等直接输入计算机，扫描仪的主要技术指标有分辨率、灰度值或颜色值、扫描速度等。条形码阅读器是用来扫描条形码的装置，可以将不同的黑白条纹转换成对应的编码输入到计算机中。

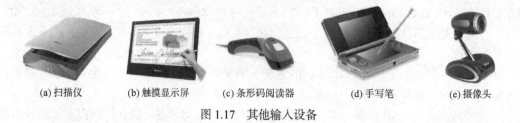

(a) 扫描仪　　　(b) 触摸显示屏　　　(c) 条形码阅读器　　　(d) 手写笔　　　(e) 摄像头

图 1.17　其他输入设备

2．输出设备

输出设备将主机内的信息转换成数字、文字、符号、图形、图像或声音进行输出，常用的输出设备有显示器、打印机和绘图仪等。

（1）显示器

显示器是计算机输出的"软拷贝"设备。显示器按照工作原理分为阴极射线管显示器（Cathode Ray Tube，CRT）、液晶显示器（Liquid Crystal Display，LCD）等，是计算机必备的输出设备，如图 1.18 所示。

图 1.18　显示器

显示器的主要技术指标包括以下几项。

屏幕尺寸：用屏幕对角线尺寸来度量，以英寸为单位，如 19 英寸、24 英寸等。

点距：显示器所显示的图像和文字都是由称为像素的"点"组成的。点距是屏幕上相邻两个像素点之间的距离。点距是决定图像清晰度的重要因素，点距越小，图像越清晰。

分辨率：指屏幕上每行和每列所能显示的像素点数，如 1024×768、1920×1200 等，分辨率越高，显示效果越清晰，高清晰度图像在低分辨率的显示器上无法全部显示。

图 1.19　显卡

显示器通过显卡与主机相连，显卡又称为显示适配器，它将 CPU 送来的影像数据处理为显示器可以接受的格式，再送到显示屏上形成影像，其外观如图 1.19 所示。为了加快显示器速度，显卡中配有显示存储器，当前主流的显存容量为 1GB 或 2GB。

（2）打印机

打印机是计算机输出的"硬拷贝"设备。目前打印机主要通过 USB 接口与主机相连，其外观如图 1.20 所示。

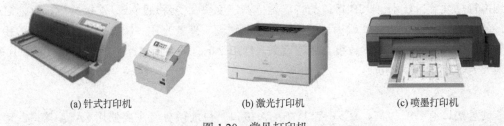

(a) 针式打印机　　　　(b) 激光打印机　　　　(c) 喷墨打印机

图 1.20　常见打印机

根据打印机方式可将打印机分为击打式打印机和非击打式打印机。击打式打印机主要是针式打印机，又称为点阵打印机，其结构简单，打印的耗材费用低，特别是可以进行多次打印。目前针式打印机主要应用在票据打印领域。

非击打式打印机常用的有激光打印机和喷墨打印机。这类打印机的优点是分辨率高、无噪声、打印速度快，但价格比较贵。喷墨打印机还能进行大幅面打印，彩色喷墨打印机可以打印彩色图像。

（3）绘图仪

绘图仪是输出图形的主要设备。绘图仪在绘图软件的支持下绘制出复杂、精确的图形，是各种计算机辅助设计（CAD）系统不可缺少的工具。

绘图仪的性能指标主要有绘图笔数、图纸尺寸、打印分辨率、打印速度和绘图语言等。绘图仪的外观如图 1.21 所示。

图 1.21　绘图仪

3. 输入 / 输出设备

同一设备既可以将信息输入计算机，又可以将计算机内的信息输出，这种设备称为输入 / 输出设备。常用的输入 / 输出设备是触摸屏。

触摸屏通过用户手指在屏幕上触摸来模拟鼠标的操作，如手指的点击相当于鼠标的单击，如图 1.22 所示。近年来，伴随着智能手机、平板电脑等电子产品风靡全球，触摸屏市场进入了高速增长期。触摸屏的工作原理和传输信息的介质，分为电阻屏、电容屏、红外屏和超声屏，当前智能手机通常采用多点触控的电容屏。

图 1.22　触摸屏

 任务6　认识计算机接口

I/O 设备的适配器通常称为接口，它是计算机与外部设备之间通过总线进行连接的逻辑部件，其外观如图 1.23 所示。

1. USB 接口

USB（Universal Serial Bus）接口是现代应用最为广泛的接口，可以独立供电，使用 USB 通用串行总线接口技术。USB 接口的特点是传输速度快、支持热插拔、连接灵活。通过 USB 连接的设备有 U 盘、键盘、鼠标、摄像头、移动硬盘、外置光驱、USB 网卡、打印机、手机和数码相机等。USB 接口的速度与版本有关，USB 2.0 的最大传输速率为 480Mbps，USB 3.0 的最大传输速率可达 5Gbps。

2. 硬盘接口

硬盘接口有 IDE 接口、SCSI 接口、SATA 接口，目前微机上主要使用 SASA 接口。串行高级技术附件（Serial Advanced Technology Attachment，SATA）是一种基于行业标准的串行硬件驱动器接口，采用串行方式传输数据，纠错能力强，可使硬盘超频。

3. 其他外部接口

其他外部接口还有 PS/2 键盘接口、PS/2 鼠标接口、IEEE 1394 接口等。PS/2 键盘接口是蓝色的，鼠标接口是绿色的。IEEE 1394 现在只应用于音频、视频等多媒体方面，主要连接数码设备。

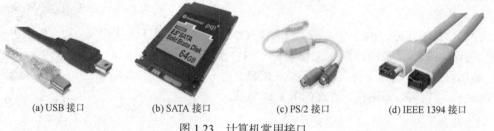

(a) USB 接口　　(b) SATA 接口　　(c) PS/2 接口　　(d) IEEE 1394 接口

图 1.23　计算机常用接口

 项目小结

本项目通过六个任务介绍了构成微型计算机的基本组成部件及其性能和参数。其主要内容如下：

1. CPU 是计算机数据处理的核心部件，内存是计算机的工作场所，选购计算机时首先要确定 CPU，然后确定与其配套的主板、内存、硬盘等。CPU 主要分为 AMD 和 Intel 两大类。

2．内存选购的主要依据是操作系统，不同操作系统对内存大小要求不一样，选购原则是以适用为主，现在 4GB 和 8GB 内存为主流。

3．计算机的另一个主要部件是硬盘。硬盘分为机械和固态两种，机械硬盘的主要参数是容量和转数，其特点是容量大、价格低。固态硬盘的读写速度快、价格高。其实，最佳配置是一个小容量的固态硬盘加一个大容量的机械硬盘。光盘逐渐会被淘汰。

4．输入设备主要是键盘和鼠标。常用键盘分为电容和机械两种，机械键盘主要为专业游戏玩家设计，价位高，耐用性好。鼠标也分为机械式和光电式，机械式已被淘汰。输入设备的主要参数是功能键的多少和移动精度，即分辨率 DPI。

5．输出设备主要是显示器和打印机。显示器种类较多，其主要参数是分辨率、尺寸大小等。能否把显示效果体现出来主要看显卡的性能。打印机主要有针式、激光、喷墨三种类型。

同步训练

1．通过中关村在线（http://www.zol.com.cn）、太平洋电脑（http://www.pconline.com.cn）、电脑之家（http://www.pchome.net）等计算机网站，了解当前计算机三大件即 CPU、内存、硬盘（SSD）的报价情况，并通过对比，选出性价比最高的产品。

2．通过计算机相关网站查找关于主板的相关信息。主要包括 Intel 和 AMD 主板芯片组的类型、接口、制作工艺及使用的 CPU 等，列举出主板品牌华硕、微星等的经典产品。

3．通过查阅资料写出机械键盘的种类，分析它们各有什么特点，对比普通键盘和机械键盘各自的优缺点。同样可查找鼠标的品牌和各类，并说明专业游戏玩家鼠标和普通使用者使用的鼠标有什么不同。

4．CPU 技术发展很快，而影响计算机性能的瓶颈往往是显示卡。除了主板集成显卡和CPU 集成显卡，独立显卡的型号也种类繁多，高性能显卡和入门级显卡性能与价格相差很大。请通过计算机网站提供的信息，写出技嘉、盈通、华硕、祺祥、昂达、映众、迪兰等品牌的高、中、低端显卡的型号，并进行性价对比。

项目 1.3　选购计算机

项目描述

小李计划开个网店，需要购置一台计算机，计算机首先要能满足工作需要，闲暇之余也可供娱乐之用。在查阅了中关村在线、太平洋电脑、IT168 等网站提供的信息后，经过分析、筛选，购买到了自己满意的计算机。本项目主要通过分析当前主流计算机的配置情况，了解如何选购一台适合自己使用的计算机。

项目目标

- 掌握计算机的选购方法
- 掌握选购台式计算机的技能

项目实施

- 任务 1　确定需求定位和选购原则
- 任务 2　选购台式计算机

任务 1　确定需求定位和选购原则

计算机更新速度比较快，用户在购买计算机之前，一定要根据自己购买计算机的用途和经济实力，有针对性地选择适合自己使用的计算机。

1．购置计算机的需求定位

计算机的用途越来越广泛，已经渗透到生活的各个方面。不同的用户对计算机的性能需求是不同的，根据用户选购计算机的目的，可选择不同配置的计算机。计算机用户分为以下几类。

（1）家庭或办公用户

以日常应用为主，比如上网下载、看电影、听音乐、使用 Office 软件等。对这部分用户来说，过高的配置会导致计算机资源的浪费。用户可以考虑购买集成显卡和声卡的主板，一般配置的计算机就能满足需要。

（2）游戏爱好者

游戏爱好者，特别是 3D 游戏爱好者，必须选购功能强大的独立显卡和高性能的显示器，这样才能保证在玩 3D 等大型游戏时，画面清晰流畅，声音悦耳逼真，使用户产生身临其境的感觉，真正地体会游戏带来的乐趣。

（3）专业设计者

计算机类的大型数据库管理系统、数学类的 MATLAB 软件、艺术设计类的 3D MAX、建筑设计和机械设计类的 CAD 系统软件，都是比较耗资源的，对 CPU、内存、显示器和硬盘都有一定的要求，只有选购一台性能均衡的计算机，才能保证应用程序的高速运行。

（4）户外使用者

户外使用者主要考虑计算机的便携性，笔记本电脑是最佳选择。此时要着重考虑电池的续航时间，而且越轻便越好。

2．计算机的选购原则

（1）价格与品牌兼顾

有些用户在选购计算机时往往会忽略计算机的品牌而只重视计算机的售价，事实上知名品牌的产品虽然价格高一些，但是无论产品的技术、产品性能还是售后服务都是有保证的，而有些厂商为了降低产品的成本，通常会使用一些较次的配件，其品质和售后服务很难得到保证。

（2）考虑整体性能

购买计算机时主要关心核心部件的性能，如 CPU 档次、内存容量、硬盘大小等，有可能会忽略计算机的主板、显示器、显示卡甚至电源等的性能，形成性能上的某个短板，从而影响计算机整体性能的发挥。

（3）外观因素

计算机已经从一种高科技产品走进寻常百姓家。对家庭用户来说，选择一台款式新颖、与家庭环境相匹配的计算机也很重要。相对而言，大品牌都很注重外观设计，甚至在人体工程学等方面下了较大的功夫，以满足用户多样性的需求。

（4）售后服务

与普通家电产品相比，计算机售后服务更为重要，计算机的维护包括硬件维护与软件更新。用户在购买计算机之前，一定要先了解售后服务条款，然后再决定是否购买。

任务 2　选购台式计算机

1. 台式计算机分类

台式计算机根据用途不同又分为商用计算机和家用计算机。其区别是商务计算机更侧重稳定性、安全性、售后服务和技术支持；而家用计算机往往会考虑计算机的性能、多媒体能力和外观等因素。

典型的台式计算机是由主机和外设组成的，而为了美观和方便，很多厂家又推出了一体机，一体机可视为笔记本电脑的放大版，其特点是美丽、简洁，但同价位的产品在性能上比传统台式机要差一些。

根据品牌的不同，台式机又可分为品牌机和 DIY（Do It Yourself）攒机。品牌机如联想、戴尔和惠普等都是一线品牌，优点是质量可靠，服务周到，缺点是不能根据用户的不同需求去订制，而随着电子商务的发展，在天猫、京东、苏宁易购等大型电商网站，许多公司都可以根据用户的个人需要进行订制，并逐渐形成自己的品牌，如宁美国度、名龙堂、京天华盛等 DIY 品牌。DIY 的特点是价格便宜，性价比高，但在质量和售后服务上和一线品牌尚有差距。

2. 台式机主流配置方案分析

根据当前计算机硬件的发展，针对不同用户，设计了不同的配置参考方案，见表 1.3。

表 1.3　计算机主流配置案例

家庭或办公用户		游戏爱好者		专业设计者	
硬件名称	型号	硬件名称	型号	硬件名称	型号
CPU	Intel Core i3-4130	CPU	Intel Core i5-4590	CPU	Intel Xeon E3-1230v3
主板	技嘉 B85M-D3H	主板	华擎玩家至尊 B85 杀手版	主板	华硕 Vanguard B85
内存	威刚万紫千红 DDR3 1600 4G	内存	威刚 DDR3 1600 8G	内存	芝奇 RipjawsX DDR3 2133 8G(4×2)
SSD		SSD	金士顿 V300 系列 120GB	SSD	Intel 520 240G
机械硬盘	希捷 Barracuda 1TB 64M SATA3	机械硬盘	西部数据 1TB STAT3 64M	机械硬盘	希捷 ST2000DM001 2T
显卡	CPU 自带	显卡	影驰 GTX760 名人堂	显卡	蓝宝石 R9 290X 4G GDDR5 OC
电源	航嘉冷静王标准版	电源	航嘉 MVP500	电源	海韵 G-550

显示器可选择 24 英寸、宽屏、高清液晶显示器。以下对三种方案进行分析。

（1）家庭或办公用户配置方案分析：一般家庭或办公用户对计算机有三个基本要求：一是能够流畅而快速地运行软件，二是硬件性能稳定，三是偶尔能看高清视频，这和追求图形性能的游戏计算机或专业计算机有本质的区别。方案中的 i3-4310 性能良好，内置了可以媲美入门独立显卡 AMD7640G 和 HD6550 的核心显卡 HD4400，4GB 的内存，可以满足高清视频和一般的日常应用。

（2）游戏爱好者方案分析：大多数游戏并不支持多线程处理，都是针对双核进行优化的，所以针对网络游戏用户，在 CPU 和其他配置方面可以稍低一些。在 CPU 上选择性价比较高的 I5-4590，内存方面则使用双通道的 8GB（4GB×2），可以满足多开的需要。此外显卡没有选择发烧级的 GTX980、GTX970，而是选择了性价比较高的主流显卡 GTX760，玩网络游戏可以特效全开，玩单机游戏也能开到中到高的特效，应该能够满足大多数用户的需要。

（3）专业设计者方案分析：Intel Xeon E3-1230 V3 拥有 3.3GHz 的基准频率和 3.7GHz 的加速频率，性能非常接近桌面级的 I7-4770K，但价格却仅为后者的 70% 左右，性价比较高。华硕 B85 主板和芝奇（G. Skill）的内存能提供非常可靠的运行，SSD 固态硬盘则使计算机性能提升很大，R9-290X 显卡性能强劲，对运行专业设计软件有很大帮助，考虑到专业设计者需要存储大量的数据，故配置 2TB 大容量硬盘。

总之，购置计算机时要在价格和性能方面理性选配，可根据上述参考方案选择联想、惠普、戴尔、华硕、宏碁等品牌机，也可选择电商网站提供的 DIY 攒机，真正实现个人订制。

 项目小结

本项目首先确定计算机需求定位，然后描述了购买计算机的几个原则，并对主流计算机的配置进行分析，为用户选购计算机进行了指导。普通办公处理或上网对计算机的硬件配置要求最低，游戏对硬件的配置要求要高一些，专业制图对硬件配置要求更高、更专业，特别是对显示卡的要求较高。选购时还应考虑产品是否有良好的知名度，选购部件时，要注意各个部件之间的搭配要均衡。选购计算机时是选择品牌机还是选择组装机，要综合考虑价格、性能、售后服务、配置扩展性和自己的动手能力等各方面的因素。

 同步训练

1．到计算机网站调研计算机选购和组装行情，分别针对网站开发和 3D 游戏两种不同用途，制订相应的计算机配置方案。列出每种方案的硬件配件清单，包括品牌型号、主要性能参数、单价、总价，并说明配置理由。

2．显示器是计算机组成中的一个主要组成部分，但大多数用户只知道显示器的尺寸大小、分辨率的大小。其实显示器品牌和种类很多，请根据相关信息就显示器的品牌、尺寸、分辨率、接口、面板进行分析，比较不同类型面板的优点和缺点。

项目 1.4　学习数制与编码

 项目描述

在计算机系统中，数字和符号都是用电子元件的不同状态表示的，即以电信号的开关状态表示。根据这一特点，计算机采用二进制来实现数据的运算和存储。本项目通过 5 个任务的学习，使读者掌握计算机中常用的数制和信息编码。

 项目目标

- 学习数码、基数和位权的概念
- 掌握进制之间的转换
- 熟悉字符和汉字编码

 项目实施

任务 1　学习数制的基本概念
任务 2　熟悉数制之间的转换方法
任务 3　了解信息的编码方法

任务1 学习数制的基本概念

数制是人们使用一组固定的数字符号和一套统一的规则来表示数目的方法。若用 r 个基本符号来表示数目，则称 r 进制，r 称为基数。按进位的原则进行计数，称为进位计数制。进位计数制中有数码、基数和位权三个要素。数码是数制中所使用的不同数值符号。如二进制有两个数码：0 和 1。基数是数制中所使用的数码个数。数制中每位所具有的值称为位权，位权是以基数为底的指数函数。例如，在十进位计数制中，小数点左边第 1 位是个位数，其位权为 10^0；第 2 位是十位数，其位权为 10^1；第 3 位是百位数，其位权为 10^2……小数点右边第 1 位是十分位数，其位权为 10^{-1}，第 2 位是百分位数，其位权为 10^{-2}，第 3 位是千分位数，其位权为 10^{-3}……

计算机中常用的数制有十进制、二进制、八进制和十六进制等。在日常生活中，通常使用十进制计数，而计算机内部采用的却是二进制计数。八进制和十六进制是为了简化二进制数据的书写提出的。在计算机中，常采用在数字后面跟一个特定的字母来表示该数使用的进制。例如，用 D（Decimal）表示十进制数，用 B（Binary）表示二进制数，用 O（Octal，或用 Q 表示，以区别于数字"0"）表示八进制数，用 H（Hexadecimal）表示十六进制数。

对于任意一个具有 n 位整数和 m 位小数的 r 进制数 N，按权展开后可表示为十进制数：

$$N = \sum_{i=-m}^{n-1} d_i \cdot r^i$$

式中：m、n 为整数，n 为整数位数，m 为小数位数；d_i 表示数码，代表 0，1，2，…，$r-1$ 中的任意一个符号；r 表示基数；i 为数位的编号（整数位取 $n-1 \sim 0$，小数位取 $-1 \sim -m$）；r^i 表示位权。

1. 十进制

数码：0，1，2，3，4，5，6，7，8，9

基数：10

位权：10^i（$i = \cdots, -2, -1, 0, 1, 2, \cdots$）

进位：逢 10 进 1

例如：$523.05\text{D} = 5 \times 10^2 + 2 \times 10^1 + 3 \times 10^0 + 0 \times 10^{-1} + 5 \times 10^{-2}$

2. 二进制

数码：0，1

基数：2

位权：2^i（$i = \cdots, -2, -1, 0, 1, 2, \cdots$）

进位：逢 2 进 1

例如：$1101\text{B} = 1 \times 2^3 + 1 \times 2^2 + 0 \times 2^1 + 1 \times 2^0 = 13\text{D}$

3. 八进制

数码：0，1，2，3，4，5，6，7

基数：8

位权：8^i（$i = \cdots, -2, -1, 0, 1, 2, \cdots$）

进位：逢 8 进 1

例如：$671\text{Q} = 6 \times 8^2 + 7 \times 8^1 + 1 \times 8^0 = 441\text{D}$

4. 十六进制

数码：0, 1, 2, 3, 4, 5, 6, 7, 8, 9, A, B, C, D, E, F

基数：16

位权：16^i（$i = \cdots, -2, -1, 0, 1, 2, \cdots$）

进位：逢 16 进 1

例如：$1AEF = 1 \times 16^3 + 10 \times 16^2 + 14 \times 16^1 + 15 \times 16^0 = 6895D$

 ## 任务 2　熟悉数制之间的转换方法

由一种数制转换为另一种数制称为数制的转换。要用计算机处理十进制数，必须先把它转换成二进制数，这样才能被计算机所接受。同理，计算机应将二进制数计算结果转换成人们习惯的十进制数，这就带来了不同进制之间的转换问题。

1. 十进制与二进制数之间的转换

（1）二进制数转换成十进制数

任何二进制数都可以展开成一个多项式，其中每一项是数码与位权的乘积，这个多项式的结果就是所对应的十进制数。例如：

$$110.101B = 1 \times 2^2 + 1 \times 2^1 + 0 \times 2^0 + 1 \times 2^{-1} + 0 \times 2^{-2} + 1 \times 2^{-3} = 6.625D$$

（2）十进制数转换成二进制数

将十进制整数转换成其他进制时，采用"除基取余"法，直到商为零。由于二进制的基为 2，所以十进制整数转换为二进制数时，采用的是"除 2 取余"法。最先获得的余数为二进制整数的最低位，最后获得的余数为二进制整数的最高位。

例如，将十进制数 103 转换二进制数，结果是 1100111，如图 1.24 所示。

将十进制小数转换成非十进制数时，采用"乘基取整"法，直到小数为零。具体到转换为二进制数，采用的是"乘 2 取整"法。最先获得的整数位是二进制小数的最高位，最后获得的整数位是二进制小数的最低位。

例如，将十进制小数 0.625 转换二进制数，结果是 0.101，如图 1.25 所示。

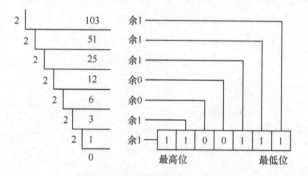

图 1.24　十进制整数转换为二进制数示例

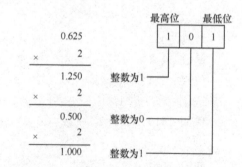

图 1.25　十进制小数转换为二进制数示例

十进制小数在转换成二进制小数的过程中，并不能保证乘积的小数部分全部为 0，此时只需达到一定的精度即可，这就是实数转换成二进制数会产生误差的原因。例如，十进制小数 0.325D 可以转换二进制数 0.01010B，但实际上 0.325D 大于 0.01010B。

2．二进制数、八进制数、十六进制数间的相互转换

因为 $2^3 = 8$，$2^4 = 16$，所以 3 位二进制数对应于 1 位八进制数，4 位二进制数对应于 1 位十六进制数。

由二进制数转换成八进制数，以小数点为界，整数部分从右至左，小数部分从左至右，每 3 位为一组，然后将每组二进制数转换成八进制数。如果分组后整数部分最左边一组不够 3 位，则在左边补零，小数部分在最后一组右边补零。

例如，将二进制数 1011010111.11011B 转换成八进制数，结果是 1327.66Q，如图 1.26 所示。

同理，将八进制数转换成二进制数是上述方法的逆过程，即将每位八进制数用相应的 3 位二进制数代替。

例如，将八进制数 516.72Q 转换成二进制数，结果是 101001110.11101B，如图 1.27 所示。

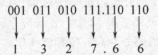

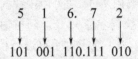

图 1.26　二进制数转换为八进制数示例　　　　　图 1.27　八进制数转换为二进制数示例

类似地，由二进制数转换成十六进制数，以小数点为界，整数部分从右至左，小数部分从左至右，每 4 位为一组，然后将每组二进制数转换成十六进制数。如果分组后整数部分最左边一组不够 4 位，则在左边补零，小数部分在最后一组右边补零。

例如，将二进制数 1011010111.11011B 转换成十六进制数，结果是 2D7.D8H，如图 1.28 所示。

同理，将十六进制数转换成二进制数是上述方法的逆过程，将每位十六进制数用相应的 4 位二进制数取代。

例如，将十六进制数 A3F.B6H 转换成二进制数，结果是 101000111111.10110110B，如图 1.29 所示。

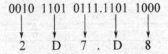

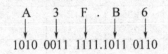

图 1.28　二进制数转换为十六进制数示例　　　　图 1.29　十六进制数转换为二进制数示例

八进制数和十六进制数之间的转换可以借助二进制数进行，即先将八进制数转换成二进制数，再将二进制数转换成十六进制数，反之亦然。

3．常用进制之间的转换

常用数制间的转换见表 1.4。

表 1.4　数制间的转换

十进制	二进制	八进制	十六进制	十进制	二进制	八进制	十六进制
0	0	0	0	8	1000	10	8
1	1	1	1	9	1001	11	9
2	10	2	2	10	1010	12	A
3	11	3	3	11	1011	13	B
4	100	4	4	12	1100	14	C
5	101	5	5	13	1101	15	D
6	110	6	6	14	1110	16	E
7	111	7	7	15	1111	17	F

任务 3 了解信息的编码方法

由于计算机内部是采用二进制方式来组织和存放信息的,因此输入到计算机中的各种数字、文字、符号或图形等数据都用二进制数进行编码。不同类型的字符数据的编码方式不同,编码的方法也很多。

1. ASCII 码

ASCII 码是由美国国家标准委员会制定的一种包括数字、字母、通用符号、控制符号在内的字符编码,全称为美国标准信息交换码(American Standard Code for Information Interchange)。

ASCII 码用 7 位二进制编码表示一个字符,用 1 个字节存放,最高位为 0,共表示 128 个字符。其中控制字符 32 个,阿拉伯数字 10 个,大小写英文字母 52 个,各种标点符号和运算符号 34 个。为了便于对字符进行检索,将 7 位二进制编码分为高 3 位和低 4 位。7 位 ASCII 编码如表 1.5 所示。ASCII 码是一字节编码,现在国际上流行的 Unicode 则是二字节编码。

表 1.5 ASCII 码编码表

	000	001	010	011	100	101	110	111
0000	NUL	DLE	SP	0	@	P	、	p
0001	SOH	DCI	!	1	A	Q	a	q
0010	STX	DC2	"	2	B	R	b	r
0011	ETX	DC3	#	3	C	S	c	s
0100	EOT	DC4	$	4	D	T	d	t
0101	ENQ	NAK	%	5	E	U	e	u
0110	ACK	SYN	&	6	F	V	f	v
0111	BEL	ETB	'	7	G	W	g	w
1000	BS	CAN	(	8	H	X	h	x
1001	HT	EM	)	9	I	Y	i	y
1010	LF	SUB	*	:	J	Z	j	z
1011	VT	ESC	+	;	K	[	k	{
1100	FF	FS	,	<	L	\	l	|
1101	CR	GS	-	=	M	]	m	}
1110	SO	RS	。	>	N	^	n	~
1111	SI	US	/	?	O	—	o	DEL

2. 汉字编码

计算机对汉字的处理要比西文字符复杂,主要体现在汉字数量繁多、字形复杂、字音多变上,因此汉字的编码也要复杂得多。

(1)国际码

由于汉字数量巨大,不可能对所有的汉字都进行编码。因此,可以在计算机中处理的汉字是指国家或国际组织制定的汉字字符集中的汉字,如我国使用的汉字字符集 GB18030,又称为国际码。

(2)汉字输入码

为将汉字输入到计算机而设计的编码称为汉字输入码。目前,人们主要利用西文键盘输入汉字。因此，输入码是由键盘上的字母、数字或符号组成的，如搜狗拼音输入法、拼音加加输入法、五笔字型输入法等。

（3）机内码

汉字的机内码是供计算机内部进行汉字存储、处理和传输而统一使用的代码。不论采用何种输入码，其机内码都是一样的。汉字机内码用两个字节来表示，为了与 ASCII 码区别，又使每个字节的最高位总为 1。这样每个汉字的机内码就等于它的国标码加上 8080H。

（4）汉字字形码

汉字字形码又称为汉字字模，用于汉字在显示屏或打印机上输出。每个汉字的字形都预先存放在计算机内，汉字字形主要有点阵和矢量两种表示方法。点阵字型用一个排列成方阵的点的黑白来描述汉字，凡笔画所到的格子点为黑点，用二进制 1 表示，否则为白点，用 0 表示，如图 1.30 所示。一个 16×16 点阵的字形码需要 16×16/8 = 32字节存储空间。汉字的矢量表示法将汉字视为由笔画组成的图形，提取每个笔画的坐标值，所有坐标值组合起来就是该汉字字形的矢量信息。汉字的矢量表示法不会有失真的现象，可以随意缩放，而点阵字型在放大后会出现马赛克。

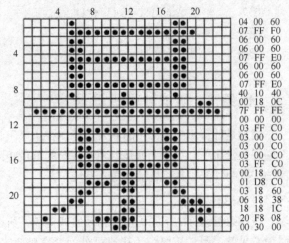

图 1.30　汉字的点阵字型

 项目小结

由于计算机中使用了具有两个稳态的二值电路，所以采用二进制来存储数据。由于二进制数书写起来很长，因此人们将二进制数转换为八进制数或十六进制数进行书写。字符、汉字等信息，只要在计算机中进行处理和存储，就必须转换为二进制数。有人说：二进制写尽天下事，说得很有道理。

 同步训练

1. 写出数字 35 的 ASCII 码。

2. 查找资料学习字符的双字节 Unicode 编码。

项目 1.5　键盘打字实训

 项目描述

文字录入是使用计算机的最基本技能。无论是编辑文档、填写电子表格、发送电子邮件，还是进行网上交流等，都离不开文字录入。本项目通过认识键盘、学习键盘操作的正确姿势和指法要领、练习指法、练习中英文打字 5 个任务，使读者掌握快速文字录入的技能。

 项目目标

• 掌握键盘的键位分布和主要功能键的作用

23

- 习惯正确的打字姿势
- 掌握键盘的指法分工
- 掌握"金山打字通"软件,熟悉打字练习环境
- 保证一定的时间训练,提高盲打速度。

 项目实施

任务 1 认识计算机键盘
任务 2 学习键盘操作的正确姿势和指法要领
任务 3 学习"金山打字通"软件
任务 4 练习指法
任务 5 练习中英文打字

任务 1 认识计算机键盘

键盘是计算机中最常用的输入设备,在未来很长的一段时间内其地位不会改变。键盘的工作原理比较简单,实际上就是组装在一起的键位矩阵,当某个键被按下时,就会产生与该键对应的二进制代码,并通过接口送入系统。

1. 键盘的分类

按照键盘结构的不同,可分为薄膜式键盘、机械式键盘和电容式键盘等。薄膜式键盘是平时最常见的类型。按照键盘接口可分为 PS2 键盘、USB 键盘、无线键盘;按照键盘的造型可分为标准键盘和人体工程学键盘。

2. 键盘的键位分布

计算机键盘习惯上总是根据按键的个数说明键盘的类型,现在普遍使用的是 104 键盘。尽管各种键盘的按键个数不同,但其按键的排列布局是基本一致的。图 1.31 所示的是 104 标准键盘的按键布局结构。

标准键盘按照功能的不同分为 5 个区,分别是功能键区、主键盘区、控制键区、数字键区和状态指示区。

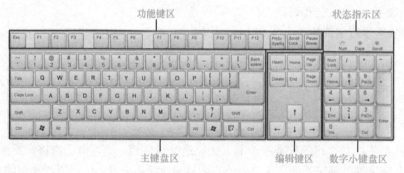

图 1.31 104 个键的键位分布

3. 键盘按键功能

（1）功能键区

功能键区由 F1 ～ F12 共 12 个键组成,在不同的软件系统中 F1 ～ F12 键具有不同的功能,

具体功能由实际使用的软件决定。通常，F1 键的功能是打开"帮助"窗口，F12 键的功能是打开"另存为"对话框。

（2）主键盘区

主键盘区是键盘操作的主要区域，包括 26 个英文字母、10 个数字、符号、空格、Enter 键和一些特殊的功能键。

① 双符号键。包括字母、数字、符号等 47 个。其中，A ～ Z 字母键隐含了小写字母 a ～ z，借助 Shift 键可进行大小写字母的切换；0 ～ 9 数字键的下挡为数字，上挡为符号。

② 退格键 Backspace。用于删除当前光标所在位置前的字符或已选取的一段字符。

③ 回车键 Enter。用于结束一个命令或换行（利用 Enter 键换行表示一个自然段的结束）。

④ 制表符 Tab。用于等距离向右移动光标（包括光标后的文字）。在"记事本"中，每按一次向右移动 8 个字符（含空格）；在 Word 文档中，每按一次向右移动 2 个中文字符；在表格中，按一次光标将移到下一个单元格，当光标在最后一个单元格时，按一次将复制表格的最后一行。

⑤ 大写字母锁定键 Caps Lock。Caps Lock 是一个开关键，只对英文字母起作用。按下该键，对应的 Caps Lock 灯亮时，锁定输入为大写字母，不能输入中文。再按下该键，对应的 Caps Lock 指示灯灭，此时可输入小写字母。

⑥ 换挡键 Shift。主键盘区左、右各有一个 Shift 键，主要用于双符号键的选择。

⑦ 控制键 Ctrl。主键盘区左、右各有一个 Ctrl 键，单独使用无意义，需与其他键配合使用。例如，同时按下 Ctrl + Alt + Del 组合键将打开"任务管理器"对话框。

⑧ 组合键 Alt。与 Ctrl 键的功能类似，需与其他键同时使用。例如，可同时按下 Alt + F4 组合键退出应用程序。

⑨ 取消或退出键 Esc。用于取消某一操作或退出当前状态。

（3）编辑区

编辑区分为 3 个部分，共 13 个键。最上面 3 个键为控制键，中间 6 个键为编辑键，下面 4 个键为光标键。

① 屏幕复制键 Print Screen。用于将屏幕上的所有信息传送到打印机输出，或保存到内存中用于暂存数据的"剪贴板"中，用户可从"剪贴板"中把内容粘贴到指定的文档中。当与 Alt 键组合使用时，即同时按下 Alt + Print Screen 组合键，则会把屏幕上的当前应用程序窗口复制到"剪贴板"中，供用户使用。

② 滚动屏幕锁定键 Scroll Lock。用于控制屏幕的滚动。当屏幕处于滚动显示状态时，按下该键，键盘的 Scroll Lock 指示灯亮，屏幕停止滚动，再次按下该键，屏幕再次滚动。

③ 暂停键 Pause Break。用于暂停正在执行的程序或停止屏幕滚动。同时按下 Ctrl + Pause Break 组合键，可中止程序的执行。

④ 插入键 Insert。用于在编辑文档时切换"插入"/"改写"状态。在"插入"状态下输入的字符将插入在光标前，而在"改写"状态下输入的字符将从光标处开始覆盖原来的内容。

⑤ 删除键 Delete 或 Del。用于删除当前光标所在位置的字符。

⑥ Home 键。在编辑状态下，按下该键会将光标快速移动到行首。

⑦ End 键。在编辑状态下，按下该键会将光标快速移动到行尾。

⑧ Page Up 或 PgUp 键。按下该键，将把屏幕向前翻一页。

⑨ Page Down 或 PgDn 键。按下该键，将把屏幕向后翻一页。

⑩ 光标移动键 ↑、↓、←、→。按下其中一个键，光标将按箭头方向移动一个字符。

（4）数字小键盘区

数字小键盘区共有 17 个键，主要用于输入数据，其次还有编辑和光标移动控制功能。功能转换的实现方式如下：按下 Num Lock 键，该键上方对应的指示灯亮，此时锁定输入数字；再按下此键，指示灯灭，此时数字小键盘的功能与编辑区的编辑功能相同。

（5）状态指示灯区

状态指示灯区位于整个键盘的右上角，共有三个指示灯，分别是数字 / 编辑锁状态指示灯 Num Lock、大写字母锁状态指示灯 Caps Lock、滚动锁状态指示灯 Scroll Lock。

 任务2　学习键盘操作的正确姿势和指法要领

在进行计算机输入和操作时，需要保持良好的操作姿势，熟悉并记忆键盘的键位分布和指法要领。

1. 键盘的操作姿势

为快速、准确地输入信息，同时不易使人疲劳，应该根据人体工程学，在键盘操作时保持正确的姿势，如同 1.32 所示

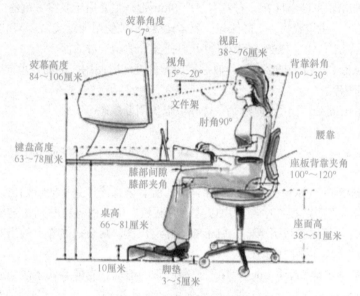

图 1.32　正确的打字姿势

（1）调整座椅使其达到合适的高度，身体坐直或稍微倾斜，使座椅的靠背完全托住用户的后背，双脚平放在地板上或脚垫上。

（2）调整显示器到视线的正前方，距离刚好是手臂的长度。颈部要伸直，不能前倾。屏幕的顶部与眼睛保持同一高度，显示器稍微向上倾斜，资料放在键盘左侧或右侧，便于阅读。

（3）两肩齐平，上臂自然下垂并贴近身体，与胳膊肘成 90°（或稍大一点）。前臂和手应该平放，两手放松。手腕处于自然位置，既不向上，也不向下；既不向左，也不向右。手指自然弯曲并轻轻放在基准键上。

2. 主键盘区指法要领

指法就是将计算机键盘的各个键位固定地分配给十根手指的规定。有了指法，使用键盘才

能做到有条不紊、分工明确。根据指法规则，经过一段时间的训练，就能运指自如、得心应手，从而实现"盲打"。

（1）键与手指的对应关系

① 基准键。基准键有"A"、"S"、"D"、"F"、"J"、"K"、"L"和"："共 8 个。其中"F"键和"J"键上分别有一个突起，用于操作者不看键盘就能通过触摸此键来确定基准键的位置，为"盲打"提供基准。进行指法练习时，操作者左右手的手指必须放在规定的基准键位上，如图 1.33 所示。手指的这种位置称为标准手指位置。用标准手指击打相应的键位，即是通常所说的标准指法。经过一段时间标准指法的练习，就能逐步实现只看稿纸而不看键盘的"盲打"。

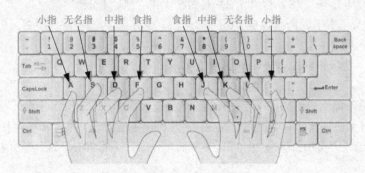

图 1.33　基本指法

② 其他键。以基准键为核心，其他的键与手指的对应关系如图 1.34 所示。指法规定：以主键的"5"与"6"、"T"与"Y"、"G"与"H"、"B"与"N"之间为界，将键盘一分为二，分别由左右两只手管理；每一部分的键位从中间到两边依次由食指、中指、无名指和小指管理，其中食指管理中间两个键位（因为食指最灵活）。自上而下各排键位均与之对应，右大拇指管理空格键。

图 1.34　手指分工

（2）字键的击法

① 击键时，手腕平直，手臂静止，用手指击键。身体其他部位不得接触键盘。在输入过程中只是手指上下动作，手腕不要抬起或落下。

② 手指略向内弯曲，自然虚放在对应的键位上。

③ 击键时将要击键的手指伸出击键。击毕手指立即退回基准键，不应用手触摸。

输入过程中，要有节奏，轻松、自然，用力不要过猛。同时，要注意准确度。

3. 数字小键盘指法

数字输入有两种方法：直接击打主键盘区的数字键和利用数字小键盘输入。直接击打主键盘区的数字键输入，用于非纯数字的输入情况。按照指法分工，从基准键出发，击键后返回基准键。

输入纯数字时，可按照小键盘指法进行输入。小键盘的基准键位是"4"、"5"、"6"键，分别由右手的食指、中指和无名指负责，如图1.35所示。在基准键位基础上，小键盘左侧自上而下的"7"、"4"、"1"三个键由右手食指负责；同理，右手中指负责"8"、"5"、"2"键，右手无名指负责"9"、"6"、"3"和"."键；右侧的"-"、"+"、"Enter"键由右手小指负责；右手大拇指负责"0"键。

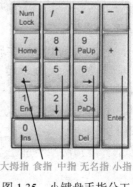

图1.35 小键盘手指分工

任务3 学习"金山打字通"软件

"金山打字通"提供了英文、拼音、五笔、数字符号等多种输入练习平台，是学习打字的必备工具。"金山打字通"软件对用户完全免费，可从网上下载安装，参考网址为http://www.51dzt.com/。图1.36所示为"金山打字通2013"的主界面，"金山打字通2013"的主要功能和特点如下。

1. 任务关卡模式

打开"金山打字通2013"就会发现，新版本对主界面进行了优化，主界面分为"新手入门"、"英文打字"、"拼音打字"、"五笔打字"四个功能入口。对于新手，系统会主动提示你从"新手入门"开始练习，能很好地引导初学用户由易而难、循序渐进地进行练习，如图1.37所示。

图1.36 "金山打字通2013"主界面

图1.37 提示去"新手入门"

如果直接选择"拼音打字"或"五笔打字"，那么都会弹出一个窗口告诉用户要先去"新手入门"，如果用户已有一定的基础，并且想快点进入下一阶段的练习，那么也可直接选择"跳过"，如图1.37所示，这时会要求用户先做一些过关测试题，如图1.38所示，通过测试则可以进入更高级别的练习。

单击进入"新手入门"练习窗口，2013版特别设置了关卡模式，如图1.39所示。只要逐个地完成任务就能进入下一关。新手练习任务从打字常识、字母、词语到最后的整篇文章，难度逐步增加，用户在完成任务的同时也会提升自己的打字水平，不会因急于求成而失去学习打字的兴趣。

图 1.38 过关测试　　　　　　　　　　图 1.39 "新手入门"窗口

2．支持账号系统

2013 版打字通在右上角的位置增加了账号登录功能。单击按钮"登录"，用户即可保存打字记录并随时查看成绩排名和勋章奖励，激励初学者不断地巩固复习，进而提升打字水平。

3．速度测试

新版本的打字通延续了之前经典的打字测试功能。单击右下角的"打字测试"按钮，进入测试页面即可针对英文、拼音、五笔分别测试，如图 1.40 所示。系统会根据用户打字速度与正确率进行打分，得分越高，阶段学习效果越好。每次检测得分均会被记录下来，生成进步曲线，帮助初学者检验学习成果。

4．寓教于乐的打字游戏

学习打字也能轻松有趣，打字游戏可帮助用户在娱乐的同时熟悉键盘，循序渐进，从零开始成为打字高手！除了"生死时速"、"打地鼠"、"激流勇进"等经典游戏外，还新增了"空中战斗机"、"幽灵大战"等几种好玩的小游戏，如图 1.41 所示。

图 1.40 打字测试

图 1.41 打字游戏

 任务 4　练习指法

指法训练包括两个方面：一是包键到指，即将键盘上的键位分配给每根手指，要求必须熟记键盘上的键位。二是击键准确熟练，要养成良好的坐姿及击键习惯。

借助"金山打字通",练习每个手指的击键方法。

练习步骤：

1. 启动"金山打字通"

首次启动时，可双击桌面上的"金山打字通2013"图标，打开其主界面。

（1）创建昵称：单击右上角的"登录"，在弹出的窗口中输入任意昵称，然后单击"下一步"，如图1.42所示。

（2）绑定QQ：用户可选择"绑定"按钮绑定QQ账号，绑定QQ账号后，可随时随地查看打字成果，如果用户不选择"绑定"，可直接单击右上角的"关闭"按钮；若不想绑定，可在左下角的"不再显示"前打√，如图1.43所示。

图1.42　创建昵称

图1.43　绑定QQ

（3）选择练习模式。单击主界面中的"新手入门"按钮，弹出如图1.44所示的模式选择对话框，其中有"自由模式"和"关卡模式"两种选项，用户可根据自己的情况选择其中的一种练习模式，本任务选择"自由模式"练习指法。

2. 进入"新手入门"，练习指法

单击"新手入门"按钮，打开"新手入门"窗口。

（1）巩固打字常识

单击"打字常识"按钮，打开"打字常识"

图1.44　选择练习模式

窗口，进入第一关。这一关主要是学习打字常识，其知识点包含"认识键盘"、"打字姿势"、"基准键位"、"手指分工"、"NumLock的使用方法"和"小键盘基准键位及手指分工"。按照提示逐步学习，牢固记忆键位分布及手指分工。

（2）字母键位指法练习

单击"字母键位"按钮，打开"字母键位"窗口，进入第二关。这一关主要是字母键位的指法练习，用户可按照提示进行指法练习，如图1.45所示。

练习要点：

① 在操作键盘之前，将双手轻放于基准键位，用左手食指和右手食指触摸"F"键和"J"

键上的小横杠，其他手指依次定位，击键完毕，手指要立即放回基准键上，准备下一次击键。

② 基准键位上面的一排键位称为上排键位，练习上排键位录入时，仍将双手放在基准键位上，按照手指的明确分工，分别录入相应的字母，击键完成后迅速回到基准位。

③ 基准键位下面的一排键位称为下排键位，练习方法和上排键位指法基本一致，击键时按照手指分工，下移一个键的距离到相应的键位即可。

④ 保持正确的击键姿势；有意识慢慢地记忆键盘上各个字符的位置，体会不同键位上的字键被敲击时手指的感觉，逐步养成不看键盘的输入习惯；进行打字练习时必须集中注意力，做到手、脑、眼协调一致，初级阶段的练习即使速度慢，也一定要保证输入的准确性。

（3）数字键位指法练习

单击"数字键位"按钮，打开"数字键位"窗口，进入第三关。这一关主要是数字键位的指法练习，包括主键盘区的数字键位和小键盘数字键位的练习。按照提示进行指法练习，如图 1.46 所示。

图 1.45　字母键指法练习

图 1.46　数字键指法练习

单击位于图 1.47 右下方的"小键盘"图标，进入小键盘数字键位的指法练习窗口，如图 1.47 所示。用户可按照提示进行指法练习。

练习要点：

①主键盘上方数字的录入方法和英文字母的录入方法基本一致。将手指放于基准键位上，左手食指对应的数字键是"4"，右手食指对应的数字键是"7"，其他手指依次对应相邻的数字键。

②主键盘上方数字键离基准键较远，敲击时必须遵循以基准键为中心的原则，依靠左右

图 1.47　数字小键盘指法练习

手指灵敏度和准确的键位感衡量数字键和基准键之间的距离与方位。

③击键时，掌心略抬高，手指要伸直；根据键位感，迅速击键，击毕立即回位；坚持正确的键盘操作姿势；手腕悬空；打字时禁止看键盘，坚持盲打。

④使用小键盘数字输入时，只用右手即可控制。输入数字一般比输入字母要慢一些，并且容易打错，所以一定要按照指法有条不紊地认真练习，初学者速度可放慢一些，力求打得正确。

31

（4）符号键位指法练习

单击"符号键位"按钮，打开"符号键位"窗口，进入第四关。这一关主要是符号键位的指法练习，如图 1.48 所示，用户可按照提示进行练习。

练习要点：

① 符号有"上挡符号"和"下挡符号"之分，如"L"键旁的"；"键，"；"为下挡符号，"："为上挡符号。下挡符号可直接输入，输入上挡符号则需要配合 Shift 键来完成。

② 输入由左手控制的"上挡符号"时，要用右手配合按下键盘右侧的 Shift 键；输入由右手控制的"上挡符号"时，要用左手配合按下键盘左侧的 Shift 键。

③ 符号的输入大部分是由无名指和小指完成的，由于无名指和小指的力度和灵敏度较差，敲击时容易出错，因此需要反复练习、掌握力度，体会敲击符号的节奏感和键位感。

（5）键位纠错练习

单击"键位纠错"按钮，打开"键位纠错"窗口，进入第五关。"键位纠错"用来纠正前四关的错误记录，完成前四关后才能打开。打开后，按照提示进行练习，如图 1.49 所示。

图 1.48　符号键位指法练习　　　　　图 1.49　键位纠错练习

 任务 5　练习中英文打字

在熟悉键位指法后，借助"金山打字通"软件练习单词输入，然后练习英文和中文文章的输入。练习步骤如下。

1. 启动"金山打字通"

双击桌面上的"金山打字通 2013"图标，启动"金山打字通 2013"；单击"英文打字"按钮，打开"英文打字"窗口，如图 1.50 所示。

2. 练习单词输入

① 单击"单词练习"按钮，打开"单词练习"窗口，如图 1.51 所示。

② 单击"课程选择"按钮，在课程下拉列表框中显示的词汇内容包括从小学到大学，可供用户选择，这里选择"大学英语四级词汇1"，如图 1.52 所示。

图 1.50　"英文打字"窗口

图 1.51　"单词练习"窗口　　　　图 1.52　练习单词输入

③ 在练习单词输入窗口，还会显示单词的解释和词性，用户可按照窗口提示进行练习。练习要点：输入空格时，右手从基准键上迅速垂直上抬 1～2 厘米，大拇指横着向下击空格键，并立即退回，每击一次输入一个空格。

3. 练习英文文章输入

① 单击"文章练习"按钮，打开"文章练习"窗口。

② 单击"课程选择"按钮，在课程列表中选择"Anne's best friend"，如图 1.53 所示。

③ 按照提示进行反复练习，练熟后单击"课程选择"按钮，在课程列表框中重新选择，然后继续练习。

练习要点：

换行时，抬起右手小指击一次 Enter 键，击毕立即退回到基准键"；"的上方，在右手退回的过程中，小指要提前弯曲，以免误击"；"键。

图 1.53　练习英文文章输入

4. 练习中文文章输入

① 返回"金山打字通"首页，单击"拼音打字"按钮，打开"拼音打字"窗口，如图 1.54 所示。

② 单击"文章练习"按钮，打开"文章练习"窗口。单击"课程选择"按钮，在课程列表中选择"桃花源记"，如图 1.55 所示。

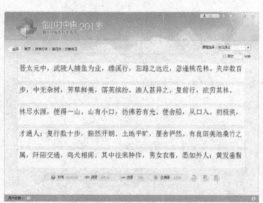

图 1.54　"拼音打字"窗口　　　　图 1.55　"文章练习"窗口

③ 按照提示进行反复练习，练熟后在课程列表中重新选择一课，继续练习，直到每分钟正确录入 45 个汉字。

练习要点：

练习中文打字时，一要勤练，二要苦练。"勤"指多练，并不是要一次练习很长时间，而是要经常练习，每次练习 5 ～ 10 分钟。"苦"指坚持，克服畏难情绪，锻炼耐力，提高打字速度。

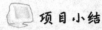 **项目小结**

了解键盘每个键的作用，掌握打字的指法及要领，能够熟练地使用"金山打字通"软件练习中、英文的打字练习，打字速度达到每分钟 60 个汉字以上。

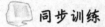 **同步训练**

在"记事本"中输入以下内容，测试所使用的时间。

There are four seasons in a year. March, April and May make the spring season. June, July and August make the summer season. September, October and November make the autumn season. December, January and February make the winter season.

Near the North Pole there are two seasons: winter and summer. The winter night is very long. For more than two months you can not see the sun, even at noon. The summer days are long. For more than two months, the sun never sets, and there is no night.

In the tropics there are also two season: a rainy season and a dry season.

水调歌头 【宋】苏轼
丙辰中秋，欢饮达旦，大醉作此篇，兼怀子由

明月几时有，把酒问青天，不知天上宫阙，今夕是何年？我欲乘风归去，又恐琼楼玉宇，高处不胜寒。起舞弄清影，何似在人间？转朱阁，低绮户，照无眠。不应有恨，何事长向别时圆？人有悲欢离合，月有阴晴圆缺，此事古难全。但愿人长久，千里共婵娟。

模块2 操作系统 Windows 7

操作系统（Operating System，OS）是管理计算机硬件资源，控制其他程序运行并为用户提供交互操作界面的系统软件的集合。操作系统是直接运行在"裸机"上的最基本的系统软件，任何其他软件都必须在操作系统的支持下才能运行。Windows 是美国微软公司推出的"视窗"操作系统，至今已有多个版本。它的显著特点是采用了图形用户界面，把操作对象以形象化的图标显示在屏幕上，借助鼠标操作可以处理各种复杂的任务。

项目 2.1 初识 Windows 7 操作系统

 项目描述

了解操作系统的发展历史；熟悉 Windows 7 的新特性；安装合适的 Windows 7 版本；启动和退出 Windows 7。本项目通过学习 3 个任务来认识 Windows 7 操作系统。

 项目目标

- 了解操作系统的发展历史
- 了解 Windows 7 的新特性
- 正确启动和退出 Windows 7

 项目实施

任务 1 介绍操作系统的发展历史
任务 2 讲解 Windows 7 新特性
任务 3 了解 Windows 7 常用版本
任务 4 启动和退出 Windows 7

 任务 1 介绍操作系统的发展历史

磁盘操作系统（Disk Operating System，DOS）是一个使用十分广泛的操作系统。从 1981 年直到 1995 年的 15 年间，DOS 在 IBM PC 兼容机市场中占有举足轻重的地位。DOS 是一个单任务的、字符界面的操作系统，操作者需要记忆大量的 DOS 命令和词法才能使用，因此 DOS 已经不能适应计算机日益广泛应用的需要。

美国微软公司从 1983 年开始研制 Windows 系统，最初的目标是在 MS-DOS 的基础上提供一个多任务的图形用户界面。第一个版本的 Windows 1.0 于 1985 年问世。1987 年推出了 Windows 2.0 版，最明显的变化是采用了相互层叠的多窗口界面形式。1990 年推出的 Windows 3.0

标志着 Windows 时代的到来。Windows 采用了图形用户界面（Graphical User Interface，GUI），使计算机的操作方法和软件开发技术发生了根本性的变化，用户使用计算机变得更轻松。

1995 年微软公司推出了新一代操作系统 Windows 95，它是一个 32 位的多任务操作系统。Windows 95 提供网络连接和"即插即用"，对多媒体、网络和通信应用也给予了更大的支持。从 1996 年开始，Windows 95 以其优越的性能、操作更加简洁方便的优点，取代了 Windows 3.x（x 代表相关版本，譬如微软件公司于 1992 年针对 Windows 3.0 的缺点推出了 Windows 3.1），成为主流操作系统。

1998 年微软公司发布了 Windows 95 的改进版 Windows 98，1999 年又推出了 Windows 98 第二版并增加了许多新特性。

2000 年 2 月微软公司正式发布了 Windows 2000。

2001 年 10 月，微软又推出了经典的操作系统 Windows XP。Windows XP 采用了 Windows 2000 的源代码作为基础，充分继承其稳定性、可靠性和可管理性，又保留了 Windows 98 良好的用户界面和易用性。Windows XP 集成了新版本的浏览器 Internet Explorer 6.0 和综合娱乐软件 Media Player 8.0，将计算机应用推到了一个新的阶段。

2006 年 11 月，微软公司推出了 Windows Vista 操作系统，它是继 Windows XP 和 Windows 2000 之后的又一个重要的操作系统。2009 年 10 月，微软公司发布最新一代操作系统 Windows 7。Windows 7 拥有华丽的视觉效果和较好的安全性，性能方面有着许多创新和改进，被称为"一款成功的操作系统"。

任务 2 讲解 Windows 7 新特性

作为新一代操作系统，Windows 7 除了继承了先前版本的优越性能外，也有许多显著的特点。

（1）Windows 7 桌面：Windows Aero 桌面外观提供了类似于玻璃的窗口，让用户一眼就能看穿。Aero 一词是 Authentic（真实）、Energetic（动感）、Reflective（反射）和 Open（开阔）这四个单词的首字母缩写，表明 Aero 界面是具立体感、令人震撼、具透视感和阔大的用户界面。

（2）任务栏缩略图：任务栏将同一程序的多个窗口集中在一起并使用同一图标来显示，当鼠标停留在任务栏的一个应用程序图标上时，将显示动态的应用程序界面的小窗口，可以将鼠标移动到这些小窗口上来显示完整的应用程序界面，如图 2.1 所示。

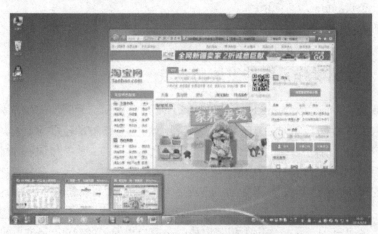

图 2.1 任务栏应用程序图标查看

（3）Windows 7 的库：所谓"库"，是指专用的虚拟视图，用户可将硬盘中不同位置的文件添加到库中，并在库这个统一的视图中浏览和修改不同文件夹内的文档内容。库一般分为视频、图片、文档和音乐四种，如图2.2所示。用户也可以添加新库，如迅雷下载。

图 2.2 库的视图

（4）Windows 7 操作中心：Windows 7 去掉了以前操作系统中的"安全中心"，取而代之的是"操作中心"。"操作中心"（Action Center）除了有"安全中心"的功能外，还有系统维护信息、计算机问题诊断等使用信息，如图2.3所示。

（5）触摸功能：Windows 7 具有其他版本没有的触摸屏技术，也支持外置的手写板。如果设备支持，用户可实现多点触摸功能。当然要实现触摸功能，必须要有相应的硬件支持，如可触摸屏等。

（6）字体管理器：Windows 7 中以前操作系统中的"添加字体"对话框已不复存在，取而代之的是"字体管理器"，如图2.4所示。用户可以选择适合的字体进行设置，其中的"Clear Type"技术可以改善液晶显示器的文本可读性，使计算机屏幕上的文字看起来和纸上打印的一样清晰。

图 2.3 操作中心

图 2.4 字体管理器

（7）即插即用功能：Windows 7 引入了一种外部设备和计算机交互的新方式，称为 Device Stage（设备控制台），它可以让用户看到外部设备连接在计算机上的状态，并在为每个设备定制的单一窗口下运行常用任务。大部分情况下，用户无须安装新软件即可使用外部设备。

任务 3 了解 Windows 7 常用版本

Windows 7 和 Windows XP 或 Vista 一样有多种版本，可以让用户根据自己的需求进行选择。常用的版本有家庭普通版、家庭高级版、专业版和旗舰版 4 种。

（1）家庭普通版（Windows 7 Home Basic）是简化的家庭版，支持多显示器，有移动中心，限制部分 Aero 特效，没有媒体中心，缺乏 tablet 支持，没有远程桌面，只能加入而不能创建家庭网络组等。

（2）家庭高级版（Windows 7 Home Premium）面向家庭用户，满足家庭娱乐需求，包含所有桌面增强和多媒体功能，不支持 Windows 域、Windows XP 模式、多语言等。

（3）专业版（Windows 7 Professional）面向小企业用户，满足办公开发需求，包含加强的网络功能，如活动目录和域支持、远程桌面等。

（4）旗舰版（Windows 7 Ultimate）面向高端用户，拥有新操作系统的所有功能。

本章将主要针对 Windows 7 旗舰版（以下简称"Windows 7"）来介绍。

 任务 4　启动和退出 Windows 7

要操作 Windows 7，首先要启动系统，在登录系统后才能进行操作。当用户长时间不使用计算机时，应关闭计算机，及时退出 Windows 7 操作系统。

操作步骤：

（1）依次按下显示器和主机的电源按钮，系统会自动进行硬件自检，引导操作系统启动一系列的动作，之后进入用户登录界面，如图 2.5 所示。

（2）如果系统设置了密码，则需要输入密码，输入密码后按下 Enter 键，稍后即可进入 Windows 7 系统的桌面，如图 2.6 所示。

图 2.5　登录界面　　　　　　　　　　　　　图 2.6　进入系统

（3）退出 Windows 7 操作系统时，应保存应用程序中处理的结果，关闭所有正在运行的应用程序。

（4）单击"开始"按钮，在弹出的"开始"菜单中选择"关机"命令，Windows 开始注销系统。

（5）如果系统有更新，会自动安装更新文件，安装完毕后会自动退出系统。

（6）关闭外设电源开关。

相关提示：

（1）以上介绍的启动方法又称为"冷启动"，是正常启动计算机的方法。然而，计算机在运行过程中，可能会出现系统无法反应的情况，需要"重新启动"计算机，这时可以采取"热启动"或"复位启动"的方法重新启动计算机。热启动方法：单击"开始"按钮，在面板上的"关机"按钮旁有个 ▷ 按钮，单击后弹出上拉菜单，选择"重新启动"命令即可。复位启动方法：直接按下主机上的 Reset 按钮，计算机会黑屏并重新启动。

（2）由于 Windows 7 运行时在高速缓存区中存有许多信息，即使用户已经将自己所处理的文件进行了存盘操作，但位于高速缓存区中的一部分信息还需要花一定的时间才能将它写入磁盘。因此，如果在没有正常退出 Windows 系统的情况下直接关闭电源，高速缓存中的信息将会丢失，使得 Windows 系统受到破坏。系统会认为是非法关机，下次启动 Windows 时系统将会用很长的时间进行系统的恢复与整理。

（3）如果计算机发生严重死机情况，鼠标、键盘都无法使用以至于无法正常关机，此时可按住 Reset 键（主机箱面板上的一个按钮）3 秒以上，人为地将系统强行关闭，然后再关闭显示器。

 项目小结

本项目主要介绍了 Windows 的概念，介绍了微软公司开发的 Windows 操作系统，从最初的 Windows 1.0 到大家熟知的 Windows 95、98、XP、Vista 等，再到 Windows 7 版本的持续更新和完善历程，讲解了新一代 Windows 7 操作系统的常用版本及新特性，示范了如何正确启动和关闭 Windows 7 操作系统，如何在计算机运行过程中出现系统无法反应时重启计算机，以及如何在死机情况下关闭计算机。

 同步训练

1. 启动和关闭一台安装 Windows 7 操作系统的计算机，观察启动和关闭的界面。
2. 尝试为 Windows 7 系统设置登录密码。

项目 2.2　掌握 Windows 7 的基本操作

 项目描述

熟悉 Windows 7 操作系统的桌面、图标、任务栏、窗口、菜单和对话框等图形化基本元素的功能与操作。本项目通过学习 8 个任务，引导读者掌握使用 Windows 7 操作系统管理计算机的方法。

 项目目标

- 认识 Windows 7 的桌面
- 学会桌面图标的添加、删除与排列
- 熟练掌握任务栏的基本操作
- 熟悉窗口的组成及其功能
- 熟练掌握窗口的操作
- 学会添加、删除输入法

 项目实施

任务 1　认识 Windows 7 桌面
任务 2　添加、删除桌面图标
任务 3　排列桌面图标
任务 4　操作任务栏
任务 5　认识 Windows 7 窗口
任务 6　改变窗口大小
任务 7　排列、切换窗口
任务 8　添加或删除输入法

任务 1　认识 Windows 7 桌面

Windows 7 操作系统具有良好的人机交互界面，与之前的 Windows 系统相比，该系统的界面变化很大。启动 Windows 7 后，出现在整个屏幕上的区域称为"桌面"，桌面是用户和计算机进行人机交互的界面。对系统进行的所有操作，都是从桌面开始的。

Windows 7 桌面主要由桌面图标、任务栏、开始菜单、窗口和对话框等元素构成，如图 2.7 所示。

图 2.7　Windows 7 桌面组成

（1）桌面图标：桌面图标是整齐排列在桌面上的、具有明确含义的计算机图形，代表一个文件、程序、网页或命令。图标由图形和文字两部分组成，图形部分表示图标的种类，文字部分说明图标的名称。桌面图标主要分为系统图标、应用图标和快捷图标三种。系统图标是 Windows 7 安装后产生的默认图标（包括"计算机"、"回收站"、"网络"等）；应用图标是为了方便操作，人们将文件直接放置到桌面上产生的图标；快捷图标是指应用程序的快捷启动方式，其特征是在图标左下角有一个箭头标志。无论是哪种图标，双击图标都可以快速启动对应的程序或打开窗口。

（2）任务栏：位于桌面下方的一个条形区域，它显示了系统正在运行的程序、打开的窗口和当前的时间等内容，用户可以通过任务栏完成许多操作。任务栏包含 5 个部分：最左侧圆球状的"开始"按钮、快捷启动区（包括 IE 图标、库图标等系统自带程序、当前打开的窗口和程序等）、语言栏（输入法）、通知区域（系统运行程序设置和系统时间日期）、"显示桌面"按钮（将鼠标指针移到该按钮上，可以预览桌面；若单击该按钮，会迅速切换桌面，再单击会还原），如图 2.8 所示。

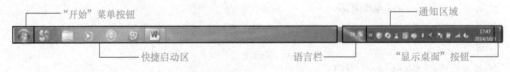

图 2.8　Windows 7 任务栏

（3）"开始"菜单：该菜单是 Windows 7 的应用程序入口。单击位于任务栏最左侧的圆球状按钮，系统弹出"开始"菜单。"开始"菜单主要有 5 个部分：常用程序列表、"所有程序"

列表、常用位置列表、搜索框、关机按钮组，如图 2.9 所示。

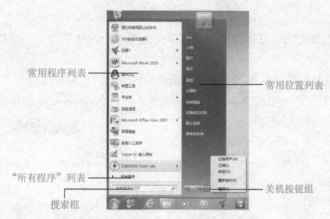

图 2.9　Windows 7 的"开始"菜单

常用程序列表：列出了最近频繁使用的程序快捷方式。"开始"菜单是一个具有个性化特性的菜单，会不断监视"开始"菜单中各个应用程序的使用情况，使用最频繁的程序会在常用程序列表中显示出来。

"所有程序"列表：系统中安装的所有程序都能从"所有程序"里找到。可以将鼠标指针指向或单击"所有程序"来打开一个包含所有子程序的菜单（此时"所有程序"变为"返回"），如果鼠标指向或单击"返回"命令，则恢复常用程序列表状态。

常用位置列表：列出了硬盘上的一些常用位置，使用户能快速进入常用文件夹或系统设置。

搜索框：在搜索框中输入关键字，即可搜索到本机安装的程序或文档。

关机按钮组：由"关机"按钮旁的 ▷ 按钮下拉菜单组成，包括"关机"、"切换用户"、"注销"、"锁定"、"重新启动"、"睡眠"等系统命令。

（4）窗口：窗口是 Windows 系统中最常见的图形界面，用来区分各个程序的工作区域。用户可以在窗口中进行文件、文件夹及程序的添加和修改。

（5）对话框：对话框是操作系统的次要窗口，它们和窗口最大的区别就是没有最大化和最小化按钮，用户一般不能调整其形状大小。对话框多种多样，一般来说，对话框中的可操作元素主要有命令按钮、选项卡、单选按钮、复选框、下拉列表和数值框等，但并非所有对话框都包含以上的全部元素。

（6）菜单：菜单是应用程序中命令的集合，通过执行菜单命令用户可以方便地进行各种操作。Windows 7 中菜单的类型分为 4 种，分别是窗口菜单、控制菜单（每个应用程序都有一个控制菜单，提供还原、移动、大小、最小化、最大化、关闭窗口功能）、右键快捷菜单和"开始"菜单。

相关提示：

（1）桌面图标主要取决于计算机中安装了哪些软件，用户可以根据需要增加或减少桌面图标。

（2）快捷图标是原程序图标的拷贝，由一个左下角带一个小箭头的图标表示。快捷图标指向保存在另一个位置上的实际程序或文件（夹）。

 ## 任务 2　添加、删除桌面图标

Windows 7 安装完成后，默认情况下桌面上只有"回收站"一个图标。用户想为桌面添加"计算机"和"网络"两个系统图标，然后再添加一个"画图"程序快捷图标，最后将桌面上的"画

图"图标删除。

操作步骤：

（1）在桌面空白处右击，在弹出的快捷菜单中选择"个性化"命令，并打开"个性化"窗口，如图 2.10 所示

（2）单击"个性化"窗口左侧的"更改桌面图标"，打开"桌面图标设置"对话框，选中"计算机"和"网络"复选框，单击"确定"按钮，如图 2.11 所示，就可在桌面添加 2 个系统图标。

图 2.10 个性化窗口

图 2.11 "桌面图标设置"对话框

（3）单击"开始"按钮，打开"开始"菜单，单击"所有程序"列表中的"附件"选项，找到其中的"画图"程序。

（4）右击"画图"程序，在弹出的快捷菜单中选择"发送到"命令，在下拉菜单里选择"桌面快捷方式"命令，如图 2.12 所示。

（5）右击桌面上的"画图"图标，弹出快捷菜单，选择菜单中的"删除"命令，则弹出"删除快捷方式"对话框，如图 2.13 所示。

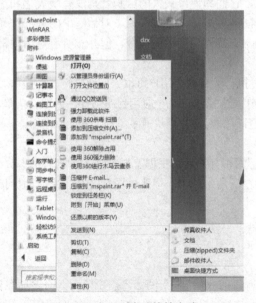
图 2.12 发送到桌面快捷方式

图 2.13 "删除快捷方式"对话框

（6）单击"是"按钮，即可删除"画图"快捷图标。

相关提示：

（1）刚装好的 Windows 7 桌面比较干净，用户可根据需要单击"个性化"窗口中的"更改桌面图标"，在弹出的"桌面图标设置"对话框中更改系统图标，包括"计算机"、"用户的文件"、"网络"、"回收站"、"控制面板"等。

（2）除上述添加快捷图标的方法外，还可以从资源管理器中，拖曳应用程序到桌面，也可以从"开始"菜单中拖曳程序图标到桌面。

（3）快捷方式可以在任何地方创建，而不仅限于桌面。

（4）从桌面上删除图标，只是删除了快捷方式，并未将快捷方式所代表的应用程序或文档从计算机中卸载或删除。

任务 3　排列桌面图标

分别用"排列图标"中的 4 个子菜单项将桌面上的图标进行重新排列，观察这些图标的排列情况。

操作步骤：

（1）在桌面空白处右击，在弹出的快捷菜单中选择"排序方式"下的"名称"命令，如图 2.14 所示

（2）桌面上的图标即可按照"名称"的顺序进行排列，如图 2.15 所示。

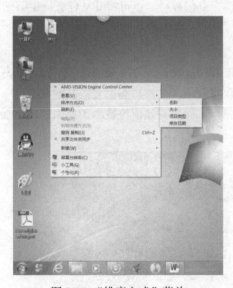
图 2.14　"排序方式"菜单

图 2.15　按"名称"排列后的图标

（3）在图 2.14 所示"排序方式"子菜单中分别选择"大小"、"项目类型"、"修改日期"命令，则桌面上的图标排列效果如图 2.16 所示。

相关提示：

（1）排列图标可以用鼠标拖曳图标的方法将图标随意放置，也可以用快捷菜单按照名称、大小、类型和修改日期来排列图标。

（2）在磁盘驱动器窗口和文件夹窗口内也可进行图标排列。

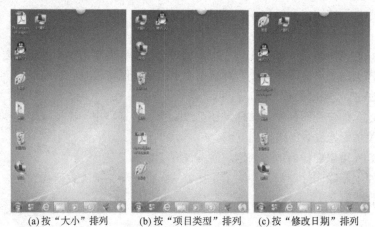

(a) 按 "大小" 排列　　　(b) 按 "项目类型" 排列　　　(c) 按 "修改日期" 排列

图 2.16　排列后的图标效果

 任务 4　操作任务栏

使用鼠标的各种按键操作任务栏上对应的图标，以实现不同的功能；将 "画图" 程序添加到任务栏，然后再将该程序图标从任务栏中移除。

Windows 7 的任务栏可以将计算机中运行的同一程序的不同文档集中在同一图标上管理，如果是尚未运行的程序，单击图标可以启动对应的程序；如果是运行中的程序，单击图标则会将此程序放在最前端；用户可将经常用到的程序锁定到任务栏，也可将其从任务栏中解锁。

操作步骤：

1．左键单击

如果图标对应的程序尚未运行，单击鼠标左键即可启动该程序；如果已经运行，单击左键则会将对应的程序窗口放置于最前端。如果该程序打开了多个窗口和标签，左键单击可以查看该程序的所有缩略图，再次单击缩略图中的某个窗口，即可将该窗口显示于桌面的最前端，如图 2.17 所示。

图 2.17　显示程序的缩略图

2．中键单击

中键单击程序图标后会新建该程序的一个窗口。如果鼠标上没有中键，也可以单击滚轮实现中键单击效果。

3. 右键单击

右键单击一个图标，可以打开跳转列表，查看该程序的历史记录和解锁任务栏以及关闭程序的命令，如图 2.18 所示。

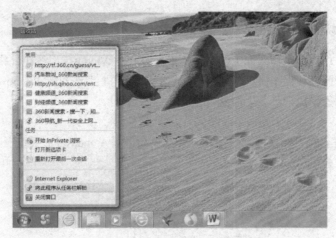

图 2.18　打开跳转列表

4. 鼠标拖曳和移动

任务栏的快速启动区图标可以通过鼠标左键拖曳移动来改变顺序。对已经启动的程序的任务栏按钮，该程序的按钮周围就会添加边框；在将光标移至按钮上时，还会发生颜色的变化；如果某程序同时打开了多个窗口，按钮周围的边框个数与窗口数相符；当光标在多个此类图标上滑动时，对应程序的缩略图还会出现动态切换效果。

5. 将"画图"添加到任务栏，然后将该程序从任务栏移除

将"画图"添加到任务栏时，选择"开始"→"所有程序"→"附件"命令，右击"画图"程序图标，在弹出的右键菜单中选择"锁定到任务栏"选项，如图 2.19(a) 所示，即可完成添加；从任务栏移除"画图"程序时，右击该程序图标，然后在弹出的菜单中选中"将此程序从任务栏解锁"选项即可，如图 2.19(b) 所示。

(a) 锁定到任务栏　　　　　　　　(b) 从任务栏解锁

图 2.19　锁定和解锁任务栏程序

相关提示：

Windows 7 将"显示桌面"按钮设计到任务栏最右侧，方便用户"盲操作"，只要凭感觉将鼠标移动到屏幕的右下角即可显示桌面。

 任务 5 认识 Windows 7 窗口

窗口是系统为用户提供在桌面上的一个矩形区域，是 Windows 系统中最常见的图形界面。窗口一般分为系统窗口和程序窗口，系统窗口是指如"计算机"窗口等 Windows 操作系统窗口；程序窗口是指应用程序执行所产生的窗口。

操作步骤：

（1）双击桌面上的"计算机"图标，打开的窗口就是 Windows 7 系统下的一个标准窗口，该窗口的组成部分如图 2.20 所示。

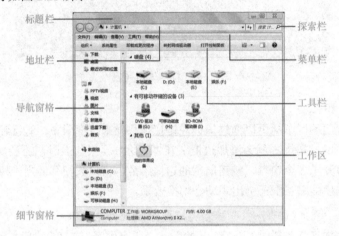

图 2.20 "计算机"窗口

（2）窗口主要由标题栏、地址栏、菜单栏、搜索栏、工具栏、窗口工作区等元素组成。

① 标题栏：位于窗口的顶端，标题栏的最右端有"最小化"、"最大化/还原"、"关闭"3个按钮。通常用户可通过标题栏移动窗口、改变窗口的大小和关闭窗口。

② 地址栏：位于标题栏下方，用于显示和输入当前浏览位置的详细路径信息。地址栏最左侧的"后退"、"前进"两个按钮为"浏览导航"按钮。

③ 搜索栏：位于标题栏的下方、地址栏的右侧，帮助用户在当前窗格范围内查找相关内容。搜索时，地址栏会显示搜索进度情况。

④ 菜单栏：位于地址栏的下方，它提供了用户在操作过程中所用命令的各种访问途径。

⑤ 工具栏：位于菜单栏的下方，用来存放一些常用的菜单操作命令按钮，单击这些按钮可以很方便地完成相应的菜单操作。

⑥ 工作区：窗口工作区是窗口的主要部分，应用程序将在工作区中对对象进行所需的各种操作。

⑦ 导航窗格：位于窗口左侧，提供了树状结构文件夹列表，可方便迅速地定位所需目标。窗格从上到下分为不同的类别，主要分为收藏夹、库、计算机、网格等 4 大类。

⑧ 细节窗格：位于窗口的最底部，用于显示当前操作的状态及提示信息，或当前用户选定对象的详细信息。

任务 6　改变窗口大小

打开"计算机"窗口，用拖曳标题栏方式来改变窗口的形状。

操作步骤：

（1）双击"计算机"图标，打开计算机窗口，如图 2.21 所示。

（2）用鼠标拖曳"计算机"窗口标题栏至屏幕最上方，当鼠标指针位置碰到屏幕的上方边沿时，会出现放大的"气泡"，同时将会看到 Aero Peek 效果填充桌面，如图 2.22 所示，此时松开鼠标，"计算机"窗口即可全屏显示。

图 2.21　打开"计算机"窗口　　　　　　图 2.22　Aero Peek 效果

（3）若要还原窗口，只需将最大化的窗口向下拖动。

（4）将窗口用拖曳标题栏的方式移动到屏幕的最右（左）边，当鼠标指针位置碰到屏幕的右（左）边边沿时，Aero Peek 效果填充至屏幕的右（左）半边，如图 2.23 所示。此时松开鼠标，"计算机"窗口大小变为占据一半屏幕的区域，如图 2.24 所示。

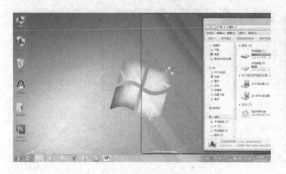

图 2.23　Aero Peek 效果图　　　　　　　图 2.24　窗口变化

相关提示：

（1）使用窗口的最大化、最小化按钮可改变窗口的大小，还可通过对窗口边界的拖曳改变窗口的大小，只需将鼠标指针移动到窗口四周的边框或四个角上，当光标变成双箭头形状时，按住鼠标左键不放进行拖曳就可以拉伸或收缩窗口。

（2）Windows 7 的 Aero 晃动功能可以快速清理窗口，用户只需将当期要保留的窗口拖住，然后轻轻一摇，其余的窗口即可全部自动最小化，再次摇动当前窗口，即可使其他窗口重新恢复原状。

任务7　排列、切换窗口

用户同时打开了"计算机"、"回收站"和"网络"三个窗口，请在桌面上用层叠、堆叠和并排 3 种窗口的排列方式使它们同时处于显示状态，并观察窗口的排列情况，然后在打开的多个窗口之间进行切换。

操作步骤：

（1）打开"计算机"、"回收站"和"网络"三个窗口，然后在任务栏空白处右击，在弹出的快捷菜单中选择"层叠窗口"命令，如图 2.25 所示。

（2）此时，打开的窗口以层叠的方式在桌面显示，如图 2.26 所示。

图 2.25　选择"层叠窗口"命令

图 2.26　层叠窗口

（3）重复步骤 1，选择"堆叠显示窗口"命令，打开的窗口以堆叠的方式在桌面显示，见图 2.27。

（4）重复步骤 1，选择"并排显示窗口"命令，打开的窗口以并排的方式在桌面显示，见图 2.28。

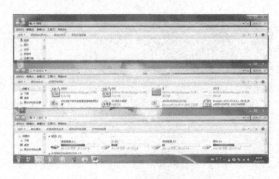

图 2.27　堆叠窗口

图 2.28　并排窗口

（5）将鼠标指针移至任务栏该程序按钮上，在按钮上方显示出与该程序相关的所有打开的窗口预览缩略图，如图 2.29 所示，单击其中的一个缩略图，即可切换至该窗口。

相关提示：

除了通过任务栏图标预览切换窗口外，Windows 7 还提供了多种方式让用户方便快捷地切换预览窗口。例如，使用 Alt + Tab 键预览窗口，在按下 Alt + Tab 键后，切换面板中显示当前打开的窗口缩略图，并且除了当前选定的窗口外，其余的窗口都呈现透明状态。按住 Alt 键不放，再按 Tab 键或滚动鼠标滚轮就可在现有窗口缩略图中切换，如图 2.30(a) 所示；使用 Win +

Tab 键切换窗口，按下 Win + Tab 键切换窗口时，可以看到立体的 3D 效果，按住 Win 键不放，再按 Tab 键或滚动鼠标滚轮可以切换各个窗口，如图 2.30(b) 所示。

图 2.29　任务栏预览窗口

(a) Alt + Tab 键切换窗口

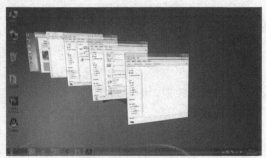

(b) Win + Tab 键切换窗口

图 2.30　窗口切换

 任务 8　添加或删除输入法

在现有的输入法列表中添加"微软拼音 ABC 输入法"，然后再将该输入法从列表中删除。

Windows 7 中文版自带了几种输入法供用户使用，如果这些输入法不能满足用户的要求，或者有些输入法不需要，就可以添加或删除输入法。

操作步骤：

（1）在任务栏的语言栏上右击，在弹出的快捷菜单中选择"设置"命令，打开"文本服务和输入语言"对话框，如图 2.31 所示。

（2）单击"已安装的服务"选项组中的"添加"按钮，打开"添加输入语言"对话框，如图 2.32 所示。

（3）在该对话框中的"中文（简体）- 微软拼音 ABC 输入风格"复选框前打钩，单击"确定"按钮，返回"文本服务和输入语言"对话框。此时已在"已安装的服务"选项组里看到刚添加的输入法，如图 2.33 所示。

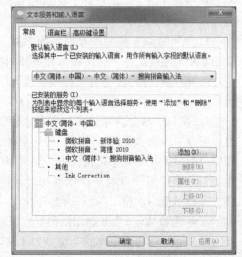

图 2.31　"文本服务和输入语言"对话框

49

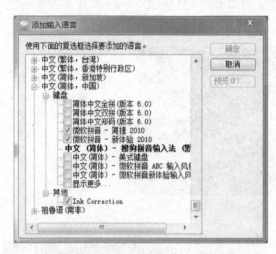

图 2.32 "添加输入语言"对话框

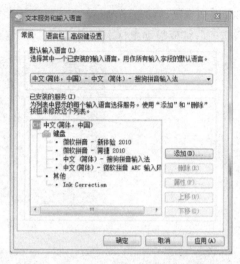

图 2.33 已添加微软拼音 ABC 输入法

（4）单击"确定"按钮，完成输入法的添加。

（5）在"已安装的服务"选项组里选择"中文（简体）- 微软拼音 ABC 输入风格"选项，单击"删除"按钮，即可删除该输入法。

相关提示：

（1）在 Windows 7 中，也可以通过鼠标单击任务栏上的语言栏图标，在弹出的菜单中选择需要的输入法。还可以使用系统默认的快捷键 Ctrl + 空格键在中文和英文输入法之间切换，使用 Ctrl + Shift 组合键切换输入法。

（2）如果用户需要开机后就是自己习惯的输入法，可进入"文本服务和输入语言"对话框中，在"默认输入语言"下拉菜单中选择设置默认的输入法。

 项目小结

本项目介绍了 Windows 7 桌面的基本操作，如桌面图标操作、任务栏操作、窗口操作、菜单操作等内容，主要涉及的知识点如下：

1. Windows 7 桌面主要由桌面图标、任务栏、开始菜单、窗口和对话框等元素构成。桌面图标分为系统图标、应用图标和快捷图标，桌面图标可根据用户的需求添加和删除。

2. 使用任务栏快速启动程序、预览打开窗口的缩略图、在打开的多个窗口之间进行切换、将常用程序锁定到任务栏和快速显示桌面等内容。

3. 窗口一般分为系统窗口和程序窗口。通过双击桌面图标、快捷菜单或"开始"菜单可打开窗口；单击"关闭"按钮、使用菜单命令或任务栏可以关闭窗口。改变窗口的大小除了使用窗口的最大化、最小化按钮外，还可以通过拖曳窗口标题栏来改变窗口的大小，对打开的多个窗口，若需要同时处于显示状态时，可以使用 Windows 7 提供的层叠、堆叠、并排三种排列方式显示窗口，窗口的预览和切换可以将鼠标移至任务栏中的某个程序按钮上，也可以使用 Alt + Tab 键和 Win + Tab 键切换预览窗口。

4. Windows 7 中菜单的类型分为 4 种，分别是窗口菜单、控制菜单、右键快捷菜单和"开始"菜单。菜单的命令包含：可执行命令和暂时不可执行命令、带大写字母的命令、快捷键命令、带省略号的命令、单选和复选命令、子菜单命令。

5. 通过任务栏的语言栏的右击菜单中的"设置"命令，可以添加或删除输入法。

同步训练

1. 在任意一个盘符（C、D、E 等）根目录下创建启动"记事本"的快捷方式图标。

2. 打开"计算机"和"回收站"两个窗口；单击"计算机"窗口的"最大化 / 向下还原"按钮，稍后再单击该按钮一次，然后分别拖曳窗口的"标题栏"到屏幕的上方、左方和右方，观察上述操作时窗口大小的变化；再将打开的两个窗口，按"层叠"和"并排"两种方式排列；使用快捷键在现有窗口缩略图中切换窗口。

项目 2.3　设置 Windows 7 个性化桌面

 项目描述

通过系统的"个性化"窗口美化办公桌面，体现自己与众不同的个性魅力。本项目通过学习 9 个任务，引导读者掌握在 Windows 7 操作系统中完成设置背景和主题、设置任务栏、创建用户账户等的方法。

 项目目标

- 掌握桌面外观和主题的设置
- 学会设置任务栏
- 学会设置鼠标指针
- 学会用户账户的设置

 项目实施

任务 1　设置桌面背景
任务 2　设置屏幕保护
任务 3　设置系统声音
任务 4　设置桌面主题
任务 5　设置显示器的分辨率和刷新频率
任务 6　设置系统日期和时间
任务 7　设置任务栏
任务 8　更改鼠标指针的形状
任务 9　创建新用户账户

 ## 任务 1　设置桌面背景

（1）选择"Windows 桌面背景"中提供的"风景"图中的"img10"图片，"填充"作为桌面背景。

（2）选择全部图片，每隔 10 秒钟切换作为动画桌面背景。

桌面背景就是图案，又称为"壁纸"。背景图片一般是图像文件，Windows 7 系统自带了多个桌面背景图片供用户选择。

操作步骤：

（1）在桌面上右击，在弹出的快捷菜单中选择"个性化"命令，打开"个性化"窗口，见图 2.34。

（2）单击该窗口下面的"桌面背景"图标。

（3）打开"选择桌面背景"窗口，在"图片位置"下拉菜单中选择"Windows 桌面背景"选项，此时会在预览窗口中看到"Windows 桌面背景"中所有图片的缩略图，如图 2.35 所示。

图 2.34 "个性化"窗口

图 2.35 "桌面背景"窗口

（4）在默认设置下，所有图片都处于选定状态，用户可单击"全部清除"按钮，清除图片选定状态。

（5）单击选中"风景"中的"img10"图片，在"图片位置"选择"填充"，再单击"保存修改"按钮，即可将该图片设置为桌面背景，如图 2.36 所示。

(a) 设置 img10

(b) 效果展示

图 2.36 桌面背景

（6）在"桌面背景"窗口中单击"全选"按钮，或者通过单击鼠标选定多张图片，在"更改图片时间间隔"下拉列表中选择"10 秒钟"，则表示桌面背景图片以幻灯片的形式每隔 10 秒钟更换一张背景图片，若用户选择"无序播放"复选框，图片将随机切换，否则图片将按顺序切换。

相关提示：

（1）桌面背景图片可以使用系统自带的，也可以由用户单击"浏览"按钮，选择存储设备上的图像文件。

（2）"图片位置"提供填充、适应、拉伸、平铺、居中五个选项，用于调整图片大小和屏幕大小之间的适应性。

（3）除了设置桌面背景，用户还可以在"个性化"窗口下打开"窗口颜色"窗口，根据自己的喜好自定义 Windows 外观。

 ## 任务 2　设置屏幕保护

设置"三维文字"屏幕保护，文字内容为"轻松一下马上回来"（未设置恢复密码）。

如果用户在一段时间内既没有按键盘，也没有移动鼠标，Windows 系统将自动启动屏幕保护程序。屏幕保护一方面阻止电子束过多地停留在屏幕某一处，避免灼伤屏幕，从而延长显示器的寿命，另一方面利用设置了恢复密码的屏幕保护可以保护计算机不被未经许可的用户使用。

操作步骤：

（1）在桌面上右击，在弹出的快捷菜单中选择"个性化"命令，打开"个性化"窗口，见图 2.34。

（2）单击窗口右下方的"屏幕保护程序"，打开"屏幕保护程序设置"对话框，如图 2.37 所示。

（3）选择"屏幕保护程序"下拉列表框中的"三维文字"选项；在"等待"微调框内设置时间为"1"分钟；选中"在恢复时显示登录屏幕"复选框。此三项操作表示屏幕保护程序的样式为"三维文字"；在不操作计算机 1 分钟后自动启动；如果用户设置了计算机登录密码，则在恢复时需要输入登录密码。

（4）单击"设置"按钮，进入"三维文字设置"对话框，在"自定义文字"文本框中输入"轻松一下马上回来"，然后详细设置屏幕保护的文字大小、旋转速度、字体颜色等，如图 2.38 所示。

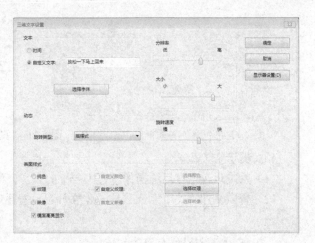

图 2.37　"屏幕保护程序设置"对话框　　　　图 2.38　"三维文字设置"对话框

（5）设置完成后，单击"确定"按钮，退回到"屏幕保护程序设置"对话框，单击"确定"按钮，即可完成设置。1 分钟后，屏幕保护程序自动启动，效果如图 2.39 所示。

图 2.39　屏幕保护设置效果

 任务 3　设置系统声音

设置退出 Windows 系统的声音为"语音关闭"。

操作步骤：

（1）在桌面上右击，在弹出的快捷菜单中选择"个性化"命令，打开"个性化"窗口。

（2）单击窗口下的"声音"按钮，打开"声音"对话框，选择"声音"选项卡，如图 2.40 所示。

（3）在"程序事件"列表中选择"退出 Windows"选项，然后单击"浏览"按钮，打开"浏览新的退出 Windows 声音"对话框，在里面选择"语音关闭"音乐文件，然后单击"打开"按钮，如图 2.41 所示。返回到"声音"对话框，单击"确定"按钮，退出 Windows 声音设置。单击图 2.40 中的"测试"按钮可以测试"语音关闭"声音。

图 2.40　"声音"对话框

图 2.41　"浏览新的退出 Windows 声音"对话框

相关提示：

（1）系统声音是在系统操作过程中产生的声音，用户可以根据自己的喜好更改系统声音。

（2）音乐文件"关闭声音"是 wav 文件，设置系统声音时不能直接使用 mp3 文件。

 任务 4　设置桌面主题

将桌面设置为"Aero 主题"中的"中国"风尚主题。

桌面主题是桌面总体风格的统一，通过改变桌面主题，可以同时改变桌面图标、背景图像和窗口等项目的外观。Windows 7 系统为用户提供了多种风格的主题，常使用的为"Aero 主题”和“基本和高对比度主题”两大类,用户也可以到网上下载更多的主题。其中“Aero 主题”具有 3D 渲染效果和半透明效果,可以将系统界面装扮得更加美观时尚。

操作步骤:

(1)在桌面上右击,在弹出的快捷菜单中选择“个性化”命令,打开“个性化”窗口。

(2)在“Aero 主题”选项区中单击“中国”选项,主题选择完毕,如图 2.42 所示。桌面主题已经更换。

(3)在桌面上右击,在弹出的快捷菜单中选择“下一个桌面背景”命令,即可更换该主题系列中的桌面墙纸,如图 2.43 所示。

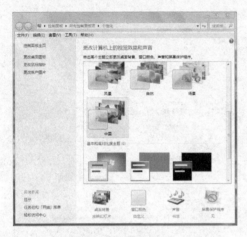

图 2.42　选择“中国”主题　　　　　　　　　图 2.43　更换桌面

相关提示:

主题是 Windows 为用户搭配完整的系统外观和系统声音的一套设置方案,包括风格、壁纸、屏保、鼠标指针、系统声音事件、图标等。用户还可以自己设计主题,设置完成后就可以保存主题。

 任务 5　设置显示器的分辨率和刷新频率

设置屏幕的分辨率为“1600 × 900”,刷新频率为“75 赫兹”。

屏幕上像素数量越多,分辨率越高,显示的图像颜色就越丰富和细腻。现在很多软件、多媒体娱乐都需要在足够的颜色数量,且在高分辨率下才能很好地使用。同时,为防止屏幕出现闪烁现象,需要设置屏幕分辨率和刷新频率。

操作步骤:

(1)在桌面上右击,在弹出的快捷菜单中选择“屏幕分辨率”命令,如图 2.44 所示,打开“屏幕分辨率窗口”,如图 2.45 所示。

(2)在“分辨率”下拉列表中拖动滑块改变分辨率的大小为“1600 × 900”,单击“高级设置”,如图 2.46 所示。

(3)在打开的“通用即插即用监视器”对话框中,单击“监视器”选项卡,在“屏幕刷新频率”下拉列表中选择“75 赫兹”,单击“确定”按钮,如图 2.47 所示。

(4)返回到“屏幕分辨率”窗口,再单击“确定”按钮,完成屏幕分辨率和刷新频率的设置。

图 2.44　快捷菜单

图 2.45　分辨率窗口

图 2.46　设置分辨率

图 2.47　设置刷新频率

相关提示：

（1）屏幕分辨率是指屏幕上显示的像素数量，CRT 显示器的屏幕分辨率比为 4:3，液晶显示器的屏幕分辨率比为 16:9。

（2）刷新率是指图像在屏幕上更新的速度，即屏幕上图像每秒钟出现的次数，单位是赫兹（Hz）。不同的机器提供的屏幕刷新频率的选项可能不同，用户可根据实际情况自行设置。

 任务 6　设置系统日期和时间

将系统时间调整为"2021 年 9 月 10 日 8 时 30 分 15 秒"。

如果系统时间和现实生活中时间不一致，用户可以对系统时间和日期进行调整。

操作步骤：

（1）单击任务栏上的"时间和日期"区域，在图 2.48 所示的"日期和时间"界面上单击"更改日期和时间设置"，打开"日期和时间"对话框，如图 2.49 所示。

图 2.48　"日期和时间"界面　　　　　　　　图 2.49　"日期和时间"对话框

（2）单击"更改日期和时间"按钮，进入"日期和时间设置"对话框，在"日期"列表框里设置"2021 年、9 月、10 日"，在"时间"数字框内输入"8:30:15"，如图 2.50 所示。

（3）单击"确定"按钮，返回"日期和时间设置"对话框，再单击"确定"按钮，则系统时间显示为"2021 年 9 月 10 日 8 时 30 分 15 秒"，如图 2.51 所示。

图 2.50　修改日期和时间　　　　　　　　图 2.51　调整后的日期和时间

相关提示：

（1）Windows 7 之前的 Windows 版本只显示时间，而 Windows 7 系统的日期和时间都显示在桌面的任务栏里。用户将鼠标光标移到任务栏"日期和时间"的对应区域上，系统会自动浮现一个界面，可以查看到年、月、日、星期。

（2）如果用户想要将设置的日期和时间与 Internet 时间同步，可选择"日期和时间"对话框中的"Internet 时间"选项卡，在"Internet 时间设置"对话框中进行设置。

（3）如果想在任务栏"日期和时间"的对应区域上同时查看其他国家和地区的日期和时间，可选择"日期和时间"对话框中的"附加时钟"选项卡进行设置。在任务栏"日期和时间"的对应区域内一般最多显示 3 个时区的时钟。

任务7 设置任务栏

按照自己的习惯，调整任务栏的大小，设置任务栏上的图标为小图标显示，任务栏为自动隐藏，再将任务栏的位置放在屏幕的右侧，且锁定任务栏。

操作步骤：

（1）右击任务栏中央空白处，在弹出的快捷菜单中取消选择"锁定任务栏"，如图2.52所示。然后将鼠标指针移到任务栏的边框，当指针变成双箭头形状时，按住鼠标键向上或向下拖动，调整为自己想要的大小。

（2）右击任务栏，在弹出的快捷菜单中单击"属性"选项，打开"任务栏和[开始]菜单属性"对话框，如图2.53所示。在"任务栏"选项卡中选中"锁定任务栏"复选框、"自动隐藏任务栏"复选框和"使用小图标"复选框，在"屏幕上的任务栏位置"下拉列表框内选择"右侧"选项。

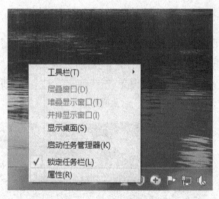

图2.52　解除锁定任务栏

图2.53　任务栏和开始菜单属性

（3）单击"确定"按钮，任务栏设置为调整了大小、小图标显示且自动隐藏的位置在桌面右侧的任务栏，如图2.54所示。

图2.54　任务栏设置效果

相关提示：

（1）任务栏锁定和没有锁定的区别是任务栏两侧各有5×3的小点。未锁定的任务栏可以左右拉动，而锁定的任务栏不能调整左右位置。

（2）在任务栏里添加工具栏可以提高操作计算机的速度，用户可以在"任务栏和「开始」菜单属性"中的"工具栏"选项卡中选择相应的选项，将选中的工具栏添加到任务栏中。

（3）当任务栏被隐藏时，用户可以按下键盘左下角 Ctrl 键和 Alt 键之间的 键（Windows 键）来打开"开始"菜单。

任务 8　更改鼠标指针的形状

将鼠标指针的形状样式改为笔形。

在默认情况下，Windows 7 操作系统中的鼠标指针为 形状，系统自带了很多鼠标形状，用户可以根据自己的喜好更改鼠标指针外形。

操作步骤：

（1）右击桌面，在弹出的快捷菜单中选择"个性化"命令，打开"个性化"窗口。

（2）单击窗口左边的"更改鼠标指针"，打开"鼠标属性"对话框，选择"指针"选项卡，如图 2.55 所示。

（3）在"方案"下拉列表框内选择"Windows Aero（特大）（系统方案）"，鼠标即变为特大鼠标样式。

（4）在"自定义"列表中选中"正常选择"选项，然后单击"浏览"按钮，打开"浏览"对话框，在对话框中选择笔样式，如图 2.56 所示。

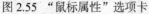

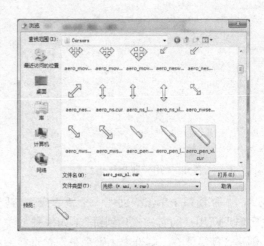

图 2.55　"鼠标属性"选项卡　　　　　　图 2.56　改变鼠标样式

（5）单击"打开"按钮，返回"鼠标属性"对话框，单击"确定"按钮，此时鼠标的样式改变成笔，形状也变得更大。

相关提示：

（1）通过控制面板里的"鼠标"图标也可以进入鼠标属性的设置，如更改鼠标上的按键属性、更改鼠标的灵敏度、更改指针的样式等。

（2）通过控制面板里的"键盘"图标也可以进入键盘属性的设置，如调整键盘的字符重复和光标的闪烁速度。

任务9 创建新用户账户

创建一个用户名为"孔剑桥"的标准账户。

用户在安装完 Windows 7 系统后,第一次启动时系统自动建立的用户账户是管理员账户。在管理员账户下,用户可以创建新的用户账户。

操作步骤:

(1)单击"开始"按钮,打开"开始"菜单,单击"控制面板"命令,打开控制面板窗口,见图 2.57。

(2)在该窗口中单击"用户账户"图标,打开"用户账户"窗口,如图 2.58 所示。

(3)单击"管理其他账户",打开"管理账户"窗口,如图 2.59 所示。

图 2.57 "控制面板"窗口

图 2.58 "用户账户"窗口

图 2.59 "管理账户"窗口

(4)在窗口中单击"创建一个新账户",打开"创建新账户"窗口,在"新账户名"文本框内输入新用户的名称"孔剑桥"。如果是创建标准账户,选中"标准账户"单选按钮;如果是创建管理员账户,则选中"管理员"单选按钮;此例选中"标准账户"单选按钮,见图 2.60。

(5)单击"创建账户"按钮,即可成功创建用户名为"孔剑桥"的标准账户,如图 2.61 所示。

相关提示:

(1)一般来说,用户账户的类型有 3 种:管理员账户、标准账户和来宾账户,不同账户有不同的操作权限。

(2)创建完新账户以后,可以根据实际需要更改账户的类型,以此来改变该账户的操作权限。账户类型确定后,管理员也可以修改账户的设置,如账户的名称、密码、图片,这些设置都可以在"管理账户"窗口中进行修改。

图 2.60 "标准账户"窗口　　　　　　　图 2.61 "孔剑桥"标准账户

 项目小结

本项目介绍了桌面外观和主题的设置、鼠标设置，任务栏设置以及用户账户的设置，主要知识点包括：

1. 使用"个性化"窗口设置桌面背景、系统声音、屏幕保护程序、Aero 主题、屏幕分辨率和刷新率、鼠标指针样式等内容。

2. 设置任务栏，包括调整任务栏的大小、任务栏的图标显示、任务栏的自动隐藏和锁定任务栏、调整任务栏的位置、设置系统时间等。

3. 通过"控制面板"→"用户账户"窗口，创建新的用户账户。

 同步训练

通过对控制面板、任务栏等内容的设置，实现如图 2.62 所示的效果。

图 2.62 设置效果

使用"自然"下的"img3"图片作为背景，并将桌面图片的图片位置设置为"拉伸"。

• 将"窗口颜色和外观"设置为"淡红色"，取消"启用透明效果"。

• 将屏幕分辨率设置为"1024×768"。

• 设置屏幕保护程序为"变幻线"，设置启动屏保等待时间为"5 分钟"，并设置恢复密码。

- 将声音方案设置为"传统"。
- 将任务栏属性设置为"自动隐藏任务栏"。

项目 2.4 管理文件和文件夹

 项目描述

每台计算机都保存着大量的文件，正确管理这些文件以及存放这些文件的文件夹，不仅能使管理界面简洁、明了，而且也能快速、准确地查找到所需的文件。文件管理最关键的是要做到两点：一是"分类存放"，二是重要文件必须"备份"。本项目通过学习 7 个任务，引导读者掌握管理文件和文件夹的相关操作。

 项目目标

- 认识文件和文件夹
- 掌握文件的命名规则
- 熟悉常用的文件扩展名
- 熟练操作文件或文件夹
- 学会设置文件或文件属性
- 学会快速查找文件或文件夹
- 正确使用"回收站"

 项目实施

任务 1　认识磁盘、文件和文件夹
任务 2　文件或文件夹的创建与重命名
任务 3　复制或移动文件和文件夹
任务 4　删除文件或文件夹
任务 5　隐藏与显示文件或文件夹
任务 6　搜索文件或文件夹
任务 7　使用"回收站"

 任务 1　认识文件和文件夹

文件是存储在计算机磁盘内的一系列数据的集合，而文件夹则是文件的集合，用来存放单个或多个文件。文件和文件夹都被包含在计算机磁盘内。

1. 磁盘

磁盘通常是指计算机硬盘上划分出的分区，如图 2.63 所示，用来存放计算机的各种资源。磁盘由盘符来加以区别，盘符通常由磁盘图标、磁盘名称和使用信息组成，用大写英文字母加

图 2.63　计算机的各个磁盘

一个冒号来表示，如 E（简称 E 盘）。

用户可根据工作的需要在不同的磁盘内存放不同的文件。一般来说，C 盘是第一个磁盘分区，用来存放系统文件；D 盘通常用来存放安装的应用程序；E 盘用来保存工作学习中使用的文件。

2. 文件

一份文档、一张图片、一首歌、一个应用程序等均可称为文件。通常，文件最初是在内存中建立的，然后存储到磁盘上，以便长期保存。在 Windows 7 系统的平铺显示方式下，文件主要由文件名、文件扩展名、分割点、文件图标及文件描述信息等部分组成。

用户给文件命名时，必须遵循以下规则：文件名不能使用"?"、"*"、"/"、"<"、"、"等符号；文件名不区分大小写；文件名开头不能为空格；文件、文件夹名称不得超过 260 个字符。

Windows 7 中常用文件扩展名及其表示的文件类型如表 2.1 所示。

表 2.1　Windows 7 常用文件扩展名及文件类型

扩展名	文件类型	扩展名	文件类型	扩展名	文件类型	扩展名	文件类型
AVI	视频文件	DAT	数据文件	FON	字体文件	RTF	文本格式文件
BAK	备份文件	DCX	传真文件	HLP	帮助文件	SCR	屏幕文件
BAT	批处理文件	DLL	动态连接库	INF	信息文件	TTF	TrueType 字体文件
BMP	位图文件	DOC	Word 文件	MID	乐器数据接口文件	TXT	文本文件
EXE	可执行文件	DRV	驱动程序文件	MMF	Mail 文件	WAV	声音文件

3. 文件夹

文件夹用于存放计算机中的文件，通过将不同的文件分类保存在相应的文件夹中，可以让用户方便快捷地找到所需文件。

文件夹的外观由文件夹图标和文件夹名称组成。文件夹不但可以存放文件，也可以存放其他文件夹。

4. 磁盘、文件和文件夹之间的关系

文件和文件夹都存放在计算机的磁盘中，文件夹可以包含文件、子文件夹，子文件夹内又包含文件或子文件夹，以此类推，形成文件和文件夹的树形关系，如图 2.64 所示

图 2.64　磁盘、文件和文件夹之间的关系

5. 磁盘、文件和文件夹的路径

路径是指文件或文件夹在计算机中的存储位置，当打开某个文件夹时，在地址栏中即可看到该文件夹的路径。路径的结构一般包括磁盘名称、文件夹名称和文件名称，它们之间用"\"

隔开。例如，E 盘下"新歌曲"文件夹里的"小苹果 .mp3"，文件路径显示为" E:\ 新歌曲 \ 小苹果 .mp3"。

 任务 2 文件或文件夹的创建和重命名

在 E 盘下新建两个文件，一个名为"求职简历"的文本（txt）文件，一个名为"工作总结"的 Word(docx) 文件，再新建一个名为"个人资料"的文件夹，然后将"求职简历"文件和"个人资料"文件夹分别重新命名为"自荐信"文件和"年度考核"文件夹。

操作步骤：

（1）双击桌面上的"计算机"图标，打开"计算机"窗口，然后双击"本地磁盘（E:)"盘符，打开 E 盘。

（2）在窗口空白处右击，在弹出的快捷菜单中选择"新建"→"文本文档"命令，如图 2.65 所示。此时窗口内出现"新建文本文档 .txt"文件，并且文件名"新建文本文档"呈可编辑状态，如图 2.66 所示，用户输入"求职简历"，则变为"求职简历 .txt"文件。

图 2.65 选择"新建"→"文本文档"命令

图 2.66 新建文本文档

（3）用第二步同样的方法，在窗口空白处右击，在弹出的快捷菜单中选择"新建"→"Microsoft Word 文档"命令，此时窗口内出现"新建 Microsoft Word 文档 .docx"文件，并且文件名"新建 Microsoft Word 文档"呈可编辑状态，用户输入"工作总结"，则变为"工作总结 .docx"文件。

（4）再在窗口空白处右击，在弹出的快捷菜单中选择"新建"→"文件夹"命令，此时窗口内出现"新建文件夹"文件夹，由于文件夹名称处于可编辑状态，直接输入"个人资料"，则变成"个人资料"文件夹，如图 2.67 所示。

（5）右击"求职简历"文件，在弹出的菜单中选择"重命名"命令，文件名变为可编辑状态，此时输入"自荐信"，则"求职简历"文件改名为"自荐信"文件。

（6）右击"个人资料"文件夹，在弹出的菜单中选择"重命名"命令，文件夹名称变为可编辑状态，此时输入"年度考核"，则"个人资料"文件夹改名为"年度考核"文件夹，见图 2.68。

图 2.67　新建"个人资料"文件夹　　　　　图 2.68　文件和文件夹重命名

相关提示：

用户对文件或文件夹进行操作之前，先要选定文件或文件夹，选定的目标在系统默认下呈蓝色状态显示。

（1）选择单个文件或文件夹：单击文件或文件夹图标即可将其选定。

（2）选择多个相邻的文件或文件夹：选择第一个文件或文件夹后，按住 Shift 键，然后单击最后一个文件或文件夹。

（3）选择多个不相邻的文件或文件夹：选择第一个文件或文件夹后，按住 Ctrl 键，逐一单击要选择的文件或文件夹。

（4）选择所有文件或文件夹：按住 Ctrl＋A 组合键，即可选定当前窗口中所有文件或文件夹。

（5）选择某一区域的文件或文件夹：在需要选择的文件或文件夹起始位置按住鼠标左键进行拖动，在窗口出现一个蓝色矩形框，当该矩形框包含了需要选择的文件或文件夹后，松开左键，即可完成选择。

 任务 3　复制或移动文件或文件夹

将 E 盘的"工作总结"文件复制到"年度考核"文件夹中，将"自荐信"文件移动到 D 盘。

操作步骤：

（1）打开"计算机"窗口，双击"本地磁盘（E:）"盘符，打开 E 盘，选中其中的"工作总结"文件。

（2）右击"工作总结"文件，在弹出的快捷菜单中选择"复制"命令，如图 2.69 所示。

（3）打开"年度考核"文件夹，右击窗口空白处，在弹出的快捷菜单中选择"粘贴"命令，"工作总结"文件即可复制到"年度考核"文件夹中，如图 2.70 所示。

（4）打开 E 盘，右击"自荐信 .txt"文件，在弹出的快捷菜单中选择"剪切"命令，如图 2.71 所示。

（5）打开 D 盘，右击窗口空白处，在弹出的快捷菜单中选择"粘贴"命令，"自荐信 .txt"文件则被移动到 D 盘里，如图 2.72 所示。

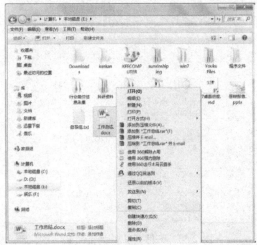

图 2.69 "复制"命令

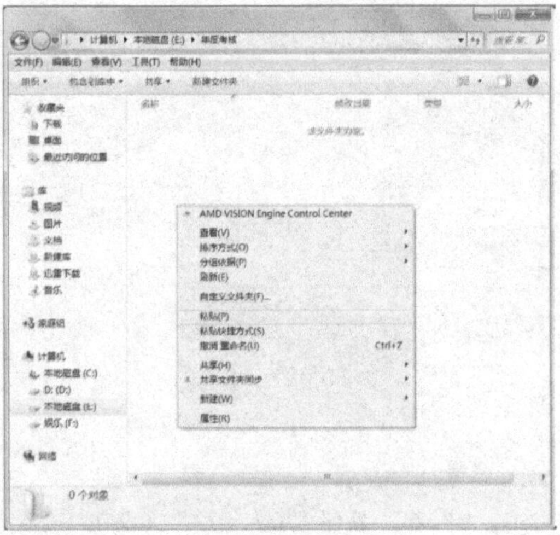

图 2.70 "粘贴"命令

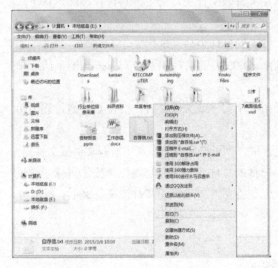

图 2.71 "剪切"命令

图 2.72 移动至 D 盘

相关提示：

（1）复制、移动文件和文件夹都是将文件或文件夹从原来的位置放到目标位置，二者的区别在于：复制时，文件和文件夹在原位置仍保留，仅仅是将副本放到目标位置；移动时，文件和文件夹从原位置被删除并放到目标位置。

（2）使用鼠标将文件和文件夹在不同的磁盘分区之间进行拖动时，Windows 的默认操作是复制；在同一分区中拖动时，Windows 的默认操作是移动。如果要在同一分区中从一个文件夹复制对象到另一个文件夹，必须在拖动的同时按住 Ctrl 键，否则将会移动。同样，在不同的磁盘分区之间移动文件时，必须在拖动的同时按下 Shift 键。

（3）简单的复制和移动操作常使用组合快捷键完成。复制的快捷键是 Ctrl + C，粘贴的快捷键是 Ctrl + V。移动可以使用两个组合键完成，先剪切 Ctrl + X，后粘贴 Ctrl + V。

任务4　删除文件或文件夹

使用快捷菜单命令或键盘将 D 盘上的"自荐信"文件删除，使用鼠标直接拖动的方法将 E 盘中的"工作总结"文件删除。

对于不需要的文件或文件夹，应及时清理，这样既能保证计算机存储的文件（夹）都是有用的，也可以及时收回磁盘空间，有助于提高系统的性能。

操作步骤：

（1）打开 D 盘，选择"自荐信"文件，用鼠标右击选中的文件，在打开的快捷菜单中选择"删除"命令，如图 2.73 所示；或者选中"自荐信"文件，按下 Delete 键删除，"自荐信"文件即被删除。

（2）打开 E 盘，选择"工作总结"文件，用鼠标直接拖动该文件到桌面的"回收站"图标上，如图 2.74 所示，"工作总结"文件即可删除。

 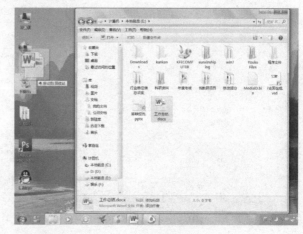

图 2.73　"删除"命令　　　　　　　　　　图 2.74　鼠标拖动删除

相关提示：

（1）除上述删除文件或文件夹的方法外，还可以单击窗口工具栏中的"组织"按钮，在弹出的下拉菜单中选择"删除"命令进行删除。

（2）Windows 中的文件或文件夹被删除后，会进入"回收站"。用户可以使用"回收站"查看被删除的文件或文件夹的名称、原位置、删除日期、类型和大小，也可将其彻底删除或还原到原来的位置。

（3）可以直接删除文件或文件夹，而不将其放入"回收站"中，只要选中该文件或文件夹，按 Shift + Delete 组合键即可

（4）被删除的文件或文件夹移入"回收站"中，仍会占用磁盘空间。因此，应定期检查"回收站"，对于不需要保存的内容，应及时清空"回收站"。

 ## 任务5　隐藏与显示文件或文件夹

隐藏 E 盘的"年度考核"文件夹，然后再重新显示该文件夹。

当不想让其他人看到计算机上的某些文件或文件夹时，用户可以将其隐藏。当用户需要

时，也可以将其再显示出来。

操作步骤：

（1）打开 E 盘，右击选中"年度考核"文件夹，在弹出的快捷菜单中选择"属性"命令，打开"年度考核属性"对话框。

（2）在"年度考核属性"对话框的"常规"选项卡中，于"属性"栏里选中"隐藏"复选框，如图 2.75 所示。

（3）单击"确定"按钮，即可完成隐藏该文件夹的设置。

（4）若用户想再显示该文件夹，则需先打开"资源管理器"窗口，然后单击工具栏上的"组织"按钮，在弹出的菜单中选择"文件夹和搜索选项"命令，如图 2.76 所示。

图 2.75 选中"隐藏"复选框

图 2.76 选择"文件夹和搜索选项"命令

（5）在打开的"文件夹选项"对话框中，切换至"查看"选项卡，在"高级设置"列表框中的"隐藏文件和文件夹"选项组中选中"显示隐藏的文件、文件夹和驱动器"单选按钮，如图 2.77 所示，单击"确定"按钮即可显示被隐藏的"年度考核"文件夹。

相关提示：

（1）文件、文件夹的属性设置还包括改变文件或文件夹的外观、设置文件或文件夹的只读属性、加密文件和文件夹等，用户可以根据需要对文件和文件夹进行各种设置。

（2）文件和文件夹的图标外形可以进行改变，文件因为是由各种应用程序生成的，都有相应的固定程序图标，所以一般无须更改图标。文件夹图标系统默认下都很相似，用户如果想要使某个文件夹更加醒目，

图 2.77 选中"显示隐藏的文件、文件夹和驱动器"单选按钮

可以打开文件夹的"属性"对话框，选择其中的"自定义"选项卡，单击"文件夹图标"栏里的"更改图标"按钮，在打开的"更改图标"对话框内选择一张图片作为该文件夹图标，或者

单击"浏览"按钮，在计算机硬盘里寻找一张图片作为该文件夹图标。

（3）文件和文件夹的只读属性表示：用户只能对文件或文件夹的内容进行查看访问而无法进行修改。一旦文件被赋予了只读属性，就可以防止用户误操作删除、损坏该文件或文件夹。要设置文件和文件夹的只读属性，只需右击文件或文件夹，在弹出的快捷菜单中选择"属性"命令，打开"属性"对话框，在"常规"选项卡的属性栏中选中"只读"复选框，单击"确定"按钮。如果文件内有文件或子文件夹，还要打开"确认属性更改"对话框，选中"将更改应用与此文件夹、子文件夹和文件"单选按钮，然后单击"确定"按钮，返回"属性"对话框，单击"确定"按钮，即可完成设置。

 ## 任务 6 搜索文件或文件夹

搜索一个名为"工作总结"的文件。

用户要搜索文件或文件夹，只需在"开始"菜单中的搜索框里输入该文件或文件夹的名称、名称的部分内容或关键字，系统会自动进行搜索，搜索完成后会在窗口或"开始"菜单内显示搜索到的全部内容。

操作步骤：

（1）单击"开始"按钮，在弹出的"开始"菜单里找到最底部的搜索框，如图 2.78 所示。

（2）在搜索框内输入"工作总结"，输入完毕时搜索就已经开始，搜索结果很快就显示在"开始"菜单中，如图 2.79 所示。

图 2.78 "开始"菜单搜索框

图 2.79 搜索结果

（3）单击"工作总结"文件，即可打开该文件窗口。

相关提示：

（1）Windows 7 的搜索功能很强大，搜索的方式有两种：一种是使用"开始"菜单中的"搜索"文本框进行搜索；另一种是使用"计算机"窗口"搜索"文本框进行搜索。

（2）"开始"菜单的搜索框位于菜单的最下方，它能够在全局范围内进行搜索。"计算机"

窗口搜索框位于窗口的右上角，窗口中的"搜索"文本框仅限于在当前目录中搜索，因此只有在根目录"计算机"窗口下搜索才会以整个计算机为搜索目标。如果想在某个特定的文件夹下搜索文件，应该首先进入该文件夹目录下，然后在搜索框输入关键字即可。

任务 7　使用"回收站"

先将"回收站"中的"自荐信"文件还原，再把"工作总结"文件彻底删除，最后将"回收站"清空。

"回收站"是系统默认存放已删除文件的场所。文件或文件夹在被删除时，一般都会自动进入"回收站"，而不是从磁盘里彻底删除，这样可以防止删除文件的误操作。

操作步骤：

（1）还原"回收站"中的"自荐信"文件。从"回收站"中还原文件和文件夹有两种方法：打开"回收站"窗口，选中"自荐信"文件，还原方法之一：右击"自荐信"文件图标，在弹出的快捷菜单中选择"还原"命令，如图 2.80 所示，这样即可将"自荐信"文件还原到被删除之前的磁盘目录位置；还原方法之二：直接单击"回收站"窗口中工具栏上的"还原"按钮，效果和第一种方法相同。

（2）彻底删除"回收站"中的"工作总结"文件。在"回收站"删除文件和文件夹是永久删除。要彻底删除"回收站"中的"工作总结"文件，方法是：右击"工作总结"文件图标，在弹出的快捷菜单中选择"删除"命令，然后会弹出系统提示对话框，如图 2.81 所示，单击"是"按钮，该文件则被永久删除。

图 2.80　快捷菜单中的"还原"命令

图 2.81　系统提示对话框

（3）清空"回收站"。清空"回收站"即将"回收站"里的所有文件和文件夹全部永久删除。此时，用户不必去选择要删除的文件，可直接右击桌面上的"回收站"图标，在弹出的快捷菜单中选择"清空回收站"命令，如图 2.82 所示。此时，也和删除一样会弹出提示对话框，单击"是"即可清空"回收站"。

相关提示：

用户可以使用"回收站"的默认设置，也可以根据自己的需求进行属性设置。右击桌面上的"回收站"图标，在弹出的快捷菜单中选择"属性"命令，打开"回收站属性"对话框，用户可以设置"回收站"的位置、自定义大小等属性。

图 2.82　快捷菜单中的"清空回收站"菜单项

 项目小结

本项目介绍了 Windows 7 系统的文件管理，此外还介绍了"回收站"的使用。主要知识点包括：

1．磁盘、文件、文件夹、路径的概念。

2．文件的命名规则、常用的文件扩展名及其表示的文件类型。

3．新建、重命名文件或文件夹。建立文件夹时，应该起一个适当的名称：名称应做到"见名知义"，能直接反映其中保存的内容，如果觉得文件和文件夹名不合适时，可以重命名。

4．复制、移动和删除文件或文件夹。如果要备份文件或文件夹，可以把它们复制到其他文件夹或其他磁盘中；如果文件或文件夹保存的位置不对，应该将它们移动（剪切）到正确的位置；当文件或文件夹没有任何用处时，应该给予删除。

5．文件或文件夹属性设置。文件或文件夹的隐藏与显示：当文件或文件夹不想被其他人看到时，用户可以隐藏这些文件或文件夹，当用户想看时，再将其显示出来。另外，通过文件或文件夹的"属性"对话框，还可以更换文件或文件夹图标和设置只读属性。

6．搜索文件或文件夹。通过 Windows 7 提供的搜索工具可以找到所需文件。

7．"回收站"的使用。当发现硬盘中的文件被误删除时，一般可以从"回收站"中还原；要注意移动硬盘、软盘或网络驱动器中被删除的对象不是送到"回收站"，而是直接永久删除，所以需谨慎操作。

 同步训练

1．在 E 盘根目录下建立"个人资料"文件夹；在"个人资料"文件夹中创建"通讯录 .doc"空白文件；在 C 盘下搜索文件" calc.exe"，并建立其快捷方式，名称为"计算器"，放在"个人照片"文件夹中；再在 C 盘下搜索扩展名为"jpg"的文件，并将其中 3 个复制到"个人资料"文件夹；在桌面创建"我的音乐"文件夹，然后将桌面上的"我的音乐"文件夹移动到"个人资料"文件夹中，如图 2.83 所示。

2．如果撤销图 2.77 中"隐藏已知文件类型的扩展名"的选择，观察磁盘内文件名称的变化。

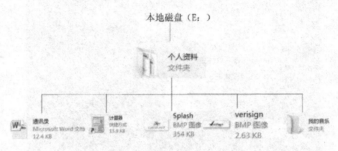

图 2.83　创建文件和文件夹

项目 2.5　使用 Windows 7 的常用附件

 项目描述

Windows 7 系统在附件中自带了很多工具软件，包括"写字板"、"画图"、"计算器"、"截图工具"、"数学输入面板"等。即使计算机内没有安装专业的应用程序，用户也可以巧用 Windows 7 自带的工具软件，处理日常的编辑文本、绘制图像、计算数值和输入公式等操作。本项目通过 5 个任务，学习使用附件工具软件完成一定的工作。

 项目目标

- 掌握用"写字板"编辑文档
- 掌握用"画图"绘制图形
- 学会使用"计算器"进行数值计算
- 熟练掌握使用"截图工具"保存屏幕截图
- 学会使用"数学输入面板"输入公式

 项目实施

任务 1　使用"写字板"创建一个图文并茂的文档
任务 2　使用"计算器"进行数学计算
任务 3　使用"画图"工具绘制"小雏鸡"
任务 4　使用"截图工具"截图
任务 5　使用"数学输入面板"输入数学公式

 ## 任务 1　使用"写字板"创建一个图文并茂的文档

新建一个名为"古诗"的写字板文档，输入古诗《敕勒川》，插入一张"敕勒川风景"图片，制作一个图文并茂的文档。

"写字板"是 Windows 7 系统自带的一款功能强大的文字处理程序，用户使用"写字板"不仅可以进行文档编辑，还可以图文混排，插入图片、声音、视频剪辑等多媒体资料。

操作步骤：

（1）选择"开始"→"所有程序"→"附件"→"写字板"命令即可打开"写字板"，如图 2.84 所示。

（2）单击"写字板"按钮选项卡，选择"新建"命令，如图 2.85 所示。然后单击"写字板"按钮选项卡，选择"保存"命令，打开"保存"对话框，选择保存的磁盘目录为 E 盘，文件名为"古诗"，单击"保存"按钮。

图 2.84　"写字板"的操作界面

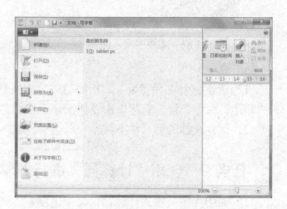

图 2.85　按钮选项卡的"新建"命令

（3）单击"写字板"按钮选项卡，选择"打开"命令，弹出"打开"对话框，选择 E 盘下的"古诗"文件，单击"打开"按钮，如图 2.86 所示。

（4）在"写字板"编辑区输入文本"《敕勒川》—北朝民歌 敕勒川，阴山下，天似穹庐，笼盖四野。天苍苍，野茫茫，风吹草低见牛羊。"

（5）将鼠标光标定位在文档中要插入图片的位置，在"主页"功能选项卡的"插入"栏中单击"图片"按钮，打开"选择图片"对话框，从计算机硬盘中选择"敕勒川风景"图片后，单击"打开"按钮，即可将图片插入，如图 2.87 所示。

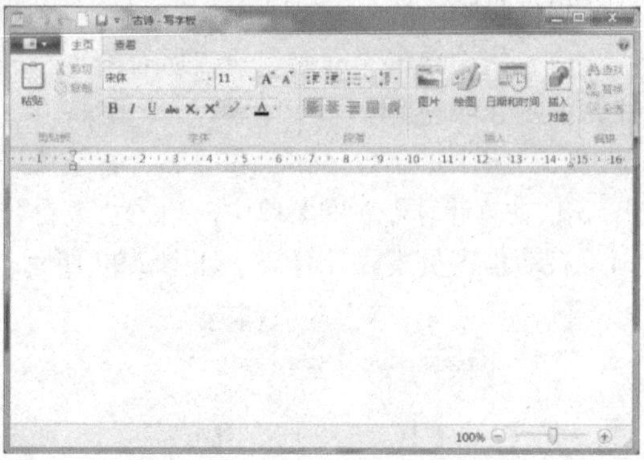

图 2.86　打开"古诗"文档

（6）将鼠标光标移至文本题目开始处，移动鼠标光标至"《敕勒川》—北朝民歌"的尾部，单击鼠标左键，选择"《敕勒川》—北朝民歌"标题文本。单击"主页"功能选项卡上"段落"中的"居中"按钮；在字体栏的"字体"下拉列表中选择"隶书"；在"字体大小"下拉列表中选择"14"；在"字体颜色"按钮下拉列表中选择"鲜绿"。

（7）使用与步骤 6 类似的方法，选定诗的正文文本和图片，使其居中，然后将诗词的字体设置为"黑体"，字体大小设置为"12"，颜色设置为"鲜紫"，效果如图 2.88 所示。

图 2.87　文档中插入图片

图 2.88　文本设置效果

相关提示：

（1）新建一个"写字板"文档的另一种方法是，单击快速访问工具栏最右侧的▼按钮，单击"新建"命令，将"新建"命令按钮显示在快速访问工具栏上，然后单击按钮█即可。

（2）保存文档的另一种方法是，单击快速访问工具栏上的"保存"按钮█即可。

任务 2　使用"计算器"进行数学计算

（1）使用程序员模式计算器，将十进制数"99"和"85"转换成二进制数，然后将这两个二进制数进行异或逻辑运算。

（2）使用科学型模式计算器计算 145°角的余弦值。

Windows 7 系统自带的"计算器"是一个数学计算工具程序，除了人们日常生活用到的标准模式外，它还加入了多种特殊模式，如科学型模式、程序员模式、统计信息模式等。

操作步骤：

（1）依次单击"开始"→"所有程序"→"附件"→"计算器"命令，启动"计算器"程序，如图 2.89 所示。

（2）将十进制数"99"和"85"转换成二进制数。

① 在"计算器"的菜单中，单击"查看"命令，在弹出的下拉菜单中选择"程序员"命令，即可启动程序员模式计算器，如图 2.90 所示。

图 2.89　标准计算器

图 2.90　程序员模式计算器

②　单击"十进制"单选按钮，依次单击"9"、"9"按钮，在文本框内显示为"99"，再单击"二进制"单选按钮，文本框内显示为"1100011"，如图 2.91 所示，则十进制数"99"转换为二进制数的结果是"1100011"，即 99 = (1100011)B。

③　单击"十进制"单选按钮，依次单击"8"、"5"按钮，在文本框内显示为"85"，再单击"二进制"单选按钮，文本框内显示为"1010101"，如图 2.92 所示，则十进制数"85"转换为二进制数得结果是"1010101"，即 85 = (1010101)B。

图 2.91　十进制数 99 的二进制数值　　　　　图 2.92　十进制数 85 的二进制数值

（3）运算 (1100011)B Xor (1010101)B 的逻辑值。

①　单击"二进制"单选按钮，依次单击"1"、"1"、"0"、"0"、"0"、"1"、"1"按钮，在文本框内显示为"1100011"。

②　单击"Xor"按钮。

③　依次单击"1"、"0"、"1"、"0"、"1"、"0"、"1"、"="按钮，则文本框内显示出逻辑运算结果为"110110"，如图 2.93 所示，即 (1100011)B Xor (1010101)B = (110110)B。

（4）计算 145° 角的余弦值。

①　单击"查看"菜单，在弹出的菜单项中选择"科学型"命令，即可启动科学型计算器，如图 2.94 所示。依次单击"1"、"4"、"5"按钮，即输入 145°，如图 2.95 所示。

图 2.93　运算结果"110110"　　　　　　图 2.94　科学型计算器

② 单击计算余弦函数的按钮"cos",即可计算出 145°角的余弦值,并显示在文本框内,如图 2.96 所示。

图 2.95　输入"145°"

图 2.96　得出结果

相关提示:

(1) Windows 7 中"计算器"的使用与现实中的计算器使用方法大致相同,但有些运算符号和现实计算器有些区别,如现实计算器中的"×"和"÷"在 Windows 7 的"计算器"中分别为"*"和"/"。

(2) 计算器除了标准模式、程序员和科学计算模式外,还有统计信息、日期计算、单位转换等模式,通过"计算器"的"查看"菜单可以选择需要的模式。

 任务 3　使用"画图"工具绘制"小雏鸡"

使用"画图"工具绘制一幅图 2.100(b) 所示的"小雏鸡",画面由草地、蓝天、白云、太阳和鸭子组成。

Windows 7 系统自带的"画图"程序是一个图形绘制和编辑程序。用户可以使用该程序绘制简单的图画,也可查看和编辑外部图片。

操作步骤:

(1) 选择"开始"→"所有程序"→"附件"→"画图"命令,打开"画图"窗口,见图 2.97。

(2) 画蓝天和草地。

① 将颜色栏中的"颜色 1"设置为"黑色",在形状栏中选择"曲线",然后单击"粗细"按钮,选择 3px 粗细,再将鼠标移至绘图区左边界的中间位置,鼠标光标变成一个中间是小圆的十字光标,按住鼠标左键画出一条从绘图区左边界至右边界的直线(注意,必须严格位于左右边界上),将鼠标光标放置到直线上,上下拖动拉出曲线,并将绘图区分为上、下两个区域,如图 2.98(a)所示。

图 2.97　"画图"窗口

② 将颜色栏中的"颜色 2"设置为"淡青绿色",单击工具栏中的 按钮,再右击绘图区的上半区域,将背景填充为淡青绿色。然后,将颜色栏中的"颜色 2"设置为"绿色",单击工具栏中的 按钮,再右击绘图区的下半区域,将背景填充为绿色,如图 2.98(b)所示。

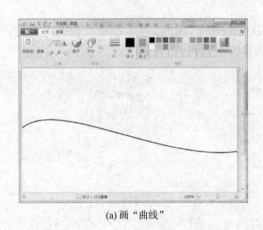

(a) 画"曲线"   (b) 填充颜色

图 2.98 绘制蓝天草地

（3）画天空景象。

① 将颜色栏中的"颜色 1"设置为"白色"，在形状栏中选择"云形插图编号"，然后单击"粗细"按钮，选择 3px 粗细，再将鼠标移至绘图区的上部分区域，鼠标光标变成一个空心十字状，按住鼠标左键拖动到一定的位置，释放鼠标，即可画出一朵云彩。重复上述步骤，共绘制两朵云彩。在形状栏中选择"椭圆形"，画出一个太阳轮廓，如图 2.99(a) 所示。

② 将颜色栏中的"颜色 2"设置为"白色"，单击工具栏中的 ![按钮]，再右击两个云朵的内部区域，将云朵填充为白色。将颜色栏中的"颜色 2"设置为"红色"，单击工具栏中的 ![按钮]，再右击椭圆形内部区域，将太阳轮廓内部填充为红色，如图 2.99(b) 所示。

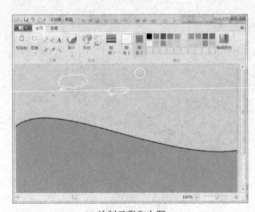
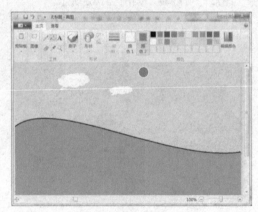

(a) 绘制云彩和太阳   (b) 填充颜色

图 2.99 天空景象

（4）画"小雏鸡"。

① 将颜色栏中的"颜色 1"设置为"黄色"，在形状栏中选择"椭圆形"，然后单击"粗细"按钮，选择 3px 粗细，再将鼠标移至绘图区的下部分区域，鼠标光标变成一个空心十字状，按住鼠标左键画出一个椭圆形，重复上述步骤，连续画两个椭圆，组合成"小雏鸡"的身体形状。

② 将颜色栏中的"颜色 1"设置为"黑色"，单击工具栏上的 ![按钮]，再单击"粗细"按钮选择 3px 粗细，将鼠标移至绘图区，鼠标变成铅笔状，按住鼠标左键画出"小雏鸡"的翅膀和脚丫，改变"颜色 1"为"深红色"，画出"小雏鸡"的嘴，如图 2.100(a) 所示。

③ 将颜色栏中的"颜色 2"设置为"黄色"，单击工具栏上的 ![按钮]，再右击"小雏鸡"

的身体和头部，使其内部填充为"黄色"。依次将颜色栏中的"颜色2"设置为"白色"、"黑色"，用同样的方法填充"小雏鸡"的眼睛颜色，如图2.100(b)所示。

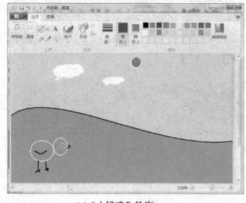

(a) "小雏鸡"轮廓

(b) 填充颜色

图2.100 "小雏鸡"效果

⑤ 复制图形。单击"主页"的"选择" ▨ 按钮，选择"矩形选择"选项，按住鼠标左键拖动，拉出一个虚线矩形框，框住"小雏鸡"图形，单击"复制"命令，再选择"粘贴"命令，图像被复制到绘图区，拖动复制的图像到合适的位置，如图2.101所示。

⑥ 旋转图形。单击"主页"的"选择" ▨ 按钮，选择"矩形选择"选项，按住鼠标左键拖动，框住复制好的小雏鸡图形，单击其中的"旋转"按钮，弹出下拉菜单，选择"水平翻转"命令，图形即可翻转，如图2.102所示。

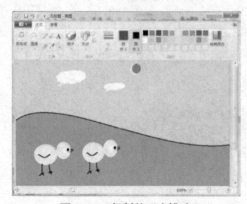

图2.101 复制的"小雏鸡"

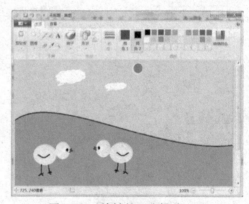

图2.102 旋转的"小雏鸡"

⑦ 画小树和食物。单击"刷子"按钮下的"颜料刷"，再依次选择"颜色1"的颜色为"绿色"和"深红色"，在绘图区画出深红色树干、绿色树冠的"一颗小树"，再单击"刷子"按钮下的"喷枪"，"颜色1"的颜色设为"褐色"，在草地区域按住鼠标左键单击数次，即可画出小鸡食物。

⑧ 添加文字。单击"工具"栏中的"文本"按钮，将鼠标指针移入绘图区，鼠标光标变成一个文本插入形状，设置字体为"隶书"，字号为"24"、"粗体"、"透明"，效果如图2.103所示。

⑨ 保存。单击快速访问栏中的 ▨ 按钮，打开"保存为"窗口，在"保存类型"里选择JPEG格式，在"文件名"中改名为"小雏鸡.jpg"，最后单击"保存"按钮，将"小雏鸡"图保存在计算机硬盘上。

任务 4　使用"截图工具"截图

使用"截图工具"的 4 种截图方式截取屏幕图形。

截图工具是 Windows 7 系统新增的附件工具，它能够方便快捷地帮助用户截取计算机屏幕上显示的任意画面，提供任意格式截图、矩形截图、窗口截图和全屏截图 4 种截图方式。

图 2.103　"小雏鸡"效果

操作步骤：

（1）用"任意格式截图"截取桌面背景的"小船"图形。

① 选择选择"开始"→"所有程序"→"附件"→"截图"命令，打开"截图工具"窗口，如图 2.104 所示。

② 单击"新建"旁的 ▼ 按钮，在弹出的下拉菜单中选择"任意格式截图"命令，如图 2.105 所示。

图 2.104　截图工具操作界面　　　　图 2.105　选择截图方式命令

③ 此时屏幕画面像蒙上一层白雾，鼠标指针变为剪刀形状，然后在屏幕上按住鼠标左键拖动，鼠标轨迹为红线状态，将要截取的图形圈住，释放鼠标，即把红线内部分图形截取到"截图工具"编辑窗口，如图 2.106 所示。

④ 截图完毕，选择"文件"→"另存为"命令，将截图文件保存到硬盘上。

（2）用"矩形截图"截取"企鹅 .jpg"图片中的前两个企鹅画面。

① 右击"开始"按钮，在弹出的菜单中选择"打开 Windows 资源管理器（P）"命令，在打开的"库"窗口中，双击"图片库"，打开"图片库"窗口，双击"企鹅 .jpg"图片，打开一幅企鹅的图片，如图 2.107(a) 所示。

② 打开"截图工具"，选择"矩形截图"命令，此时鼠标变成十字形状，在图片的"企鹅"周围，按住鼠标左键拖动选择矩形框大小，释放鼠标后，即可将矩形内部分图形截取到"截图工具"编辑窗口，如图 2.107(b) 所示，然后把截图文件保存到硬盘上。

图 2.106　"截图工具"窗口

（3）用"窗口截图"截取图 2.107(a) 所示的"企鹅 .jpg"窗口画面。

① 打开"截图工具"后选择"窗口截图"命令，此时当前窗口周围出现红色边框，表示该窗口为截图窗口，如图 108(a) 所示。

② 单击该窗口后，弹出"截图工具"编辑窗口，该窗口内所有画面都截取下来，如图 2.108(b) 所示，最后将截图文件保存到硬盘上。

(a) 一幅"企鹅"图片   (b) 矩形截取效果

图 2.107 矩形截图

(a) 当前窗口为截图窗口   (b) 截图效果

图 2.108 窗口截图过程

（4）用"全屏幕截图"截取桌面图形。

打开"截图工具"，选择"全屏幕截图"命令，即可将屏幕图形截取到"截图工具"编辑 窗口，然后保存截图文件，截取的全屏幕图形如图 2.109 所示。

图 2.109 全屏幕截图

相关提示:

在"截图工具"窗口中,还有 3 个编辑工具按钮,即"笔"、"荧光笔"和"橡皮擦",可以使用这些工具对截图进行编辑。"笔"可以随意在截图上绘画,还可以更换笔的颜色和样式;"荧光笔"和现实荧光笔相似,可以在图形上增加荧光效果,但不更改颜色和样式;"橡皮擦"只能擦除"笔"和"荧光笔"编辑的痕迹,不改变截图的初始效果。

 任务 5　使用"数学输入面板"输入数学公式

在 Windows 7 中使用"数学输入面板"输入数学表达式 $\int \dfrac{1}{x^2} = -\dfrac{1}{x} + c$。

"数学输入面板"使用内置于 Windows 7 的数学识别器来识别手写的数学表达式。然后可以将识别的数学表达式插入字处理程序或计算程序。"数学输入面板"可输入高中和大学级别的数学表达式。

操作步骤:

1．选择"开始"→"所有程序"→"附件"→"数学输入面板"命令,启动"数学输入面板"。"数学输入面板"由"预览区域"和"书写区域"组成,右侧有"更正"按钮,右下侧有"插入"按钮,如图 2.110 所示。

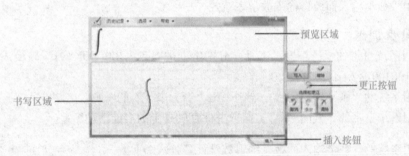

图 2.110　"数学输入面板"的组成

(2)在"书写区域"使用鼠标单击工具栏上的"写入"按钮,或直接用鼠标绘制出积分符号 $\int_{\square}^{\square}$,如图 2.110 所示,输入结果显示在预览区域中。

(3)快速输入" $\dfrac{1}{x^2}$ ",如图 2.111 所示。

(4)继续输入算式,全部输入完成后系统会自动对公式进行识别,如图 2.112 所示。

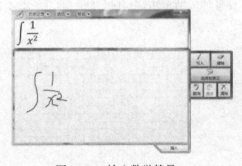

图 2.111　输入数学符号

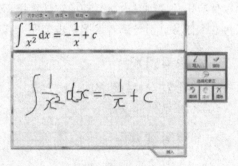

图 2.112　算式输入完毕

81

（5）在文档中选定插入点，单击"插入"按钮将数学表达式插入。

相关提示：

（1）如果输入有误，可以单击"擦除"按钮，当鼠标指针变为橡皮擦的形状时，单击要擦除的字符，即可将其擦除。

（2）如果用户输入的不太准确，系统可能会无法正确识别。此时可以单击"数学输入面板"中的"选择和更正"按钮，选中输入的字符进行修改。

（3）插入数学表达式后，"历史记录"中已经保留该数学表达式。通过"历史记录"菜单，可以使用已经写入的数学表达式作为新数学表达式的基准。特别是当需要在一行中多次写入类似的数学表达式时，会非常有用。

 项目小结

本模块主要介绍了 Windows 7 附件中几个实用的工具软件的使用，这些软件包括"写字板"、"画图"、"计算器"、"截图工具"、"数学输入面板"。相关知识点如下：

1. 使用"写字板"完成创建文档、输入文本、编辑文档、插入对象及设置文档格式等操作。
2. 使用"计算器"的"查看"菜单选择需要的模式，并进行数学计算。
3. 使用"画图"程序提供的画图工具，绘制并编辑简单的图形。
4. 使用"截图工具"提供的 4 种方式截取图形。
5. 使用"数学输入面板"输入数学表达式。

 同步训练

1. 使用系统自带的"计算器"工具，分别将十进制数"100"和"91"转换成二进制数，并计算"$(1100100)B \text{ And } (1011011)B = ?$"。

2. 使用系统的"画图"应用程序绘制一幅"春天来了"的图画。

3. 利用系统自带的"截图工具"，截取并保存屏幕上的当前活动窗口。

4. 使用系统的"数学输入面板"编辑数学计算公式 $f(x) = \int_0^\infty (3x^2 + 2x + 1)\mathrm{d}x + \sum_0^\infty x^3$。

项目 2.6　管理 Windows 7 软硬件

 项目描述

操作系统的正常运行离不开软件和硬件的支持，硬件是计算机系统中最基础的组成部分，而软件应用程序则是人机互动控制计算机运行的必要条件，两者相辅相成，缺一不可。本项目通过 2 个任务，引导读者掌握初步管理计算机软 / 硬件的方法。

 项目目标

- 掌握软件安装与卸载的正确方法
- 学会安装外部设备

 项目实施

任务 1　软件的安装与卸载
任务 2　安装打印机

任务 1　软件的安装与卸载

安装"暴风影音"播放器视频软件，播放一段视频后并使用"控制面板"来卸载该软件。

虽然 Windows 7 操作系统中自带有 Windows Media Player 播放器，但支持的视频文件的格式太少，所以用户会经常安装其他的应用软件，如"暴风影音"来播放视频。

1. 安装"暴风影音"软件

操作步骤：

（1）双击"暴风影音"安装文件，启动安装程序向导，如图 2.113 所示。

（2）单击"开始安装"按钮，接受"许可证协议"中的条款。

（3）打开"自定义安装设置"界面，单击"浏览"按钮，打开"浏览文件夹"对话框，选择要安装的硬盘目录位置，这里选择"D"盘，其他保持默认选项，单击"下一步"按钮，如图 2.114 所示。

（4）出现"暴风影音为您推荐的优秀软件"界面，这是程序附带的安装附件，根据用户需求选择是否安装，这里选择全部不安装，将复选框的"√"取消，单击"下一步"按钮，如图 2.115 所示。

图 2.113　安装界面

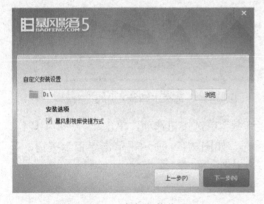

图 2.114　确定安装位置

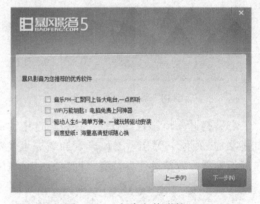

图 2.115　去除安装附件

（5）进入正在安装状态，等待安装进度条结束，进入"立即体验"界面，如图 2.116 所示。

（6）单击"立即体验"按钮，即可完成安装并打开"暴风影音"窗口，播放一段视频，如图 2.117 所示。

2. 卸载"暴风影音"软件

操作步骤：

大部分软件可以通过菜单内的卸载选项来卸载，也可以通过"控制面板"中的"程序和功能"窗口来卸载。菜单内的卸载选项指向 uninstall.exe 可执行文件。

图 2.116　"立即体验"界面　　　　　　　图 2.117　安装完成并打开窗口

（1）选择"开始"→"控制面板"命令，打开"控制面板"窗口，单击其中的"程序和功能"，如图 2.118 所示。

（2）在打开的"程序和功能"窗口中，右击"暴风影音"选项，弹出"卸载/更改"菜单命令，选择该命令，如图 2.119 所示。

图 2.118　调整计算机设置　　　　　　　图 2.119　选择"卸载/更改"命令

（3）打开暴风影音卸载的对话框，选中"直接卸载"单选按钮选项，单击"下一步"按钮，如图 2.120 所示。弹出"暴风影音卸载提示"对话框，如图 2.121 所示，单击"否"按钮，系统开始卸载，等待进度条读完，即完成"暴风影音"软件的卸载。

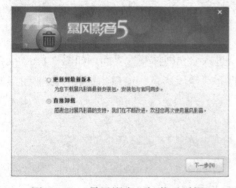

图 2.120　"暴风影音"卸载对话框　　　　图 2.121　"暴风影音"卸载提示

（4）单击"完成"按钮，会出现卸载后的残留文件提示对话框，选择"删除所选文件"按钮，如图2.122所示，此时该软件彻底从系统中卸载。

相关提示：

卸载软件时不能直接将软件所在的文件夹、菜单项和图标拖进"回收站"内删除，而要通过"控制面板"下的"程序和功能"对话框或该软件自身提供的"卸载"命令菜单项删除。

图 2.122　残留文件提示

 任务 2　安装打印机

使用 Windows 7 系统自带的驱动程序安装型号为"HP LaserJet 1022"的打印机。

在 Windows 7 系统下安装打印机，可以使用"控制面板"中的"添加打印机"向导，指引用户按照步骤来安装已经连接好的打印机。要使用打印机，还需要安装驱动程序。

操作步骤：

（1）关闭计算机，使用数据线连接计算机与打印机。

（2）启动计算机，单击"开始"按钮，在"开始"菜单中选择"设备和打印机"选项，打开该窗口，如图 2.123 所示。

（3）单击"添加打印机"按钮，打开"添加打印机"向导对话框，如图 2.124 所示。

图 2.123　"设备和打印机"窗口

图 2.124　"添加打印机"向导

（4）在打开的对话框中选择"添加本地打印机"选项，打开"选择打印机端口"对话框，如图 2.125 所示。

（5）保持选中"使用现有的端口"单选按钮后，单击"下一步"按钮，打开"安装打印机驱动程序"对话框，如图 2.126 所示。

（6）在列表中选择打印机的正确型号，这里为 HP LaserJet 1022，如图 2.127 所示。

（7）单击"下一步"按钮，打开"键入打印机名称"对话框，如图 2.128 所示。

（8）输入打印机名称后，单击"下一步"按钮，系统会自动安装驱动程序。

（9）安装完毕，系统自动打开成功添加打印机向导对话框，如图 2.129 所示。

（10）单击"完成"按钮即可添加打印机。此时，在"打印机"窗口中，将显示刚刚添加的打印机图标，如图 2.130 所示。

图 2.125　"选择打印机端口"对话框

图 2.126　"安装打印机驱动程序"对话框

图 2.127　选择打印机型号

图 2.128　键入打印机名称

图 2.129　成功添加打印机

图 2.130　显示新添加的打印机

相关提示：

打印机安装后会打印测试页，测试页打印正确后，说明打印机可以正常使用。

 项目小结

本项目介绍了软件的安装与卸载方法，介绍了使用 Windows 7 系统自带的驱动程序来安装打印机的方法。

同步训练

1．正确安装并激活"Microsoft Office 2010"软件，为后续模块的讲解做好准备。

2．使用正确的方法安装、使用和删除优盘。

3．正确安装并使用无线鼠标和无线键盘。

项目 2.7　Windows 7 系统的维护与优化

　项目描述

Windows 7 系统提供了多种维护和优化工具，可以提高系统的服务效率，降低系统的内存占用，加快系统的响应速度，使发生故障的系统恢复正常。本项目通过 5 个任务进行系统的维护和优化。

　项目目标

- 学会优化操作系统
- 学会使用"Windows 任务管理器"结束没有响应的程序
- 掌握创建系统还原点的方法
- 掌握还原系统的方法

　项目实施

任务 1　自定义开机启动项

任务 2　使用注册表优化系统速度

任务 3　使用"Windows 任务管理器"结束没有响应的程序

任务 4　创建系统还原点

任务 5　还原系统

 ## 任务 1　自定义开机启动项

在 Windows 中自定义开机启动项，将开机时不需要启动的程序取消。

用户在使用计算机过程中会安装很多软件，有的软件在安装完成后，会自动随着系统的启动而启动，如果开机时启动的软件过多，不仅会影响计算机的开机速度，而且会占用系统资源。用户可以将一些不必要的开机启动项取消，以降低资源消耗，加快开机速度。

操作步骤：

（1）单击"开始"按钮，在搜索框中输入"msconfig"，然后按下 Enter 键，打开"系统配置"对话框。

（2）切换至"启动"选项卡，在该选项卡中显示了开机时随着系统启动的程序。

（3）取消选中不需要开机启动的程序复选框，然后单击"确定"按钮，如图 2.131 所示。

（4）根据需要选择是否重新启动计算机，然后单击相应的按钮，如图 2.132 所示。

图 2.131　取消选中开机不启动的程序

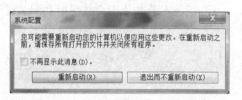

图 2.132　单击"重新启动"按钮

 任务 2　使用注册表优化系统速度

修改注册表,加快关机速度、预读速度和关闭程序速度。

运用"注册表编辑器"对注册表项进行适当的修改,可以实现系统的优化。操作步骤如下。

1. 加快关机速度

正常情况下执行关机操作后,需要等待十秒钟后才能完全关闭计算机,而通过修改注册表的操作,可以加快计算机的关机速度。

(1)依次单击"开始"→"所有程序"→"附件"→"命令提示符"命令,启动命令提示符窗口,输入"regedit",按下 Enter 键,打开"注册表编辑器"窗口,如图 2.133 所示。

图 2.133　"注册表编辑器"窗口

(2)单击左侧列表,展开 HKEY_LOCAL_MACHINE\ SYSTEM\CurrentControlSet\Control 子键,如图 2.134(a) 所示。

(3)右击右侧窗格空白处,在弹出的快捷菜单中选中"新建"→"字符串值"命令,新建键值项,并命名为"FastReboot",如图 2.134(b) 所示。

(a) 修改字符串值菜单项

(b) 重新命名

图 2.134　新建键值项

（4）双击该键值项，在打开的"编辑字符串"对话框中输入键值"1"，然后单击"确定"按钮，如图 2.135 所示。

图 2.135　设置键值

2．加快系统预读速度

（1）单击"注册表编辑器"左侧窗格列表，展开 HKEY_LOCAL_MACHINE\SYSTEM\CurrentControlSet\Control\SessionManager\Memory Management\PrefetchParameters 子键，如图 2.136 所示。

（2）双击右侧窗格中的"EnablePrefetcher"键值项，打开"编辑 DWORD（32）值"对话框，将其键值设置为 4，然后单击"确定"按钮，如图 2.137 所示。

图 2.136　展开子键

图 2.137　设置键值

3．加快关闭程序速度

（1）单击"注册表编辑器"左侧窗格列表，展开 HKEY_CURRENT_USER\Control Panel\Desktop 子键，右击右侧窗格空白处，在弹出的快捷菜单中选择"新建"→"DWORD（32 位）值"命令，如图 2.138 所示。

（2）命名该键值项为"WaitTokillAppTimeOut1"，双击打开对话框，将其值设置为"1000"，然后单击"确定"按钮，如图 2.139 所示。

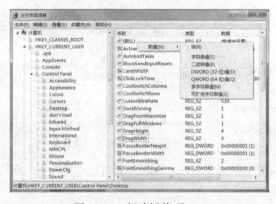

图 2.138　新建键值项

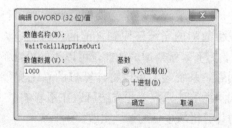

图 2.139　设置键值

相关提示：

Windows 的注册表是一个庞大的数据库，它存储着软 / 硬件的有关配置和状态信息，应用程序和资源管理器外壳的初始条件、首选项与卸载数据，计算机的整个系统的设置和各种许可，文件扩展名与应用程序的关联等。

 ## 任务3　使用"Windows 任务管理器"结束没有响应的程序

"Windows 任务管理器"可以帮助用户查看系统中正在运行的程序和服务，还可以强制关闭一些没有响应的程序窗口。

操作步骤：

（1）按下 Ctrl + Shift + Esc 组合键，打开"Windows 任务管理器"窗口，在标记为"未响应"的程序上右击鼠标，在弹出的快捷菜单中选择"转到进程"命令，如图 2.140 所示。

（2）此时，"Windows 任务管理器"会自动在"进程"选项卡中定位目标进程，单击"结束进程"按钮，如图 2.141 所示。

（3）打开确认结束的对话框，单击"结束进程"按钮，即可结束该进程，如图 2.142 所示。

图 2.140　选择"转到进程"命令

图 2.141　单击"结束进程"按钮

 ## 任务4　创建系统还原点

在频繁安装、卸载应用程序或设备驱动的过程中，系统很容易发生错误而不能正常运行，如何让发生故障的系统还原到之前的正常状态？ Windows 7 自带有系统还原的功能，可以很轻松地解决这样的问题。系统还原可以将计算机的系统文件及时还原

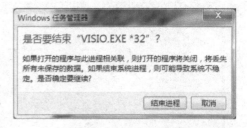

图 2.142　确认结束进程

到早期的还原点。此方法可以在不影响个人文件（如电子邮件、文档或照片）的情况下，撤销对计算机所进行的系统更改。

操作步骤：

（1）鼠标右键单击桌面上的"计算机"图标，选择"属性"命令，打开"系统"窗口，如图 2.143 所示

（2）单击"系统"窗口左侧的"系统保护"，打开"系统属性"对话框，在对话框中单击"系统保护"选项卡，在"保护设置"位置选择需要保护的驱动器，这里选择"本地磁盘（C：）（系统）"，单击"配置"按钮，如图 2.144 所示。

图 2.143 "系统"窗口

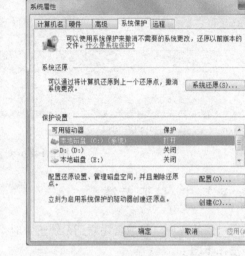

图 2.144 "系统属性"对话框

（3）打开"系统保护本地磁盘（C：）"对话框，在"还原设置"选项组下，选择"还原系统设置和以前版本的文件"；在"磁盘空间使用量"位置，调整用于系统保护的最大磁盘空间，这里将"最大使用量（M）："调整为 4.00GB，单击"确定"按钮，如图 2.145 所示。

（4）在返回的"系统属性"对话框中，单击"创建"按钮，如图 2.146 所示。

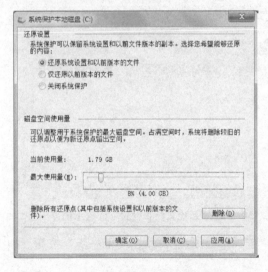

图 2.145 "系统保护本地磁盘"对话框

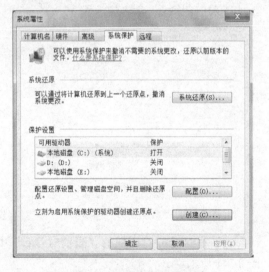

图 2.146 "系统属性"对话框

（5）在打开的"系统保护"对话框的文本框中，输入识别还原点的描述信息，这里命名为"还原点"，同时系统会自动添加当前日期和时间，单击"创建"按钮，系统即被成功保存，如

图 2.147 所示。

6. 在弹出"已成功创建还原点"提示信息后，单击"关闭"按钮，系统还原点被成功创建，如图 2.148 所示。

图 2.147 "系统保护"对话框

(a) 创建还原点进度   (b) 成功创建还原点

图 2.148 创建还原点信息

 ## 任务 5 还原系统

通过系统还原，将系统还原到系统正常时设置的还原点。

操作步骤：

（1）鼠标右键单击桌面上的"计算机"图标，选择"属性"命令，打开"系统"窗口，如图 2.146 所示。

（2）单击"系统"窗口左侧的"系统保护"，打开"系统属性"对话框，单击"系统保护"选项卡，单击"系统还原"按钮，如图 2.149 所示。

（3）打开"系统还原"对话框，显示关于"还原系统文件和设置"的提示信息，单击"下一步"按钮，如图 2.150 所示。

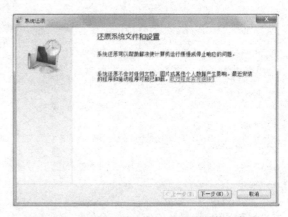

图 2.149 "系统保护"选项卡   图 2.150 "还原系统文件和设置"的提示信息

（4）在打开的对话框的"当前时区："中，选择"还原点"，单击"下一步"按钮，如图 2.151 所示。

（5）弹出"确认还原点"信息，有时间、描述和驱动器等信息，确认无误后，单击"完成"按钮，如图 2.152 所示。

（6）在弹出"正在准备还原系统"和"启动后，系统还原不能中断"信息提示后，计算机会重新启动，如图 2.153 所示。

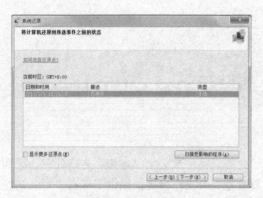
图 2.151 选择"还原点"

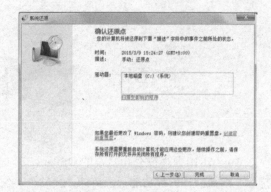
图 2.152 确认还原点

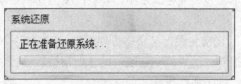
(a) 系统准备还原提示

(b) 系统还原提示

图 2.153 信息提示

（7）计算机重新启动后，弹出"系统还原"对话框，此时系统还原完成，单击"关闭"按钮，即完成系统还原，如图 2.154 所示。

相关提示：

（1）要使用系统还原功能，前提是曾经创建过系统还原点。

（2）如果系统还原未能够修复系统，或者造成了更大的问题，可以撤销此次系统还原。打开"系统属

图 2.154 系统还原完成对话框

性"对话框下的"系统保护"选项卡，单击"系统还原"按钮，在"系统还原"对话框中多了一个选项"撤销系统还原"，单击"下一步"，直至"完成"，与进行系统还原时的步骤一样。同时，如果未修复问题，也可以选择其他还原点进行还原。

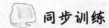 **项目小结**

本项目介绍了如何利用"自定义开机启动项"将开机不需要启动的程序关闭；介绍了通过修改注册表，加快关机速度、预读速度和关闭程序速度；介绍了使用"Windows 任务管理器"结束任务，减少关闭服务时的等待时间；介绍了如何创建系统还原点和还原系统的方法，让发生故障的系统还原到之前的正常状态。

同步训练

1. 安装 Windows 7 后，创建名为"还原点 1"的系统还原点；安装 Office 2010 后，创建名为"还原点 2"的系统还原点。

2. 将系统还原到"还原点 1"标识的系统状态。

模块3　文字处理Word 2010

Word 2010 是微软公司开发的 Office 2010 组件之一，是一款集文字处理、表格处理、图文排版、模板与样式等功能于一体的办公软件。它具有直观的操作界面，提供了丰富多彩的功能区和工具按钮，可以编辑文字、图形、图像、声音、动画，还可以插入其他软件制作的信息，可以用绘图工具进行图形制作、编辑艺术字、数学公式，能够满足用户各种图文混排的要求。此外，Word 2010 还提供了强大的制表功能，不仅可以自动制表，还可以手动制表，表格中的数据可以自动计算，表格还可以进行各种修饰，既轻松美观，又快捷方便。Word 2010 支持多种格式的文档，可以编辑邮件、信封、备忘录、报告、网页等；它改进的导航窗格能够提供文档的直观大纲，方便对所需的内容进行快速浏览、排序和查找。

本模块着重通过项目的形式介绍 Word 2010 的基本操作及应用，包括一些常用的操作技术和操作技巧，使读者能够较快地掌握 Word 2010 的基本功能，并能在实践中加以应用。

项目 3.1　制作会议通知

 项目描述

为了安排迎接新同学，增加校园的欢庆气氛，××大学校学生会通知学校各个系学生会的同学参加迎新宣传工作会议。

会议通知是一个常用的 Word 2010 排版应用，需要写明会议的名称、目的、议题、时间、地点、参会人员等。本项目要求根据会议的内容输入相应的文本，插入各种所需要的符号，然后对相应的文本选定，进行文字和段落的排版。会议通知样例，如图 3.1 所示。

 项目目标

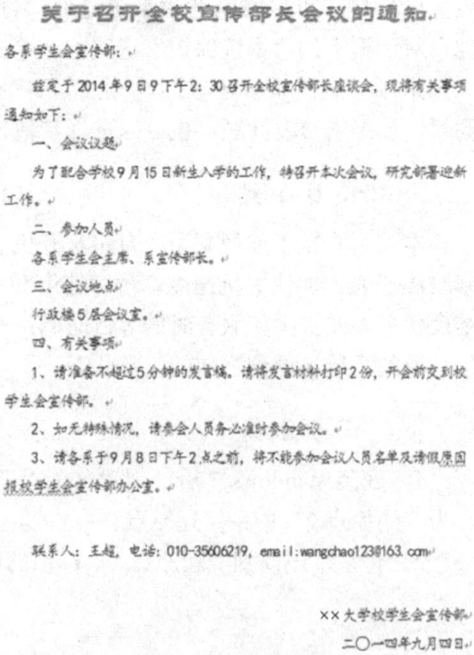

- 初步掌握 Word 2010 的基本操作
- 了解 Word 2010 的功能区
- 掌握字体、段落选项组中按钮的使用

 项目实施

任务 1　创建会议通知新文档
任务 2　文档的编辑操作
任务 3　文档的排版
任务 4　设置段落格式

关于召开全校宣传部长会议的通知

各系学生会宣传部：

兹定于 2014 年 9 月 9 日下午 2：30 召开全校宣传部长座谈会，现将有关事项通知如下：

一、会议议题

为了配合学校 9 月 15 日新生入学的工作，特召开本次会议，研究部署迎新工作。

二、参加人员

各系学生会主席、系宣传部长。

三、会议地点

行政楼 5 层会议室。

四、有关事项

1、请准备不超过 5 分钟的发言稿，请将发言材料打印 2 份，开会前交到校学生会宣传部。

2、如无特殊情况，请务必准时参加会议。

3、请各系于 9 月 8 日下午 2 点之前，将不能参加会议人员名单及请假原因报校学生会宣传部办公室。

联系人：王超，电话：010-35606219，email:wangchao123@163.com

××大学校学生会宣传部

二〇一四年九月四日

图 3.1　会议通知样例

任务 1 创建会议通知新文档

1. 启动 Word 2010

选择"开始"→"所有程序"→"Microsoft Office"→"Microsoft Office Word 2010"命令，或者双击桌面上的"Microsoft Word 2010"快捷方式图标，即可启动并进入 Word 2010。

2. 创建新文档并输入文本

启动 Word 2010 后，系统会自动创建一个名为"文档 1"的新文档，此时可以根据会议的具体要求，输入相应的会议通知文字信息，如图 3.2 所示。

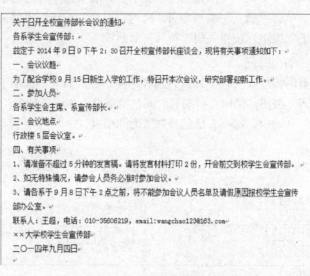

图 3.2 新建的文档

3. 关闭 Word 2010 并存盘

文本输入完毕后，选择"文件"→"退出"命令，在关闭 Word 2010 前，系统会自动提示"是否将更改保存到文档 1 中？"，单击"保存"后弹出"另存为"对话框，如图 3.3 所示。

在保存位置中选择文件要存放的位置路径，在"文件名"文本框中输入文件名的名称，在"保存类型"中选择所需的文件类型，最后单击"保存"按钮即可。

 任务 2 文档的编辑操作

图 3.3 "另存为"对话框

在本项目中，除了包含文字的输入外，还有一些符号和日期时间需要输入。

1. 输入文本

在 Word 窗口编辑区单击需要输入文字的位置，即设置插入点。通过任务栏右下角的输入法工具选择中文输入法，就可以进行文本的输入，或使用 Ctrl + 空格键进行中英文输入法的切换，不同中文输入法之间的切换可通过 Ctrl + Shift 键实现。

2. 插入符号

在文档输入过程中遇到的常用符号，可以通过键盘直接输入。对于双字符键上边的符号，输入时需同时按下 Shift 键。键盘上的符号，有中英文符号之分，比如在中文状态按下为"￥"，在英文状态按下为"$"，另外还有全角和半角之分。

如果符号在键盘上找不到，那么可以通过汉字输入法中的软键盘上的特殊符号实现输入。另外，可通过插入功能实现符号的输入。单击"插入"选项卡，在出现的插入功能区中单击"符号"功能组的"符号"按钮，再单击"其他符号"选项，弹出"符号"对话框，如图 3.4 所示。在"符号"对话框中单击"子集"下三角按钮，在下拉列表中选中合适的子集，在符号表格中单击选中需要的符号，单击"插入"按钮即可，此时"取消"按钮变成"关闭"按钮。插入所有需要的符号后，单击"关闭"按钮关闭"符号"对话框。

3. 插入当前的日期和时间

在编辑文档时，有时需要在文档中插入日期和时间。在"插入"选项卡的"文本"功能组中，单击"日期和时间"按钮，弹出"日期和时间"对话框，如图 3.5 所示。在"日期和时间"对话框的"可用格式"列表中，选择合适的日期或时间格式。

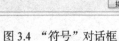

图 3.4 "符号"对话框

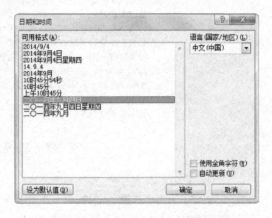

图 3.5 "日期和时间"对话框

任务 3 文档的排版

完成会议通知文档的内容输入后，为使文档符合一般会议通知文件的常规格式，也为了使打印的文档更加美观、便于阅读，需要对文档加以简单的排版。

1. 字体、字形和字号的设置

在 Word 2010 中取消了传统的菜单操作方式，使用的是各种功能区。在 Word 2010 窗口上方看起来像菜单的名称其实是功能区的名称，当单击这些名称时，并不会打开菜单，而是切换到与之相对应的功能区面板。每个功能区根据功能的不同又分为若干功能组，字体、字形和字号的设置在"开始"功能区的"字体"功能组，如图 3.6 所示。

首先选择会议通知标题"关于召开全校宣传部长会议的通知"，可以直接在"字体"功能组中选择相应的字体、字形和字号（华文隶书、二号、加粗、字体颜色为红色）进行设置。

图 3.6　"开始"功能区

通过按住鼠标左键拖动鼠标，选择其他文本，在"字体"功能组中单击右下角的对话框启动按钮 ，打开"字体"对话框，如图 3.7 所示。将所选文本设为楷体、常规、四号。

2．字符间距的设置

选择除标题以外的其他文本，将其字符间距紧缩 1 磅。字符间距是指文档中各字符之间的距离，设置字符间距可以使整个文档的页面布局更加合理。在如图 3.7 所示的"字体"对话框中单击"高级"选项卡，即可打开如图 3.8 所示的"高级"选项卡对话框进行字符间距的设置。

图 3.7　"字体"对话框

图 3.8　字体"高级"选项卡

 ## 任务 4　设置段落格式

1．设置对齐方式

将标题设为居中对齐，将"XX 大学校学生会宣传部"和"二〇一四年九月四日"设为右对齐。

Word 2010 提供了 5 种对齐方式：文本左对齐、居中、文本右对齐、两端对齐和分散对齐。设置对齐方式的方法有两种：一是利用"开始"选项卡的"段落"功能组中的按钮实现；二是在"段落"功能组单击右下角的对话框启动按钮 ，打开"段落"对话框，如图 3.9 所示。在"常规"组的"对齐方式"下拉列表框中选择。

2．设置段落缩进

将会议通知正文部分的文档设为首行缩进。

Word 2010 提供了 4 种缩进方式：左缩进、右缩进、

图 3.9　"段落"对话框

首行缩进和悬挂缩进。在图 3.9 所示"段落"对话框的"缩进"组，在"左侧"和"右侧"文本框中输入或选择数值可以设置左缩进和右缩进。在"特殊方式"下拉列表框中选择"首行缩进"或"悬挂缩进"，在"磅值"文本框中输入或选择数值可以设置"首行缩进"或"悬挂缩进"。

本项目中，先选择文本，然后在"缩进"组的"特殊格式"选项中选择"首行缩进"，将"磅值"设为"2 字符"。

3. 设置行间距

将正文部分的文档行间距设为 25 磅。在图 3.9 所示的"段落"对话框的"间距"组中，在"行距"下拉列表框中选择"固定值"，"磅值"数值框中输入或选择 25，按下"确定"按钮。

4. 设置段间距

将"联系人：王超，电话：010-35606219，email:wangchao123@163.com"设为段前 2 行，段后 2 行。在"段落"对话框中的"间距"组中，可通过调整"段前"和"段后"行数来设置段间距。

通过以上编辑排版，制作完成的会议通知如图 3.1 所示。

 项目小结

本项目主要介绍了制作会议通知的过程，涉及的知识点如下：

1. 通过 Windows 的"开始"菜单启动 Word 2010 并创建新文档。

2. 使用"插入"选项卡的"符号"和"日期和时间"选项按钮，实现特殊符号及日期和时间的输入。

3. 在"开始"选项卡的"字体"功能组，单击对话框启动按钮，打开"字体"对话框，可以实现字体、字形、字号及字符间距等设置。

4. 在"开始"选项卡的"段落"功能组，单击对话框启动按钮，打开"段落"对话框，可以实现对齐方式、段落缩进、行间距、段间距等设置。

 同步训练

1. 新建一个 Word 文档，将其保存为"计算机发展史 .docx"文件，并输入下列文字。

计算机发展史

第一代：电子管计算机（1945—1956 年）

在第二次世界大战中，美国政府寻求计算机以开发潜在的战略价值。这促进了计算机的研究与发展。1944 年 Howard H. Aikien（1900—1973）研制出全电子计算机，为美国海军绘制弹道图。这台简称 Mark I 的机器有半个足球场大，内含 500 英里的电线，使用电磁信号来移动机械部件，速度很慢（3～5 秒完成一次计算）并且实用性很差，只用于专门领域。但是，它既可以执行基本算术运算也可以运算复杂的等式。

1946 年 2 月 14 日，标志现代计算机诞生的 ENIAC（Electronic Numerical Integrator and Computer）在费城公之于世。ENIAC 代表了计算机发展史上的里程碑，它通过不同部分之间的重新接线编程，还拥有并行计算能力。ENIAC 由美国政府和宾夕法尼亚大学合作开发，使用了 18000 个电子管，70000 个电阻器，有 500 万个焊接点，耗电 160 千瓦，其运算速度比 Mark I 快 1000 倍，ENIAC 是第一台普通用途计算机。

第一代计算机的特点是，操作指令是为特定任务而编制的，每种机器有各自不同的机器语言，功能受到限制，速度也慢；另一个明显特征是使用真空电子管和磁鼓存储数据。

第二代：晶体管计算机（1956—1963）

1948 年，晶体管的发明大大促进了计算机的发展，晶体管代替了体积庞大的电子管，电子设备的体积不断减小。1956 年，晶体管在计算机中使用，晶体管和磁心存储器导致了第二代计算机的产生。第二代计算机体积小、速度快、功耗低、性能更稳定。首先使用晶体管技术的是早期的超级计算机，主要用于原子科学的大量数据处理，这些机器价格昂贵，生产数量极少。

1960 年，出现了一些成功地用于商业领域、大学和政府部门的第二代计算机。第二代计算机用晶体管代替电子管，还有现代计算机的一些部件：打印机、磁带、磁盘、内存、操作系统等。计算机中存储的程序使得计算机有很好的适应性，可以更有效地用于商业用途。在这一时期出现了更高级的 COBOL 和 FORTRAN 等语言，以单词、语句和数学公式代替了二进制机器码，使计算机编程更容易。新的职业（程序员、分析员和计算机系统专家）和整个软件产业由此诞生。

第三代：集成电路计算机（1964—1971）

虽然晶体管比起电子管是一个明显的进步，但晶体管还是产生大量的热量，这会损害计算机内部的敏感部分。1958 年德州仪器的工程师 Jack Kilby 发明了集成电路（IC），将三种电子元件结合到一片小小的硅片上。科学家使更多的元件集成到单一的半导体芯片上，于是，计算机变得更小，功耗更低，速度更快。这一时期的发展还包括使用了操作系统，使得计算机在中心程序的控制协调下可以同时运行许多不同的程序。

第四代：大规模集成电路计算机（1971—现在）

出现集成电路后，唯一的发展方向是扩大规模。大规模集成电路（LSI）可以在一个芯片上容纳几百个元件。到了 20 世纪 80 年代，超大规模集成电路 VLSI 在芯片上容纳了几十万个元件，后来的 ULSI 将数字扩充到百万级。可以在硬币大小的芯片上容纳如此数量的元件，使得计算机的体积和价格不断下降，而功能和可靠性不断增强。

20 世纪 70 年代中期，计算机制造商开始将计算机带给普通消费者，这时的小型机带有友好界面的软件包。1981 年，IBM 推出个人计算机（PC）用于家庭、办公室和学校。20 世纪 80 年代个人计算机的竞争使得价格不断下跌，微机的拥有量不断增加，计算机继续缩小体积，从桌上到膝上到掌上。与 IBM PC 竞争的 Apple Macintosh 系统于 1984 年推出，Macintosh 提供了友好的图形界面，用户可以用鼠标方便地操作。

2. 将标题文字"计算机发展史"的字体设置为"华文中宋"，字号为"三号"，颜色为"红色"，字符间距加宽 2 磅，对齐方式为"居中"。

3. 设置"第一代：电子管计算机"、"第二代：晶体管计算机"、"第三代：集成电路计算机"、"第四代：大规模集成电路计算机"为"黑体"、"四号"、"左对齐"。

4. 对正文第一段"在第二次世界大战中，……"，下加蓝色的双波浪线。

5. 将文中各段的段前间距设为"1 行"，段后间距设为"1 行"。将正文各行的行距设为"1.5 倍行距"。

项目 3.2　制作个人简历表

　项目描述

在日常生活中，经常会用到各种类型的表格，比如学生成绩表、个人简历表、商品订货单等。个人简历表一般应包括以下几个方面的内容：

（1）个人资料：姓名、性别、出生日期、民族、政治面貌、婚姻状况、职称、籍贯、通讯地址、邮政编码、联系电话、电子邮箱等。

（2）主要简历：起止日期、在何单位、任何职务等。

（3）业务专长与主要成绩等。

本项目通过设计个人简历表，介绍表格的基本制作方法。个人简历表样例如图 3.10 所示。

个人简历表

姓名		出生日期		照片
性别		民族		
政治面貌		职称		
婚姻状况		籍贯		
主要简历	起止日期	在何单位		任何职务
业务专长与主要成果				
通讯地址		邮政编码		
联系电话		电子邮箱		

图 3.10 个人简历表样例

项目目标

- 掌握创建表格的方法
- 掌握编辑表格的基本方法
- 掌握表格的排版

项目实施

任务 1   创建个人简历表

任务 2   合并或拆分单元格

任务 3   调整表格的列宽和行高

任务 4   表格的排版

任务 1   创建个人简历表

1．创建空白新文档

如果正在编辑一个文档或已经启动 Word 2010，这时还需要创建新文档，可以单击"文件"菜单，选择"新建"命令，在"可用模板"下双击"空白文档"或单击"创建"按钮，即可创建一个新文档，如图 3.11 所示。

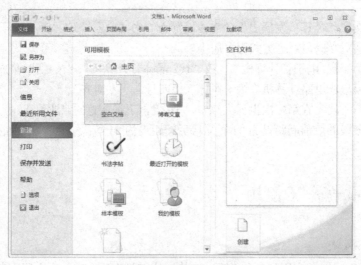

图 3.11   创建空白新文档

2. 输入标题并设计格式

在新创建的空白文档中，输入标题"个人简历表"，并设置字体、字号、字形和对齐方式（宋体、二号字、加粗、居中）。

3. 插入表格

在创建表格之前，先在纸上画一张草图，了解表格的大体结构，有多少行多少列，需要哪些表格的操作。在制作个人简历表时，可以先使用"插入表格"对话框创建表格的大体轮廓。

在"插入"选项卡的"表格"功能组中，单击"表格"按钮，在下拉菜单中选择"插入表格"命令，弹出"插入表格"对话框，如图 3.12 所示。在"表格尺寸"项，"列数"输入"2"，"行数"输入"14"，在"自动调整"操作下，选择"自动"，"固定列宽"，单击"确定"按钮，就插入了 2 列 14 行的表格。

4. 绘制表格

在"插入"选项卡的"表格"功能组中，单击"表格"按钮，在下拉菜单中选择"绘制表格"命令，当鼠标指针变为笔形时，按住鼠标的左键拖动就可以画出线条。我们可以直接在个人简历表表格中绘制如图 3.13 所标明的三条竖线。

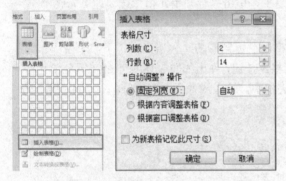

图 3.12 "插入表格"对话框

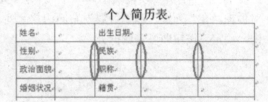

图 3.13 绘制表格竖线

5. 擦除表格线

对于会议通知表格中出现的一些不规则线条，可通过手动"绘制表格"和"擦除"命令配合来完成。在如图 3.14 所示的"表格工具设计"选项卡中，选择最右端的"擦除"命令，指针就会变为橡皮擦形状，单击要擦除的线条即可实现表格线的擦除。

图 3.14 "表格工具设计"选项卡

按下鼠标左键，拖动橡皮擦，擦除"个人简历表"中的第 5 行到第 10 行的中间竖线，见图 3.15。

再选择手动"绘制表格"，当光标变为笔形时，按住鼠标左键进行拖动，绘制如图 3.16 所示的表格线。

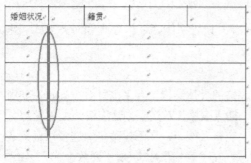
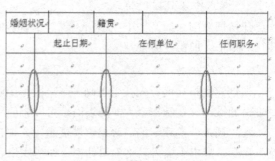

图 3.15　擦除表格线　　　　　　　　　　图 3.16　手动绘制表格线

 任务 2　合并或拆分单元格

1．合并单元格

合并单元格时，首先选中需要合并的多个单元格，在标题栏的"表格工具"下，单击"布局"选项卡，如图 3.17 所示。在"合并"功能组中，单击"合并单元格"按钮即可完成。

2．拆分单元格

拆分单元格时，首先选中需要拆分的单元格，在标题栏的"表格工具"下，单击"布局"选项卡，在"合并"功能组中，单击"拆分单元格"按钮，弹出如图 3.18 所示的"拆分单元格"对话框，在"列数"和"行数"右侧的数字列表框中，输入或选择需要拆分的行数和列数，单击"确定"按钮即可完成拆分。

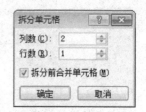

图 3.17　表格"合并"功能区　　　　　　图 3.18　"拆分单元格"对话框

本项目中，需要对"照片"和"主要简历"部分进行单元格合并，如图 3.19 所示。先按住鼠标左键拖拉选择相应的单元格，然后利用表格工具"布局"选项卡中的"合并单元格"功能，实现单元格合并。另外，也可先选择相应的单元格，通过单击鼠标右键，在弹出的快捷菜单中选择"合并单元格"选项实现。

 任务 3　调整表格的列宽和行高

当个人简历表格创建完成后，就可以向表格中输入文字。由于刚创建表格的行高和列宽是自动的，不一定符合具体的要求，因此还需要对表格的行高和列宽加以调整。

图3.19　单元格合并

1. 拖动鼠标调整

调整列宽的方法：将鼠标指针放在需要调整的列的表格线上，当指针形状变为左右双向箭头时，按住鼠标左键拖动，调整到合适的位置，松开左键即可。

调整行高的方法：将鼠标指针放在需要调整的行的表格线上，当指针形状变为上下双向箭头时，按住鼠标左键拖动，调整到合适的位置，松开左键即可。

2. 使用"表格属性"对话框调整

可以使用"表格属性"对话框调整表格的行高和列宽。把光标移到表格中需要调整行高或列宽的单元格中，在标题栏的"表格工具"下，单击"布局"选项卡，在"表"功能组中，单击"属性"按钮，弹出如图 3.20 所示的"表格属性"对话框。在"尺寸"组，勾选"指定高度"，在其后面的列表框中输入或选择指定的值，再单击"上一行"或"下一行"，继续调整其他行，调整完毕后，单击"确定"按钮。对列的宽度调整方法与行的高度调整方法相同，只需在选项卡上选择"列"即可。

图 3.20　"表格属性"对话框

3. 平均分布行或列

选中表格中需要设置行高或列宽的多行或多列，在如图 3.21 所示的"单元格大小"功能组中，于"高度"或"宽度"列表框中输入或选择指定数值，单击"分布行"或"分布列"按钮，就可以使表格的行或列平均分布。

图 3.21　平均分布行或列

任务 4　表格的排版

个人简历表格制作完成并输入文字信息后，还需对表格进行一些必要的排版，以达到版面美化的效果。

1. 选择表格元素的方法

选择单元格：将鼠标移到单元格内的左侧边缘，当鼠标箭头变为 ➚ 时，单击鼠标左键，即可选择该单元格。如果要选择多个单元格，可在按下 Ctrl 键的同时，用同样的方法选择其他单元格。

选择行、列：如果要选择某一行，可将鼠标移动到该行的左侧边缘，当鼠标箭头变为 ⌐ 时，单击鼠标左键。如果要选择某一列，可将鼠标移动到该列的上边缘，当鼠标箭头变为 ⬇ 时，单击鼠标左键。

选择整个表格：在表格的左上角有 ⊞ 标记，单击该标记可以选择整个表格。

2．对齐方式设置

选择单元格，在标题栏的"表格工具"下，单击"布局"选项卡，在"对齐方式"功能组中，有9种对齐方式：靠上两端对齐、靠上居中对齐、靠上右对齐、中部两端对齐、水平居中、中部右对齐、靠下两端对齐、靠下居中对齐、靠下右对齐，如图3.22所示。

选择单元格后，单击鼠标右键，弹出快捷菜单，选择"单元格对齐方式"，也可设置对齐方式，如图3.23所示。

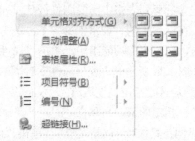

图 3.22 表格工具"对齐方式"组   图 3.23 快捷菜单"单元格对齐方式"

本项目中，选择整个表格，用上述方法使单元格内的文字都设为"水平居中"。

3．文字方向设置

文字方向有横向和纵向两种形式，可以使用表格工具或快捷菜单实现。本项目中需对"照片"、"主要简历"、"业务专长与主要成果"几个单元格进行纵向文字的设置。

方法一：使用表格工具。选择单元格，在标题栏的"表格工具"下，单击"布局"选项卡，在"对齐方式"功能组中，选择"文字方向"可以进行横向和纵向两种文字方向的切换。

方法二：使用快捷菜单。选择单元格，单击鼠标右键，弹出快捷菜单，单击"文字方向"，弹出如图3.24所示的"文字方向"对话框，然后选择相应的文字方向。

4．表格的外边框设置

选择个人简历表整个表格，单击鼠标右键，弹出快捷菜单，单击"边框和底纹"选项，弹出如图3.25所示的"边框和底纹"对话框，先在"设置"组选择"自定义"，在"样式"中选择"双线"，再设置"颜色"和"宽度"，在"预览"组选择相应的边框线，最后在"应用于"列表框中选择"表格"，单击"确定"按钮。

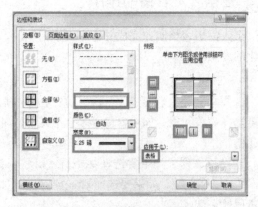

图 3.24 "文字方向"对话框   图 3.25 "边框"对话框

5. 单元格的底纹设置

选择"照片"单元格,在如图 3.25 所示的"边框和底纹"对话框中,选择"底纹"选项,弹出如图 3.26 所示对话框,在"填充"选项选择灰色,在"图案"组的"样式"列表框中选择"15%",颜色选择"自动","应用于"下拉列表中选择"单元格",单击"确定"按钮。

通过以上编辑排版,得到的个人简历表效果如图 3.10 所示。

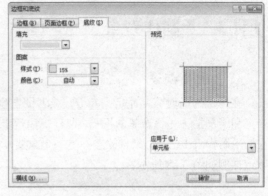

图 3.26 "底纹"对话框

📘 项目小结

本项目介绍了制作个人简历表的方法,讲解了如何创建表格及对表格进行编辑排版,涉及的主要知识点如下:

1. 通过"插入"选项卡的"表格"工具按钮,实现表格的插入、表格线的绘制及修改。
2. 使用"表格工具"下"布局"选项卡中的工具按钮,实现对单元格的合并及拆分操作。
3. 使用"对齐方式"功能组中的工具按钮,实现对单元格内容对齐方式及文字方向的设置。通过单击鼠标右键,弹出快捷菜单,选中"边框和底纹"选项,实现对表格边框及底纹的设置。

💻 同步训练

1. 在前述同步训练中建立的"计算机发展史 .docx"文件末尾,输入如图 3.27 所示的表格。
2. 设置表格第一行的标题字体为黑体、加粗、小四号字,其余的字体设置为宋体、五号字。
3. 第一列的文字方向设为垂直方向。
4. 所有单元格的内容均为水平居中、垂直居中。
5. 表格的外框线选择 1.5 磅的蓝色双线,内框线选择 1 磅的红色单线。
6. 表格设置 20% 的黄色底纹,图案颜色为自动。

	起止年代	主要元件	主要元件图例	速度（次／秒）	特点与应用领域
第一代	40 年代末至 50 年代末	电子管		5 千~1 万	计算机发展的初级阶段,体积巨大,运算速度较低,耗电量大,存储容量小。主要用来进行科学计算
第二代	50 年代末至 60 年代末	晶体管		几万~几十万	体积减小,耗电较少,运算速度较高,价格下降,不仅用于科学计算,还用于数据处理和事务管理,并逐渐用于工业控制
第三代	60 年代中期开始	中、小规模集成电路		几十万~几百万	体积、功耗进一步减少,可靠性及速度进一步提高。应用领域进一步拓展到文字处理、企业管理、自动控制、城市交通管理等方面
第四代	70 年代初开始	大规模和超大规模集成电路		几千万~千百亿	性能大幅度提高,价格大幅度下降,广泛应用于社会生活的各领域,进入办公室和家庭。在办公室自动化、电子编辑排版、数据库管理、图像识别、语音识别、专家系统等领域中大显身手

图 3.27 计算机发展史图表

项目 3.3　制作贺卡

 项目描述

在每年的圣诞节、元旦、春节，或者朋友生日，我们很多人都会送上一张贺卡，给远方的亲人和朋友捎去一份诚挚的祝福。节日祝福贺卡的制作，主要使用 Word 2010 的图文混排技术。在动手制作贺卡之前，素材的选择是一个重要环节，需要事先准备好几张图片，一段祝福文字。贺卡样例如图 3.28 所示。

图 3.28　贺卡样例

 项目目标

- 了解页面设置的方法
- 掌握插入图片、艺术字的方法
- 掌握文本框的使用
- 了解页面边框的设置

 项目实施

任务 1　页面设置

任务 2　图片的插入与布局

任务 3　艺术字的插入与排版

任务 4　文本框的编辑与排版

任务 5　页面边框设置

 任务 1　页面设置

页面设置包括页边距、纸张大小、纸张方向等，贺卡的页面一般要求横向、A4 纸、普通页边距。先建立一个贺卡新文档，然后在"页面布局"选项卡的"页面设置"功能组中，单击右下角的对话框启动按钮，弹出如图 3.29 所示的"页面设置"对话框。

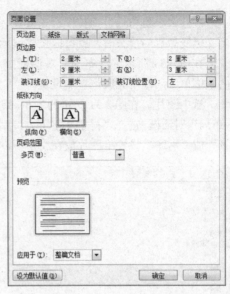

1. 设置页边距

在"页面设置"对话框的"页边距"组中，在"上"、"下"、"左"、"右"、"装订线"后的数值列表框中输入或选择相应的数值和单位。

2. 设置纸张方向

在"页面设置"对话框的"纸张方向"组中，选择"横向"。一般默认是"纵向"。

3. 设置纸张大小

在"页面设置"对话框中，选择"纸张"选项，即可选择纸张大小。

图 3.29 "页面设置"对话框

 ## 任务 2　图片的插入与布局

1. 插入图片

大部分图片格式的文件，Word 2010 都能够识别。在插入图片时，先要选择好插入点，然后在"插入"选项卡的"插图"功能组中，单击"图片"按钮，弹出如图 3.30 所示的"插入图片"对话框。在对话框的左侧选择图片的位置（路径），然后在右侧选择图片文件，最后单击"插入"按钮。

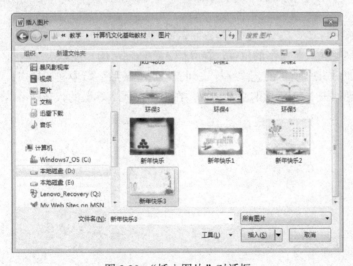

图 3.30 "插入图片"对话框

2. 设置图片布局

选中刚插入的图片，在"图片工具"的"格式"选项卡中，单击"大小"功能组右下角的对话框启动按钮，弹出如图 3.31 所示的"布局"对话框，选择"大小"选项，在"高度"和"宽度"下输入合适的数值及其单位，单击"确定"按钮，就可以初步完成图片大小的设置。

图片大小也可通过拖拉鼠标来实现。先选中图片，然后将鼠标移动到图片四周的控制点上，当光标变为双向箭头时，就可以按住鼠标左键拖拉改变图片的大小。

在图 3.31 所示的"布局"对话框中，选择"位置"选项，输入"水平"和"垂直"位置的数值单位，即可完成位置的设置。

选中图片，在图 3.31 所示的"布局"对话框中，选择"文字环绕"，出现如图 3.32 所示的"布局"对话框,选择"衬于文字下方",则该图片就放在卡片的文字下面。另外也可以通过"背景"或"水印"设置将图片放在文字下方，大家可以自己练习。

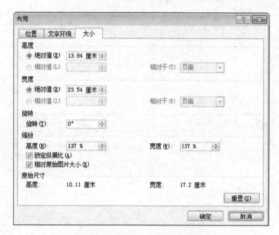

图 3.31 "大小"对话框   图 3.32 "文字环绕"对话框

 ## 任务 3   艺术字的插入与排版

1．插入艺术字

把光标移动到要插入艺术字的位置，在"插入"选项卡的"文本"功能组中，单击"艺术字"按钮，弹出如图 3.33 所示的艺术字样式列表，选择最后一行中间的样式。

在光标处出现如图 3.34 所示的艺术字框，在框中输入"尊敬的张老师："。

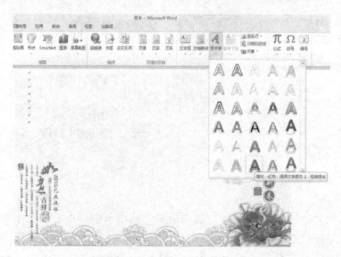

图 3.33   艺术字样式列表

图 3.34　艺术字输入框

2.设置艺术字填充颜色

选择艺术字"尊敬的张老师:",在标题栏出现的"绘图工具"下面,单击"格式"选项卡,在"艺术字样式"功能组中,单击"文本填充",在出现的下拉列表中,把鼠标移动到"渐变",出现如图 3.35 所示的"渐变"下拉列表,单击"其他渐变",弹出如图 3.36 所示的"设置文本效果格式"对话框,在"文本填充"选项"渐变填充"的"预设颜色"下拉列表中选择"彩虹出岫"。

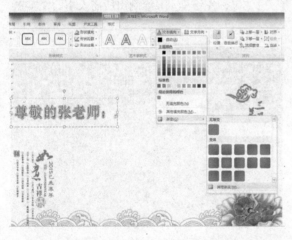

图 3.35　"文本填充"和"渐变"下拉列表

图 3.36　"设置文本效果格式"对话框

3.设置艺术字的形状

选择"绘图工具"下的"格式"选项卡,在"艺术字样式"功能组中,单击"文本效果",出现下拉列表,选择"转换",在出现的下拉列表中选择"弯曲"组中的"正 V 形",如图 3.37所示。

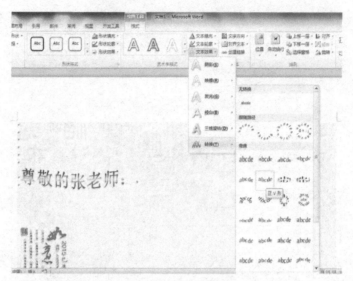

图 3.37 "文本效果"下拉列表

 任务 4　文本框的编辑与排版

因为文本框方便移动、大小可以调整，且文本框中的文字方向可以改变，可以有独立的边框和背景，所以祝福语选择文本框实现。

1. 插入文本框

选择"插入"选项卡，在"文本"功能组中，单击"文本框"按钮，弹出文本框的下拉列表，单击"绘制文本框"，在文档中合适的位置，按住鼠标左键拖动，绘制出所需大小的文本框，如图 3.38 所示。在文本框中输入祝福语。

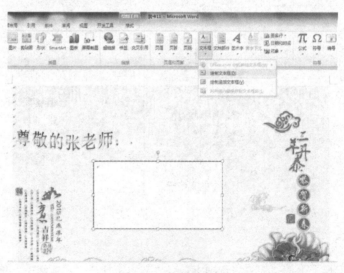

图 3.38　绘制文本框

2. 去掉文本框边框和填充色

先选择输入祝福语的文本框，在标题栏的"绘图工具"下，单击"格式"选项卡，在"形状样式"功能组中，先单击"形状填充"按钮，然后在出现的下拉列表中选择"无填充颜色"，如图 3.39 所示。

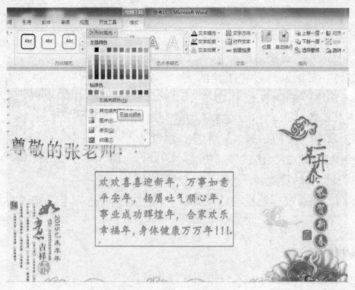

图 3.39 去掉文本框的填充色

使用同样的方法，再单击"形状轮廓"按钮，在出现的下拉列表中选择"无轮廓"，见图 3.40。

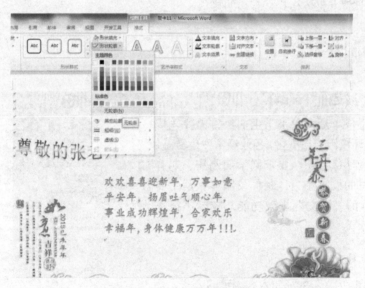

图 3.40 去掉文本框的边框

 任务 5 页面边框设置

选择"页面布局"选项卡，在"页面背景"功能组中，单击"页面边框"按钮，弹出如图 3.41 所示的"边框和底纹"对话框。选择"页面边框"，在"艺术型"下拉列表框中选择"红苹果"页面边框。应用于"整篇文档"，单击"确定"按钮。

项目小结

本项目介绍了贺卡的制作过程，涉及的主要知识点如下：

1．通过"页面设置"对话框设置纸张的大小、纸张方向、页边距、页面边框。

2．通过"布局"对话框，设置图片的文字环绕方式。

3．选择"插入"选项卡，在"文本"功能组中，单击"艺术字"按钮，插入艺术字，并通过标题栏"绘图工具"的"格式"选项卡，实现对艺术字样式及形状的设置。

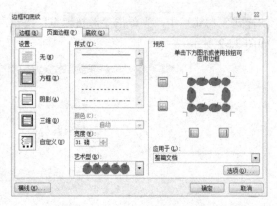

图 3.41　"边框和底纹"对话框

4．插入文本框，并通过标题栏"绘图工具"的"格式"选项卡，实现对文本框的边框及填充色设置。

 同步训练

1．设计制作一张生日贺卡，插入一张图片作为背景。

2．插入与"生日快乐"有关的艺术字和自选图形。

3．插入文本框，输入祝福生日快乐的话语。

4．进行生日贺卡整体格式、布局的排版。

项目 3.4　制作校园小报

 项目描述

制作校园小报，是大中小学生们经常需要完成的作业。如今，环境污染很厉害，各地经常发生雾霾，为了提高大家的环保意识，要求同学们制作一期有关"环保"题材的校园小报。制作校园小报，主要用到 Word 2010 的"图文混排"功能。校园小报样例如图 3.42 所示。

 项目目标

- 掌握 Word 2010 艺术字插入和编辑的方法
- 掌握 Word 2010 插入图片的方法
- 掌握 Word 2010 文本框编辑、页面设置的一些基本方法

 项目实施

任务 1　小报报头的制作

任务 2　小报副标题的制作

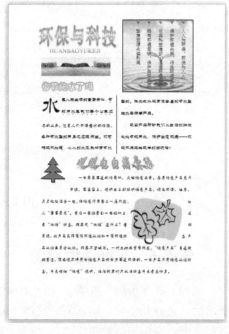

图 3.42　校园小报样例

任务 3 插入图片
任务 4 插入竖排文本框
任务 5 设置分栏及首字符下沉
任务 6 插入剪贴画

任务 1 小报报头的制作

先创建一个新文档，选择"插入"选项卡，在"文本"功能组中，单击"艺术字"按钮，在出现的艺术字样式列表中选择第 5 行第 3 列，如图 3.43 所示。在生成的艺术字框中将"请在此放置您的文字"替换成"环保与科技"。

选中艺术字框，在标题栏"绘图工具"下单击"格式"选项卡，在"艺术字样式"功能组中，单击"文本填充"按钮，弹出下拉菜单，选择"渐变"中的"其他渐变"，弹出"设置文本效果格式"对话框，如图 3.44 所示。在"渐变填充"中的"预设颜色"，选择"彩虹出岫 II"。

图 3.43 艺术字样式列表

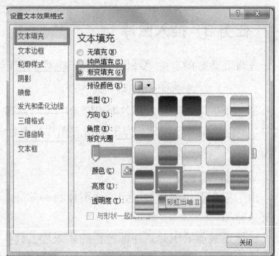

图 3.44 "设置文本效果格式"对话框

在"文本效果"下拉菜单中，单击"转换"，选择"两端近"，出现如图 3.45 的报头效果。

图 3.45 "文本效果"设置

任务 2　小报副标题的制作

在报头下面用文本框制作一个副标题，输入标题的拼音。在"插入"选项卡的"文本"功能组中，单击"文本框"按钮，在下拉菜单中选择"绘制文本框"，在副标题的位置拖动生成一个横排的文本框，在文本区输入"HUANBAOYUKEJI"。

单击标题栏的"绘图工具"下的"格式"选项卡，在"形状样式"功能组中，单击"形状轮廓"按钮，在弹出的下拉菜单中，单击"无轮廓"，可以去掉文本框的框线。

单击"艺术字样式"功能组中的"文本填充"按钮，弹出下拉菜单，选择"渐变"中的"其他渐变"，在"渐变填充"中的"预设颜色"，选择"熊熊火焰"。设置完成后，小报副标题如图 3.46 所示。

图 3.46　小报副标题

 任务 3　插入图片

先将准备好的有关"环保"图片，保存到指定目录中。

1. 插入来自文件的图片

制作小报报头下面的图片时，把光标移动到插入图片的位置，在"插入"选项卡的"插图"组中，单击"图片"按钮，弹出"插入图片"对话框，在对话框中找到所要插入的图片文件后，单击"插入"按钮。

2. 图片的裁剪

由于报头下的图片只用到了原图片的一部分，所以需要用图片裁剪工具把原图片中不需要的部分剪掉。

选择要裁剪的图片，在标题栏的"图片工具"下面，单击"格式"选项卡，在"大小"组的左上角单击"裁剪"按钮，这时图片四周出现 8 个控制点，如图 3.47 所示，把鼠标指针移动到要裁剪一边的裁剪控制点，按住鼠标左键向里拖动到合适的部位即可。

图 3.47　图片裁剪

3. 图片大小和位置的调整

首先，选中刚刚插入文档中的图片，将鼠标指针移至图片右下角的控制点上，当指针变成双向箭头形状时，按住鼠标左键进行拖动即可把图片放大或缩小。如果想改变图片的位置，只需将指针移至图片上方，当指针变成十字箭头形状时，按住鼠标左键进行拖动，拖至目标位置后释放鼠标，即可将图片拖到指定位置上。

在 Word 2010 中，除了可以拖动鼠标调整图片的大小之外，还可以对图片大小进行精确设置。在"图片工具"的"格式"选项卡的"大小"组中，直接在"高度"和"宽度"文本框中输入数值即可调整图片大小。当把图片拖到指定位置后，如果还想位置再精确一点，可以先选择图片，按 Ctrl ＋ 上、下、左、右方向键对图片位置进行微调。

 任务 4　插入竖排文本框

1. 插入竖排文本框

在小报的报头右侧还有一些空间，放一个竖排文本框，写上一些环保方面的名言名句，比较好看。

选择"插入"选项卡，在"文本"组中单击"文本框"按钮，选择"绘制竖排文本框"选项。此时，鼠标指针呈十字形。将十字形鼠标指针移到文档中的目标位置，按住鼠标左键进行拖动，即出现了竖排文本框，然后在文本框中输入需要的内容，可以看到输入的文字以竖排形式显示。

2. 插入项目符号

在"开始"选项卡的"段落"组中，单击"项目符号"下拉三角按钮，如图 3.48 所示。在"项目符号库"中选中合适的项目符号即可。在当前项目符号所在行输入内容，当按下回车键时会自动产生另一个项目符号。

3. 设置文本框背景

选中竖排文本框，单击标题栏"绘图工具"下的"格式"选项卡，在"形状样式"组中，单击"形状填充"按钮，出现下拉菜单，单击"图片"，在弹出的"插入图片"对话框中选择相应的背景图片文件，单击"插入"按钮即完成文本框背景图片的设置，如图 3.49 所示。

图 3.48　插入项目符号

图 3.49　插入文本框背景图片

 任务 5　设置分栏及首字符下沉

1. 设置分栏

首先输入"你节约水了吗"短文，连题目和文字一起全部选中，在"页面布局"选项卡的"页面设置"组中，单击"分栏"，出现下拉菜单，选择"更多分栏"，弹出如图 3.50 所示的"分栏"

对话框,在"预设"中选择"两栏",勾选"分隔线",在"应用于"下拉列表框中选择"所选文字",单击"确定"按钮,即可完成对所选文字的分栏。

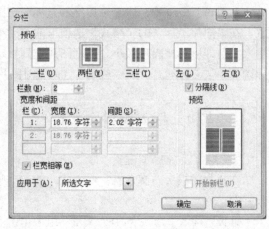

图 3.50 "分栏"对话框

2. 设置首字符下沉

把光标放在"你节约水了吗"短文第一段的第一个字"水"之前,在"插入"选项卡的"文本"组中,单击"首字下沉",出现下拉菜单,选择"首字下沉选项",弹出如图 3.51 所示的"首字下沉"对话框,在"位置"中选择"下沉",在"选项"中的"字体"下拉列表中选择"华文隶书",在"下沉行数"的下拉列表中选择或输入"2",单击"确定"按钮,完成首字符下沉。

图 3.51 首字下沉设置

任务6 插入剪贴画

在小报的文字中,可以插入一些剪贴画,达到美化的效果。

将光标定位到要插入剪贴画的位置,选择"插入"选项卡,在功能区的"插图"组中,单击"剪贴画"按钮,在文档编辑区的右侧会出现"剪贴画"的任务窗格。单击"搜索",在任务窗格下方的列表框中就会出现剪贴画图片,拖动滚动条,选择浏览所需的剪贴画,如图 3.52 所示,单击所需的剪贴画即可插入到相应的位置。

插入剪贴画后,为了让剪贴画和小报中的文字很好地结合在一起,选中剪贴画,选择"图片工具"的"格式"选项卡,在功能区"大小"组的右下角单击对话框启动按钮 ,打开"布局"对话框,选择"文字环绕"选项,环绕方式设置为"紧密型",如图 3.53 所示。选中剪贴画,按下鼠标左键拖动至合适的位置。用同样的方法插入"树木"剪贴画,如图 3.54 所示。

图 3.52 "剪贴画"任务窗格

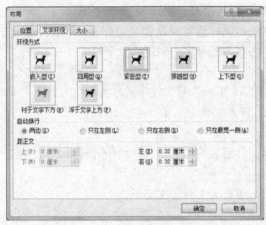

图 3.53　"布局"对话框

图 3.54　插入剪贴画

 项目小结

本项目介绍了如何制作校园小报，主要用到 Word 2010 的"图文混排"功能。涉及的主要知识点如下：

1. 使用"绘图工具"的"格式"选项卡，实现对插入的艺术字编辑排版。

2. 选择"插入"选项卡，通过功能区"插图"组中的"图片"工具按钮，实现来自文件的图片插入。使用"图片工具"的裁剪功能实现对图片大小的裁剪。

3. 在"插入"选项卡的"文本"组中单击"文本框"按钮，选择"绘制竖排文本框"选项，可实现竖排文本框的插入。在"绘图工具"的"格式"选项卡中，通过"形状样式"组的工具按钮，可实现文本框背景图片的设置。

4. 使用"页面布局"选项卡"页面设置"组中的工具按钮，可对文字设置分栏。在"插入"选项卡的"文本"组中，可进行段落首字下沉设置。

5. 通过"插入"选项卡的"插图"组中"剪贴画"工具按钮可插入剪贴画。

 同步训练

1. 输入下列文字。

客户关系管理

产品和服务的日渐丰富，使得企业所处的市场环境从卖方市场过渡到买方市场，谁能赢得更多的客户，谁就能成为市场的主宰。客户服务做得好就能赢得客户长久的信任和支持。客户关系管理（Customer Relationship Management，CRM）因此成为企业在实施电子商务战略时的重点。ERP 产品重点在于企业内部资源的管理和规划，而 CRM 系统更加侧重于企业的销售、市场营销、服务支持等与客户行为相关的方面。

沈 丹	67	88	97	90
刘建国	92	86	76	95
张红梅	77	78	90	87
王敏芳	84	85	97	88
杨一帆	76	68	75	90

2．将标题"客户关系管理"字体设为"华文彩云"，字号"小三"，并加下画线。

3．给标题加边框和底纹，边框选择实线、红色，底纹图案样式 25%、黄色，标题居中。

4．将正文每句话分为一段，最终产生四段，将每段的首字符缩进 2 个字符。

5．将第一段至第四段行距设为 1.5 倍行距。

6．将第一段文字字体设置为"楷体"、小四号字、加着重号，文字效果为"碧海青天"。

7．将第一段首字符下沉 2 行，距正文 0.5cm，该首字设为宋体。

8．将三、四段分为两栏，栏间加分隔线。

9．将文本中的成绩和姓名等文字转换为表格，并给表格填上表头，成绩为测验1、测验2等。表格样式设为"中等深浅列表2"。

10．插入一个剪贴画，图片颜色设为"冲蚀"，版式为"衬于文字下方"。

项目 3.5　试卷的编辑与排版

 项目描述

在教学过程中，试卷的编辑和排版是不可缺少的。一般试卷都有试卷头、密封线，密封线不能占用正文的位置，密封线内要留有班级、学号、姓名等内容的位置。如果是数学、物理和化学等试卷，还会经常用到 Word 的公式编辑功能。试卷样例如图 3.55 所示。

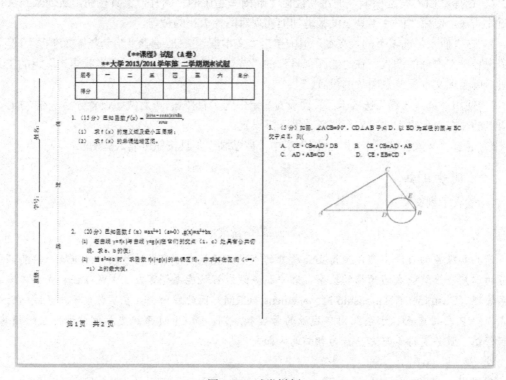

图 3.55　试卷样例

 项目目标

• 掌握试卷页面设置的方法

- 了解密封线的制作过程
- 了解试卷头的制作过程
- 掌握页眉和页脚的设置方法
- 掌握试卷模板的生成方法
- 掌握公式编辑器的使用

 项目实施

任务 1 试卷页面设置
任务 2 制作密封线
任务 3 试卷头制作
任务 4 插入页脚
任务 5 设置分栏
任务 6 试卷模板的生成
任务 7 公式编辑

 任务 1 试卷页面设置

1. 设置页面

试卷的页面一般是横向的，8 开纸。在"页面布局"选项卡的"页面设置"组中，单击右下角的对话框启动按钮 ，打开如图 3.56 所示的"页面设置"对话框，把"纸张方向"设为横向，纸张大小选择"自定义大小"，设置宽度为 37.8 厘米，高度为 26 厘米。

图 3.56 "页面设置"对话框

2. 设置页边距

因为试卷的左侧要设计密封线，所以左边距为 3 厘米，其余几个边的边距为 2 厘米。此外，

119

试卷一般是双面打印的,所以在试卷的背面也要设计密封线的位置,不能让试卷内容出现在此范围之内。

在"页面设置"对话框中,在页边距的"上"、"下"和"外侧"选择2厘米,在"内侧"选择3厘米。为了在背面也留出密封线的位置,特别要在"页面范围"选项的"多页"后选择"对称页边距",如图3.56所示。

任务2 制作密封线

用竖排文本框制作密封线,是一种常用的方法。

1. 绘制竖排文本框放置"班级、学号、姓名"

在"插入"选项卡的"文本"组中,单击"文本框",选择"绘制竖排文本框",在试卷的左边缘,用鼠标拖拉出一个长方形的文本框,用来放置班级、学号、姓名。

把光标定位在刚制作的竖排文本框中,单击鼠标选中竖排文本框,选择标题栏中"绘图工具"下的"格式"选项卡,在"文本"组中选择"文字方向",在"文字方向"下拉菜单中选择"将所有文字旋转270度",如图3.57所示。

在文本框内录入密封线的内容"班级:_____ 学号:_____ 姓名:_____",如图3.58所示。文字中的下画线,可以直接输入空格,然后选中空格,在"开始"选项卡的"字体"组中,选择"下画线",或按Ctrl+U组合键实现。

选中放置班级、学号、姓名的竖排文本框,选择标题栏中"绘图工具"下的"格式"选项卡,在"形状样式"组中单击"形状轮廓",出现下拉菜单,选择"无轮廓",如图3.59所示,即可取消竖排文本框外围的轮廓线。

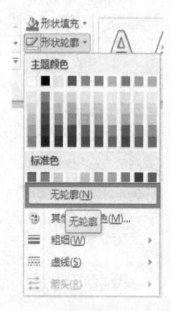

图3.57 "文字方向"下拉菜单　　图3.58 竖排文本框　　图3.59 "形状轮廓"下拉菜单

2. 绘制竖排文本框放置"密封线"

"密封线"几个字和"班级、学号、姓名"的文字方向不同,所以需要另外绘制一个竖排文本框。绘制的方法和上面相同。

对于"密封线"几个字之间的"……"，如果用空格来调整，不易控制字之间的间距，可以通过设置制表位来设置。在"开始"选项卡的"段落"组中，单击右下角的对话框启动按钮，打开"段落"对话框，单击左下角的"制表位"按钮，打开如图 3.60 所示的"制表位"对话框。在"制表位位置"下录入"10 字符"，在"前导符"下选择"5……"，单击"设置"，将在制表位列表框中看到一个制表位"10 字符"，再用同样的方法设置"20 字符"、"30 字符"和"40 字符"，单击"确定"按钮；然后在"密封线"的字间通过 Tab 键输入制表符实现；最后通过"形状轮廓"下拉菜单去掉"密封线"竖排文本框的外围轮廓线。

3. 组合两个竖排文本框

先选择一个文本框，按住 Ctrl 键不放，再选择下一个文本框，就可以同时选中两个文本框。在"格式"选项卡的"排列"组中，按下"组合"选项，即可完成两个竖排文本框的组合，得到如图 3.61 所示的试卷密封线。

图 3.60　"制表位"对话框

图 3.61　试卷密封线

 任务 3　试卷头制作

1. 试卷标题

输入标题文字，字体选择"宋体"、字号"小四"、字形"加粗"。

2. 得分表格

插入 2 行 8 列的表格，将左右两侧边的位置固定好，选择表格，单击鼠标右键，出现快捷菜单，选择"平均分布各列"，如图 3.62 所示。

按上述步骤制作的试卷头如图 3.63 所示。

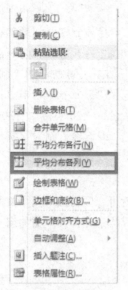

图 3.62　表格快捷菜单

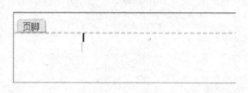

《**课程》试题（A卷）
**大学 2013/2014 学年第 二学期期末试题

题号	一	二	三	四	五	六	总分
得分							

图 3.63　试卷头

任务4　插入页脚

为了阅读方便，在试题的最下边，一般需要插入页脚。在"插入"选项卡的"页眉和页脚"组中，单击"页脚"，出现下拉菜单，单击"编辑页脚"，如图 3.64 所示。

图 3.64　编辑页脚

在光标处输入"第 页，共 页"，在"插入"选项卡的"页眉和页脚"组中，单击"页码"，出现下拉菜单，单击"设置页码格式"，如图 3.65 所示。在弹出的"页码格式"对话框中，"编码格式"选择"1, 2, 3, …"，在"页码编号"区将"起始页码"设为"1"，如图 3.66 所示。

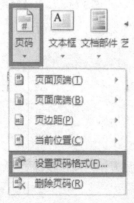

图 3.65　"页码"下拉菜单

图 3.66　"页码格式"对话框

设置完毕后，把光标移到"第"和"页"中间的空白处，然后在"页码"下拉选项中，选择"当前位置"下的"普通数字"，如图 3.67 所示。

把光标移到"共"和"页"之间的空白处，在"插入"选项卡的"文本"组中，单击"文档部件"，出现下拉菜单，如图 3.68 所示，单击"域"，弹出如图 3.69 所示的"域"对话框。在"域名"下拉列表中选择"NumPages"，在"格式"下拉列表中选择"1, 2, 3, …"，在"数字格式"中选择"0"，单击"确定"按钮，这就完成了如图 3.70 所示的页脚设置。

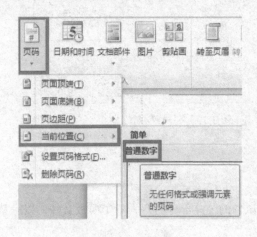

图 3.67 插入页码

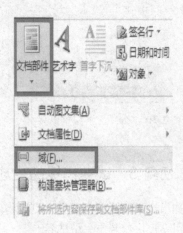

图 3.68 "文档部件"下拉菜单

图 3.69 "域"对话框

图 3.70 页脚设置效果

 任务 5 设置分栏

一般的试卷都是分栏的，也就是将页面上的试卷内容分成左右两部分。单击"页面布局"选项卡，在功能区"页面设置"组中，选择"分栏"下拉菜单中的"更多分栏"，如图 3.71 所示。在打开的"分栏"对话框中，选择"两栏"，"应用于"设为"所选节"，选中"分隔线"（可以在两栏间加一条分隔线），如图 3.72 所示，单击"确定"按钮，分栏就设置好了。

图 3.71 "分栏"下拉菜单　　　　　　　　图 3.72 "分栏"对话框

 任务6　试卷模板的生成

如果经常需要制作试卷，可以将上述制作试卷的公共部分另存为一个模板文件，以后就可以利用模板快速制作一份试卷。

单击"文件"菜单，选择"另存为"命令，在弹出的对话框中，选择"保存类型"为"Word模板"，给出模板文件的名称，确定保存位置，如图 3.73 所示，单击"保存"按钮，模板文件就被保存好了，模板文件的扩展名为".dotx"。

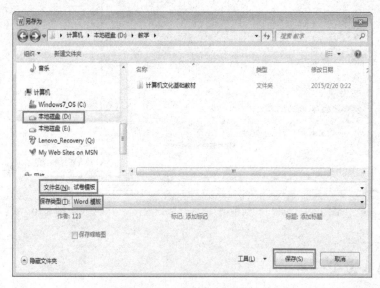

图 3.73 "另存为"对话框

利用模板文件制作试卷，可以直接双击"试卷模板 .dotx"文件生成一个新的 Word 文档，也可以通过单击"文件"菜单，选择"新建"命令，在"可用模板"下单击"根据现有内容新建"选项，弹出"根据现有文档新建"对话框，选择好模板文件，如图 3.74 所示。单击"新建"按钮，即可创建一个带有试卷格式的新 Word 文档，如图 3.75 所示。

图 3.74　"根据现有文档新建"对话框

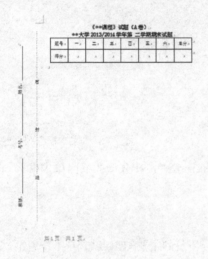

图 3.75　新建的试卷文档

任务 7　公式编辑

在试卷中文字和其他符号的录入，可以参考前面项目中的内容。本项目主要介绍公式编辑器在试卷中的应用。

在"插入"选项卡的"符号"组中，单击"公式"按钮，出现的下拉菜单中有一些常用公式，可以直接选用，如图 3.76 所示。

如下列公式，就可以使用内置公式实现输入：

$$x = \frac{-b \pm \sqrt{b^2 - 4ac}}{2a}$$

$$(x + a)^n = \sum_{k=0}^{n} \binom{n}{k} x^k a^{n-k}$$

如果输入的公式在"内置"公式中没有，可以自己编辑公式。例如，

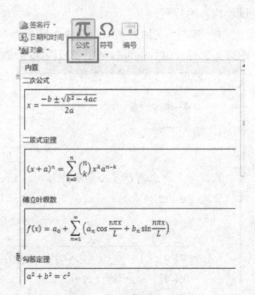

图 3.76　"公式"下拉菜单

$$f(x) = \frac{(\sin x - \cos x)\sin 2x}{\sin x}$$

这道题中的公式需要自己编辑。在"插入"选项卡的"符号"组中，单击"公式"，在功能区出现了公式中的常用"符号"和"结构"，在文本区出现了公式的编辑框。首先在公式编辑框中直接输入"f(x)="，再在"结构"组中单击"分数"模板，出现下拉菜单，选择"竖式"，如图 3.77 所示，此时文本框的公式编辑器如图 3.78 所示。

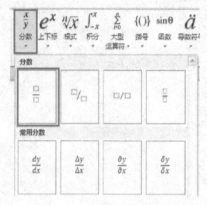

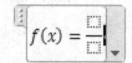

图 3.77 "分数"模板   图 3.78 "文本框"公式编辑器

在分子的框内单击鼠标，输入"(sinx-cosx)sin2x"，在分母的框内单击鼠标，输入"sinx"，即可完成公式的编辑。

 项目小结

本项目介绍了如何对试卷进行编辑排版，涉及的主要知识点如下：

1. 使用竖排文本框制作试卷密封线。

2. 使用"插入"选项卡"页眉和页脚"功能组中的工具按钮实现试卷页脚的设置。

3. 在"页面布局"选项卡中，使用"页面设置"功能组中的"分栏"工具按钮，实现对试卷内容的分栏。

4. 单击"文件"菜单，选择"另存为"命令，将试卷的公共部分另存为扩展名为".dotx"的模板文件，以后就可以利用模板快速生成试卷。

5. 通过"公式工具"选项卡，可输入常用公式和自定义公式。

 同步训练

1. 输入下列文字。

欧拉公式

在数学历史上有很多公式都是欧拉（Leonard Euler，1707—1783 年）发现的，它们都称为欧拉公式（Euler 公式）。

（1）分式

$$\frac{a^r}{(a-b)(a-c)} + \frac{b^r}{(b-c)(b-a)} + \frac{c^r}{(c-a)(c-b)}$$

当 $r = 0,1$ 时，式子的值为 0。

当 $r = 2$ 时，值为 1。

当 $r=3$ 时，值为 $a+b+c$。

（2）复数

由 $e^{i\theta} = \cos\theta + i\sin\theta$ 得到

$$\sin\theta = \frac{e^{i\theta}}{2i} - \frac{e^{-i\theta}}{2i}$$

$$\cos\theta = \frac{e^{i\theta}}{2i} + \frac{e^{-i\theta}}{2i}$$

此函数将两种截然不同的函数——指数函数与三角函数联系起来，被誉为数学中的"天桥"。

当 $\theta = \pi$ 时，成为 $e^{i\pi} + 1 = 0$，把数学中最重要的 e、i、π、1、0 联系起来了。

2．将纸张设为 A4，上、下、左、右边距设为 2 厘米。

3．添加页眉与页脚，页眉为"欧拉公式"，页脚为"第 × 页共 × 页"。

4．将标题文字设为黑体，小一号，居中。

5．将文本最后的"天桥"两个字，字符间距加宽 2 磅，字符缩放 200%，并加着重号。

6．将文本第一段的"（Euler 公式）"，设为下标。

7．设置"Euler 公式"文字水印。

项目 3.6　编排毕业论文

 项目描述

毕业论文设计除了要编写论文的正文内容外，一般还包括封面、摘要、目录、致谢和参考文献等。论文的各组成部分字体、字形、字号和间距、段落格式要求各不相同，但论文排版的总体要求是：得体大方，重点突出，能很好地表现论文内容，让人看了赏心悦目。毕业论文样例如图 3.79 所示。

图 3.79　毕业论文样例

项目目标

- 掌握 Word 2010 样式的创建与使用
- 了解多级列表的建立
- 掌握设置页眉和页脚的方法
- 掌握生成目录的方法

 项目实施

任务 1　设置论文的封面
任务 2　创建样式
任务 3　建立多级列表
任务 4　设置页眉和页脚
任务 5　生成目录

 任务 1　设置论文的封面

毕业论文的封面一方面为论文提供应有的信息，另一方面对论文也能起到保护内芯的作用。毕业论文封面一般应有的信息包括：毕业设计题目、学生姓名、学号、系别、专业、指导教师、完成时间等。

毕业论文标题"毕业论文"设置为黑体、48 号字，居中。毕业设计题目为黑体、一号字、居中。学生姓名、学号、系别、专业、指导教师为宋体、三号、加粗、两端对齐。完成时间为黑体、小二、居中。填写的内容使用文本框，字体为楷体、三号，填写内容下面的横线通过对空格设置下画线实现。设置的论文封面如图 3.80 所示。

图 3.80　论文封面

 任务 2　创建样式

论文中不同的文字往往要求指定相同的字体和段落结构，可以通过样式设置实现。

如正文文字内容，字型一律采用宋体，标题加黑，章节题目采用小三号字，内容采用小四号字汉字宋体和小四号英文 Times New Roman 体。

正文选择格式段落为：固定值，22 磅，段前、段后均为 0 磅。标题可适当选择加宽，如设置为段前、段后均为 3 磅。

（1）设置"论文标题"新样式。

在"开始"选项卡的"样式"功能组中，单击右侧的"其他"按钮，在弹出的下拉菜单中选择"将所选内容保存为新快速样式"，如图 3.81 所示。在"根据格式设置创建新样式"对话框中，在名称中输入"论文标题"为新样式的名称，如图 3.82 所示，单击"修改"按钮。

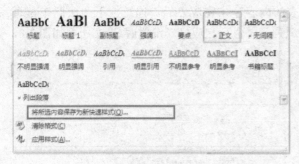

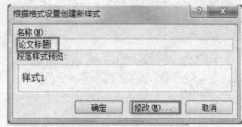

图 3.81 "样式"下拉菜单　　　　图 3.82 "根据格式设置创建新样式"对话框

在弹出的"根据格式设置创建新样式"对话框的"格式"组中,选择"宋体"、"小三"、"加粗",如图 3.83 所示。然后单击左下角的"格式"按钮,选择"段落",设置"段前"和"段后"均为 3 磅。

图 3.83 "根据格式设置创建新样式"对话框的格式组

样式建立后,对于相同排版要求的文字,只要先选择文字,再在样式栏中单击"论文标题",就可以完成相应文字格式的修改。

（2）用同样的方法设置正文、一级标题、二级标题等样式。

 任务 3　建立多级列表

在完成样式设置后,论文中通过设定多级列表可快速实现章节编号,如"1"、"1.1"、"1.1.1"等。在"开始"选项卡的"段落"功能组中单击"编号"下拉三角按钮,在打开的"编号"下拉列表中选择一种编号格式,如图 3.84 所示。

在第一级编号后面输入具体内容,然后按下回车键。不要输入编号后面的具体内容,而是直接按下 Tab 键将开始下一级编号列表。如果下一级编号列表格式不合适,可以在"编号"下拉列表中进行设置。第二级编号列表的内容输入完成以后，连续按下两次回车键可以返回到上一级编号列表。在论文中添加多级列表并进行相应格式设置后，论文版面如图3.85所示。

图 3.84　多级列表

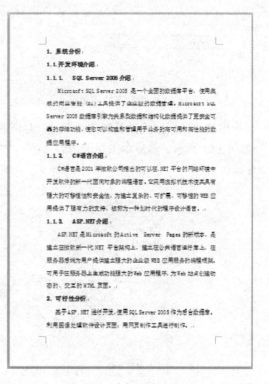

图 3.85　多级列表应用

 任务 4　设置页眉和页脚

一般来说在文档的页眉位置设置标记，在页脚位置设置页码，但是封面是不需要的，可以利用分节符将它们分开。在分节符设置完成后，就可在同一文档中设置不同样式的页码，如摘要、目录等页码用Ⅰ、Ⅱ、Ⅲ等罗马字母表示，正文页码用1、2、3等表示。

1.　插入分节符

将光标移动到封面的最后，在"页面布局"选项卡的"页面设置"组中，单击"分隔符"，出现下拉菜单，在菜单"分节符"中选择"下一页"，如图3.86所示，即可在封面后插入分节符。

2.　设置奇偶页不同页眉页脚格式

论文中页眉要求奇数页是"××大学毕业论文"，偶数页是"章节标题"。所以设置时先设置奇偶页不同，再分别设置相应的页眉。为了节省纸张，论文要双面打印，所以页脚插入的页码，奇数页的在右下角，偶数页的在左下角。

在"页面布局"选项卡中，单击"页面设置"组右下角的对话框启动按钮　，打开"页面设置"对话框，在"版式"选项卡的"页眉和页脚"中勾选"奇偶页不同"，如图3.87所示。

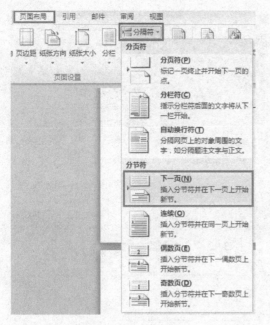

图 3.86 插入分节符

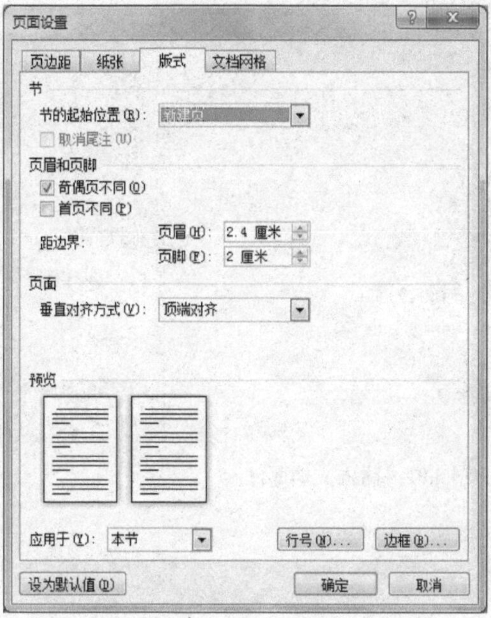

图 3.87 设置奇偶页不同的页眉页脚

在"插入"选项卡的"页眉和页脚"组中，单击"页眉"按钮，在出现的下拉菜单中选择"编辑页眉"，出现如图 3.88 所示的页眉编辑窗口。

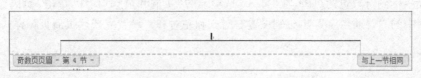

图 3.88 页眉编辑

把光标移动到页眉位置，单击"页眉和页脚工具"下面的"设计"选项卡，在"导航"组中，单击"链接到前一条页眉"，即可取消"与上一节相同"，如图 3.89 所示，这样就只有正文部分才设置页眉。在页眉线上方输入"××大学毕业论文"，如图 3.90 所示。

图 3.89 取消上一节页眉的设置

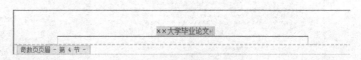

图 3.90 奇数页眉设置

输入奇数页眉后，将光标移到偶数页眉的位置，在"插入"选项卡的"文本"组中，单击"文档部件"，在其下拉菜单中选择"域"，如图 3.91 所示。在弹出的"域"对话框中，"域名"列表选择"StylerRef"，"样式名"选择"标题 1"，如图 3.92 所示，按"确定"按钮，即可在偶数页眉插入章节的标题，如图 3.93 所示。

图 3.91　插入文档部件

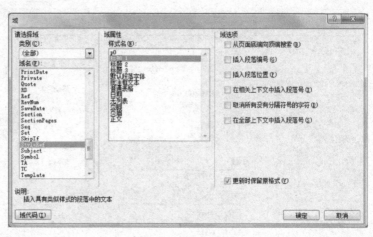

图 3.92　域对话框

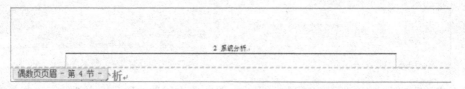

图 3.93　偶数页眉插入章节的题目

　　再移动鼠标到奇数页的页脚,在"插入"选项卡的"页眉和页脚"组中,单击"页码",选择"在页面底端"中的"普通数字",再分别设置右对齐和左对齐。设置完成后页眉页脚样式如图 3.94所示。

图 3.94　插入奇偶页页眉页脚的效果

任务 5　生成目录

当整个论文排版完成后，就可以生成目录。生成目录是为了方便论文阅读与修改。在"引用"选项卡的"目录"组中选择"目录"，在其下拉菜单中选择"自动目录"，如图 3.95 所示，在光标所在位置即可自动生成目录，如图 3.96 所示。

目录生成之后，还可以对目录部分进行字体及段落的设置。另外，当章节内容调整，页码发生变化时，可以在"引用"选项卡的"目录"组中选择"更新目录"，使目录中的所有条目都指向正确的页码。

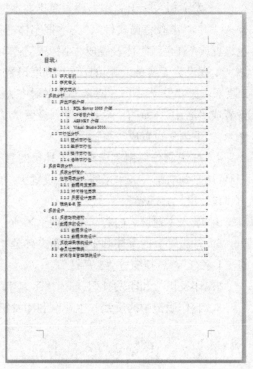

图 3.95　"目录"下拉列表　　　　　　图 3.96　自动生成的目录

 项目小结

本项目介绍了如何编辑论文及自动生成目录，涉及的主要知识点如下：

1．通过"开始"选项卡的"样式"功能组，创建论文中需要用到的新样式。

2．通过"开始"选项卡"段落"功能组中的"编号"选项建立多级列表，快速实现对论文章节的编号。

3．通过插入分节符实现页面不同页眉页脚的设置。使用"页面布局"选项卡"页面设置"对话框，实现"奇偶页不同"的页眉页脚设置。

4．通过"引用"选项卡"目录"组中的自动目录功能生成论文的目录。

 同步训练

制作红头文件

1．组成红头文件的各要素可以划分为眉首、主体、版记三部分。首页红线上方的部分称为眉首，红线以下直至主题词以上的部分是主体，主题词及其以下部分是版记。正文中文字字体要求设置为“仿宋”，字号设置为“三号”。页面上每行设置成“28 字符”，每页设置成“22 行”，如图 3.97 所示。

2．页面设置：纸张方向设为“纵向”，上边距 3.7 厘米，下边距 3.5 厘米，左边距 2.8 厘米，右边距 2.6 厘米。

3．发文机关标识制作：插入横排文本框，输入“×× 市教育局文件”，文本框字体的颜色设置成“红色”，字体设置成“小标宋简体”。该文本框设为无线条、无填充色，高度设置成 2 厘米，宽度设置成 15.5 厘米。水平对齐方式设置成“居中”，垂直“绝对位置”设置成 2.5 厘米，“下侧”设置成“页边距”。

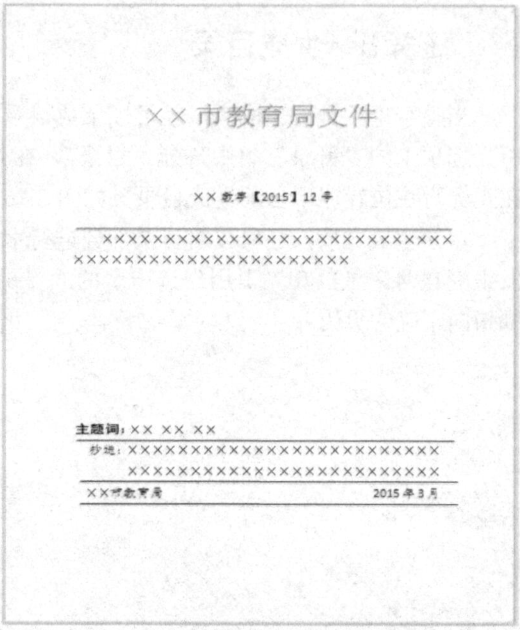
××市教育局文件

××教字【2015】12号

××××××××××××××××××××××××××××
××××××××××××××××××××××

主题词：×× ×× ××

抄送：×××××××××××××××××××××××××
×××××××××××××××××××××××××

××市教育局　2015年3月

图 3.97　红头文件样例

4．红线制作：用“绘图”工具条的直线工具，从左到右画一条水平线，颜色设置为“红色”，虚实设置成“实线”，粗细设置成“2.25 磅”，宽度设置成“15.5cm”。

5．录入主题词的内容“主题词：×× ×× ××”，字体是“黑体”，“三号”。

6．抄送部分的字体和字号和正文部分相同，对齐方式设为“两端对齐”，左侧和右侧各缩进“1 字符”，悬挂缩进“3 字符”。

7．印发机关和印发日期：输入“×× 市教育局 2015 年 3 月”，设置左右各缩进“1 字符”。

8．制作版记中的反线（主题词和印发机关等行中插入的黑色横线条）。

项目 3.7　批量制作准考证

项目描述

学校经常会批量制作准考证、成绩单、录取通知书等，这些工作重复率高，工作量大，容易出错。比如，长华大学准备期末考试，学校为了保证考试秩序，为每个同学制作一个准考证。该项目需先建立两个文档，一个是用 Word 2010 设计的包括所有准考证信息内容的主文档，另一个是用 Excel 2010 设计的数据源文档，内容包括班级学号（即准考证号）、姓名、性别、照片等信息。然后使用邮件合并功能在主文档中插入数据源文档中变化的信息，合成后的文件用户可以保存为 Word 文档，可以随时打印出来。准考证样例如图 3.98 所示。

项目目标

- 掌握 Word 2010 基本的表格排版
- 了解 Excel 2010 编辑简单电子表格的方法
- 掌握 Word 2010 邮件合并的使用方法

图 3.98　准考证样例

 项目实施

任务 1　设计邮件合并的主文档
任务 2　设计邮件合并的数据源
任务 3　合并数据源到主文档

任务 1　设计邮件合并的主文档

1. 设置准考证页面

在"页面布局"选项卡的"页面设置"功能组中，单击右下角的对话框启动按钮 ，打开如图 3.99 所示的"页面设置"对话框，在"页边距"选项中设置上、下、左、右边距都为 1.5 厘米，纸张方向设置为"横向"。在"纸张"选项中，"纸张大小"选择"自定义大小"，宽度设置为"10 厘米"，高度设置为"8 厘米"，然后单击"确定"按钮。

2. 设计准考证格式

先输入准考证的标题"长华大学期末考试准考证"，在"开始"选项卡的"样式"功能组中，选择"标题"；在"字体"组中，将字体设置为"宋体"，字号设置为"五号"，字体颜色设置为"红色"，如图 3.100 所示；在"段落"组中，单击"居中"，使标题居中。

在"插入"选项卡的"表格"功能组中，单击表格下的黑色三角▼，出现表格后，按住鼠标左键拖拉，拖出一个 3 行 3 列的表格，如图 3.101 所示。然后调整表格边框及表格大小，合并第三列的三个表格（用来显示照片），在相应位置输入文字，如图 3.102 所示。

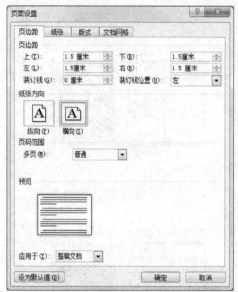

图 3.99　准考证"页面设置"对话框

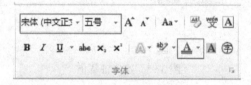

图 3.100　准考证标题字体设置

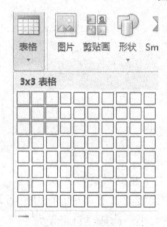

图 3.101　插入表格

图 3.102　准考证格式

 任务 2　设计邮件合并的数据源

使用 Excel 2010 电子表格建立"学生信息表",表中包括学生的班级学号、姓名、性别和照片,照片一栏并不需要插入真实的图片,而是要输入照片所在的路径及文件名,格式为"d:\\aa\\z1.jpg",注意这里是双反斜杠。"学生信息表"中输入的信息如图 3.103 所示,保存文件后退出Excel 2010。

图 3.103　数据源"学生信息表"

 任务 3　合并数据源到主文档

1．选取要合并的数据源

在"邮件"选项卡的"开始邮件合并"功能组中，单击"选择收件人"按钮，在出现的下拉菜单中选择"使用现有列表"，弹出如图 3.104 所示的"选取数据源"对话框，在对话框的位置栏选择数据源所在的磁盘和文件夹，在"文件名"中选择任务 2 中已经建立好的"学生信息表 .xlsx"，单击"打开"按钮，弹出如图 3.105 所示的"选取表格"对话框，选择"Sheet1$"，单击"确定"按钮。

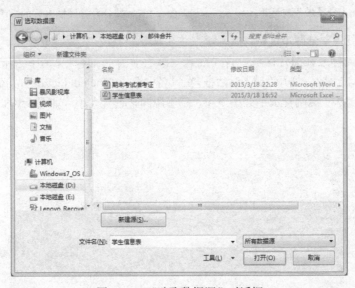

图 3.104　"选取数据源"对话框

2．向主文档插入合并域

先将光标定位在需要插入合并域的位置，在"邮件"选项卡的"编写和插入域"功能组中，单击"插入合并域"按钮，弹出如图 3.106 所示的"插入合并域"对话框，选择需要插入的合并域，并按"插入"按钮，再单击"关闭"按钮，这样就完成了一个合并域的插入。重复以上操作，将准考证中"班级学号"、"姓名"、"性别"三个合并域依次插入，插入后准考证格式如图 3.107 所示。

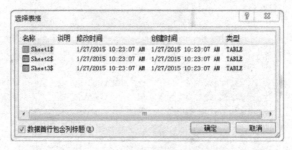

图 3.105　"选取表格"对话框

图 3.106　"插入合并域"对话框

图 3.107　部分合并域插入后的准考证格式

对于照片的处理要分两步进行。

第一步：把光标放在照片区域，在"插入"选项卡的"文本"组中，单击"文档部件"，出现下拉菜单，单击"域"，打开"域"对话框，在域名中选择"IncludePicture"，并命名为"照片"，在域选项中选中"基于源调整水平大小"和"基于源调整垂直大小"，如图 3.108 所示，单击"确定"按钮。

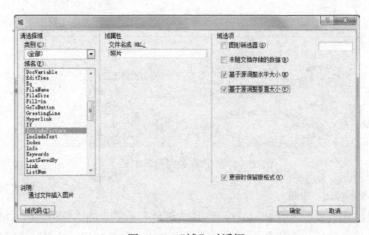

图 3.108　"域"对话框

138

第二步：按 Alt + F9 切换成源代码方式，选中准考证表中的"照片"，然后在"邮件"选项卡的"编写和插入域"组，于"插入合并域"的下拉列表中选择"照片"，即完成照片合并域的插入，如图 3.109 所示。

3. 合并数据源到新文档

在"邮件"选项卡的"完成"组中，单击"完成并合并"按钮，在出现的下拉列表中，选择"编辑单个文档"，如图 3.110 所示。在弹出的"合并到新文档"对话框中，"合并记录"项选择"全部"，如图 3.111 所示，按"确定"按钮，则可以生成数据源中所有学生的准考证信息，效果如图 3.98 所示的准考证样例，此时就可以进行打印或保存为 Word 文档。

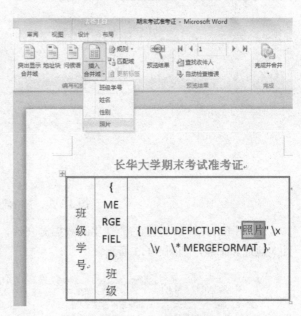

图 3.109 照片合并域的插入

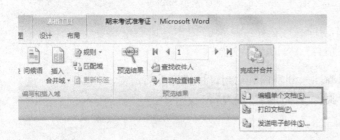

图 3.110 "完成并合并"下拉列表

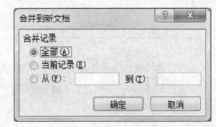

图 3.111 "合并到新文档"对话框

如果新生成的文档中没有显示图片或所有的图片显示为一个人，可以按 Ctrl + A 组合键选中全部文档内容，然后按 F9 键对文档进行刷新，则图片就可以显示出来。另外，在采集准考证照片时要求照片的像素要统一。

 项目小结

本项目介绍了如何使用邮件合并功能批量制作准考证，涉及的主要知识点如下：

1. 通过"邮件"选项卡"开始邮件合并"组中的"选择收件人"按钮实现数据源文件的选取。

2. 通过"邮件"选项卡"编写和插入域"组中的"插入合并域"按钮实现合并域的插入。针对照片，需先通过"插入"选项卡"文本"组中的"文档部件"按钮插入"IncludePicture"域，然后按 Alt + F9 切换成源代码方式再进行合并域的插入。

3. 在"邮件"选项卡中，通过"完成并合并"按钮实现批量准考证的生成。生成的准考证可以进行打印或保存为 Word 文档。

 同步训练

1. 用 Word 2010 建立一个文件，内容为一个未填写的空白信封，如图 3.112 所示。

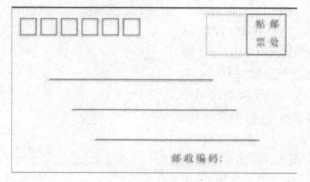

图 3.112 空白信封样式

2. 用 Excel 2010 建立一个变化的数据源文件，包括收件人的地址、姓名、邮编，以及发件人地址和邮编，如图 3.113 所示。

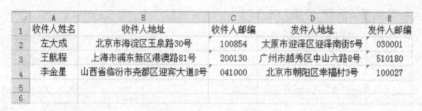

	A	B	C	D	E
1	收件人姓名	收件人地址	收件人邮编	发件人地址	发件人邮编
2	左大成	北京市海淀区玉泉路30号	100854	太原市迎泽区迎泽南街5号	030001
3	王航程	上海市浦东新区港澳路81号	200130	广州市越秀区中山六路8号	510180
4	李金星	山西省临汾市尧都区迎宾大道8号	041000	北京市朝阳区幸福村3号	100027
5					
6					

图 3.113 信封数据源文件

3. 用邮件合并功能把变化的数据源插入到空白的信封，形成标准的信封。

4. 将合并好的信封存放到名为"邮件合并信封"的 Word 文件中。

模块4　电子表格Excel 2010

Excel 2010 是一个功能非常强大的电子表格软件，是微软公司继 Excel 2007 之后推出的又一个新版本。Excel 2010 是一个集成化的快速制表及把数据图表化的软件工具；另外，该工具还具有强大的数据管理功能、丰富的函数以及强大的数据分析与决策功能，使得电子表格软件无论是在功能方面，还是在技术和简易性等方面，都进入了一个全新的境界。该系统所具有的人工智能特性使其操作更为简单、方便。Excel 2010 是目前普遍公认的最佳电子表格软件，被广泛地应用在财政、金融、统计和管理等方面。

本模块着重介绍 Excel 2010 的基本操作与应用，包括一些常用的操作技术和操作技巧，使读者能够较快地掌握 Excel 2010 的基本功能，并能在实践中加以应用，同时为读者今后进一步的学习打下良好的基础。

项目 4.1　创建和管理 student 工作簿及工作表

 项目描述

在 Excel 2010 中创建学生工作簿 student，并管理工作表（包括重命名工作表、插入 / 删除工作表等）；然后保存并关闭 student 工作簿。本项目通过学习 8 个任务，引导读者掌握在 Excel 2010 中管理工作表的方法。

 项目目标

- 学会创建工作簿
- 认识 Excel 2010 工作界面
- 熟练管理工作表

 项目实施

任务 1　在 Excel 2010 中创建工作簿 student
任务 2　认识工作界面
任务 3　将 Sheet1 重命名为"基本信息"，Sheet2 重命名为"成绩"
任务 4　在 Sheet3 前插入一个工作表，重命名为"评分"
任务 5　移动"评分"表到"基本信息"表之后
任务 6　在同一个窗口中显示"基本信息"和"成绩"工作表
任务 7　将"基本信息"工作表垂直拆分成两部分
任务 8　保存并关闭 student 工作簿

任务 1　在 Excel 2010 中创建工作簿 student

操作步骤：

（1）单击"开始"→"所有程序"→"Microsoft Office"→"Microsoft Office Excel 2010"命令项，或者双击桌面上的"Microsoft Excel 2010"快捷方式图标，即可启动并进入 Excel 2010。

（2）启动并进入 Excel 2010 后，系统会自动建立一个新的工作簿文件：工作簿 1.xlsx。

相关提示：

用户也可以在 Excel 2010 的其他任何编辑过程中创建一个新的工作簿。创建方法如下：

（1）单击"文件"→"新建"→"空白工作簿"→"创建"命令［如图 4.1(a) 所示］，建立一个新的空白工作簿文件。

（2）单击"文件"→"新建"→"Office.com 模板下的某一个模板"→"下载"命令［如图 4.1(b) 所示］，用户可以基于系统给出的模板选择一个适合自己的模板，建立一个新的工作簿文件。

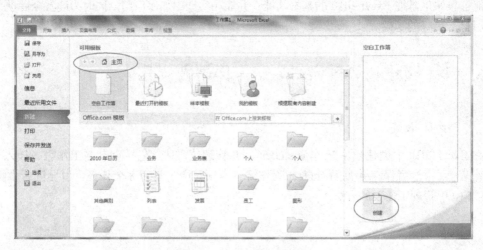

图 4.1(a)　新建空白工作簿

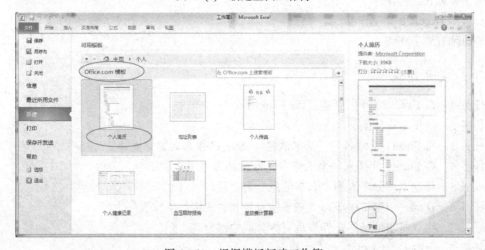

图 4.1(b)　根据模板新建工作簿

任务2　认识工作界面

图 4.2 给出了 Excel 2010 的工作界面。一个工作簿文件默认包含 3 个工作表 Sheet1、Sheet2 和 Sheet3，由于受内存的限制，最多只能包含 255 个工作表。由此可见，一个工作簿是由一系列相关的工作表组成的。图 4.2 所示的界面主要由标题栏、选项卡、功能区、名称栏、编辑栏、工作表窗口和状态栏等元素组成。各组成元素的功能简要说明如下。

1. 标题栏

标题栏左侧有快速访问工具栏，例如可以实现快速保存文件。中间显示当前正在操作的工作簿文件的名称。Excel 2010 默认新打开的工作簿文件名称是"工作簿 1"，它是由 Excel 自动建立的。右侧是最小化、最大化、关闭按钮。

2. 选项卡

Excel 中所有的功能操作分门别类为 8 大选项卡，包括"文件"、"开始"、"插入"、"页面布局"、"公式"、"数据"、"审阅"和"视图"。各选项卡中收录相关的功能群组，方便使用者切换、选用。例如"开始"选项卡包含基本的操作功能，如字型、对齐方式等的设定，只要切换到该功能选项卡即可看到其中包含的内容。依功能还会再隔成数个区块，例如此处为字体区。

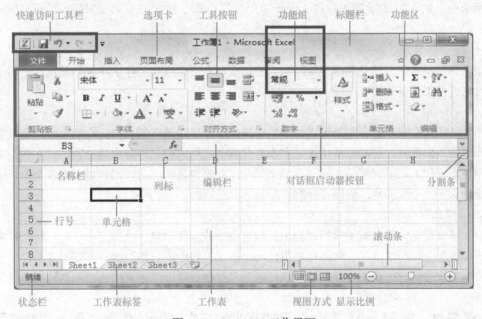

图 4.2　Excel 2010 工作界面

3. 功能区

视窗上半部的面板称为功能区，放置了编辑工作表时需要使用的工具按钮。开启 Excel 时预设会显示"开始"选项卡下的工具按钮，当按下其他功能选项卡时，便会改变显示该选项卡所包含的按钮。

当要进行某一项工作时，就先点选功能区上方的功能选项卡，再从中选择所需的工具按钮。例如想在工作表中插入一张图片，便可按下"插入"选项卡，再按下"图例"区中的"图片"按钮，即可选取要插入的图片。

另外，为了避免整个画面太凌乱，有些选项卡会在需要使用时才显示。例如在工作表中插入了一个图表，此时与图表有关的工具才会显示出来。

4. 名称栏

显示当前选定的单元格、图表项或绘图对象的名称。若在该框中输入单元格的名称，然后按回车键，可以快速选中该单元格。

5. 编辑栏

输入或编辑当前单元格的数据或公式的区域。

6. 工作簿窗口

工作簿是指用来存储并处理工作数据的文件。一个 Excel 文件（扩展名是 xlsx）就是一个工作簿。工作簿由一个或若干工作表组成，默认情况下每个工作簿文件会同时显示 3 个工作表，名称分别为 Sheet1、Sheet2 和 Sheet3。

7. 工作表和单元格

工作表是指由若干行和若干列构成的一个二维表格。行号采用数字编号，即 1, 2, 3, …, 65536；列标采用字母编号，即 A, B, C, …, AA, AB, …, IU, IV，共 256 列。

每行和每列交叉处的格子称为单元格。单元格是组成工作表的最基本的单位，数据的输入与处理都是在单元格中进行的，每个单元格在表中的位置是固定的。单元格的名称是由列标和行号标示的，如 A3（表示第 1 列第 3 行所定义的单元格）、B5（表示第 2 列第 5 行所定义的单元格）等。

8. 滚动条和滚动按钮

滚动条包括水平滚动条和垂直滚动条。使用滚动条可以在长工作表中来回移动。使用滚动按钮可以进行工作表的快速选择。

9. 分割条

单独使用水平或垂直分割条可以将表格分成两个水平或垂直的窗口，在两个窗口中分别显示工作表的不同部分；若同时使用水平和垂直分割条，可以将表格分成四个窗口，在四个窗口中分别显示工作表的不同部分。用"分割条"分出的窗口是独立的，用户可以在各个窗口中独立操作。对于一个大表格，使用"分割条"是非常有用的。

10. 状态栏

位于屏幕底端，显示有关执行过程中的选定命令或操作信息。当选定命令时，状态栏左边便会出现该命令的简单描述。状态栏左边也可以指示过程中的操作，如打开或保存文件、复制单元格等。状态栏右边是视图方式，即"普通"、"页面布局"、"分页预览"和"显示比例"。

 任务 3 将 Sheet1 重命名为"基本信息"，Sheet2 重命名为"成绩"

Excel 工作簿文件默认有 3 个工作表 Sheet1、Sheet2、Sheet3。Sheet1 这种命名方式不能很好地表示工作表的含义，这时就需要重新命名工作表，以便更好地表达其含义。

操作步骤：

（1）在 Sheet1 工作表标签上单击鼠标右键，弹出快捷菜单，如图 4.3(a) 所示。

（2）在快捷菜单中单击"重命名"命令，输入"基本信息"，如图 4.3(b) 所示。

（3）按下回车键，完成工作表标签名称的修改。

（4）Sheet2 工作表的重命名与之类似，请读者自己完成。

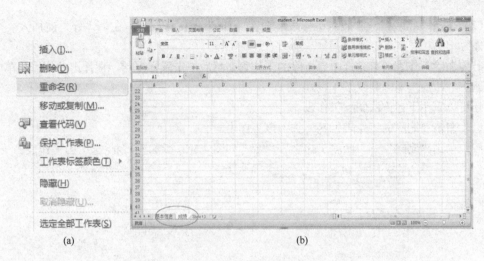

图 4.3　(a) 重命名命令；(b) 重命名工作表

相关提示：

也可以双击工作表标签使之进入编辑状态，输入新的工作表名，重命名工作表。

 任务 4　在 Sheet3 前插入一个工作表，重命名为"评分"

一般一个新打开的工作簿文件默认有 3 个工作表，用户实际用到的可能会超过 3 个工作表，这时就需要插入一个新工作表。

操作步骤：

（1）首先选中 Sheet3 工作表，单击鼠标右键，在弹出的快捷菜单中单击"插入"命令，如图 4.4(a) 所示，打开"插入"对话框，如图 4.4(b) 所示。

（2）在图 4.4(b) 中选择"工作表"，单击"确定"按钮，插入一个新工作表。

（3）将新插入的工作表重命名为"评分"。

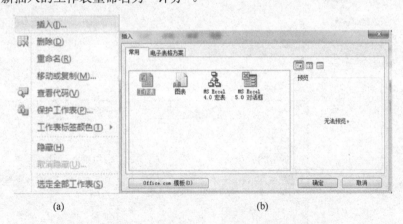

图 4.4　(a) 插入命令；(b) 插入对话框

相关提示：

还可以采用下述方法插入一个工作表。

（1）单击"评分"标签，选中"评分"工作表。

（2）单击"插入"→"插入工作表"命令［如图 4.5(a) 所示］，在"评分"前插入一个新工作表。

若要删除工作表，首先选中要删除的工作表，然后单击鼠标右键，在弹出的快捷菜单中单击"删除"命令，即可删除工作表。

还可以采用下述方法删除工作表。

（1）单击要删除的工作表标签，选中该工作表。

（2）单击"删除"→"删除工作表"命令［如图 4.5(b) 所示］，删除选中的工作表。

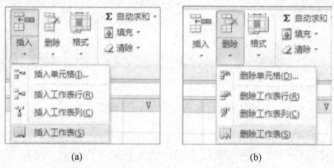

(a)　　　　　　　　　　　(b)

图 4.5　(a) 插入工作表；(b) 删除工作表

 ## 任务 5　移动"评分"表到"基本信息"表之后

操作步骤：

（1）单击"成绩"工作表标签。

（2）单击"格式"→"移动或复制工作表"命令（如图 4.6 所示），打开"移动或复制工作表"对话框，如图 4.7(a) 所示。

（3）在图 4.7(a) 所示对话框中，选择"(移至最后)"，按"确定"按钮完成工作表的移动。

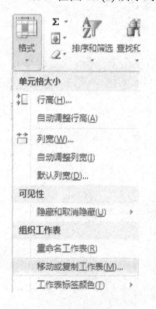

(a)　　　　　　　　　　　(b)

图 4.6　移动或复制工作表　　　　图 4.7　(a) 移动或复制工作表对话框；(b) 选择"(移至最后)"

将 student 工作簿文件中的"基本信息"工作表复制到工作簿 1 文件中的 Sheet2 工作表前。

操作步骤：

（1）分别打开 student 和工作簿 1 文件。

（2）单击 student 工作簿中的"基本信息"工作表标签。

（3）单击"格式"→"移动或复制工作表"命令，打开"移动或复制工作表"对话框，如图 4.7(a) 所示。

（4）在图 4.7(a) 的工作簿列表框中选择目标工作簿为"工作簿 1"；在"下列选定工作表之前"列表框中，选择工作表复制后的位置为 Sheet2 工作表标签前；单击选中"建立副本"复选框〔如图 4.7(b) 所示〕。

（5）单击"确定"按钮完成复制工作表的操作。

相关提示：

如果在同一个工作簿内移动或复制工作表，可以采用下述快捷方法。

（1）在工作表标签处拖动要移动的工作表，到达合适位置后，松开鼠标完成工作表的移动。

（2）若要复制工作表，可在拖动工作表的同时按住 Ctrl 键。

任务 6　在同一个窗口中显示"基本信息"和"成绩"工作表

将 student 工作簿文件中的"基本信息"和"成绩"工作表显示在同一个窗口中，结果如图 4.8 所示。

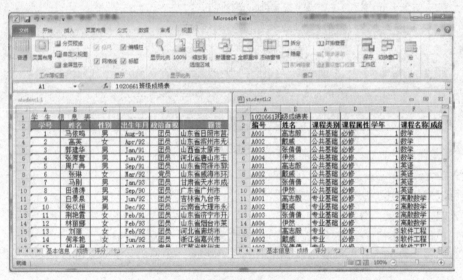

图 4.8　在同一窗口中显示两个工作表

当一个工作簿文件中有多个工作表时，一般窗口中只显示当前工作表。但是 Excel 2010 也允许在同一窗口中显示多个工作表。

操作步骤：

（1）选中"成绩"工作表，单击"视图"→"新建窗口"命令。

（2）单击"基本信息"工作表标签，单击"视图"→"全部重排"命令，打开"重排窗口"对话框。

（3）在"重排窗口"对话框中，选择排列方式中的"垂直并排"，单击"确定"按钮，将"基本信息"和"成绩"工作表并排显示在同一窗口中，结果如图 4.8 所示。

相关提示：

在新建窗口之后，也可以采用拖动工作表的方式在同一个窗口中显示多个工作表。

 任务 7　将"基本信息"工作表垂直拆分成两部分

如果要在一个大型的工作表中同时查看表格的不相邻部分，可以将表格沿垂直、水平方向进行分割。

操作步骤：

（1）选中"基本信息"工作表。

（2）拖动垂直分割条到合适的位置即可，分割后的结果如图 4.9 所示。

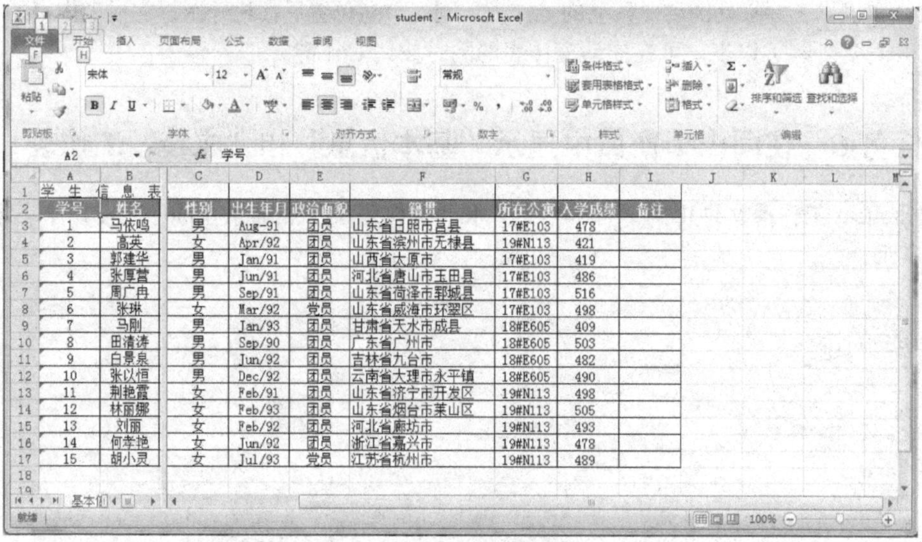

图 4.9　垂直分割工作表

相关提示：

也可以采用下述方法分割工作表：

（1）双击分割条，分割工作表。

（2）单击"视图"→"拆分"命令，可以将窗口拆分成为 4 个窗口。

若要使分割后的工作表恢复原状，可以双击分割条，或者拖动分割条到原位置。

 任务 8　保存并关闭 student 工作簿

保存 student 中建立的"基本信息"和"成绩"表，然后关闭 student 工作簿。

当工作表编辑、修改完成后，需要将其保存起来以备后用。

操作步骤：

（1）单击工具栏上的"保存"按钮，打开"另存为"对话框，如图 4.10 所示。

（2）在"文件名"右边的编辑框中输入文件名"student"。

图 4.10 "另存为"对话框

（3）单击"保存"按钮，完成操作。

（4）单击"文件"→"关闭"命令，完成工作簿的关闭。

相关提示：

（1）工作簿 1 是系统默认的工作簿文件名，没有实际的含义。因此，保存时可以修改为有实际含义的名称。

（2）可以采用下列 3 种方法保存一个工作簿文件：

方法 1：单击快速访问工具栏上的"保存"按钮，保存当前工作簿文件；

方法 2：单击"文件"→"保存"命令，保存当前工作簿文件；

方法 3：按下快捷键 Ctrl + S，保存当前工作簿文件。

（3）在编辑工作表时，要随时注意保存，以防止因为一些特殊原因造成数据的丢失或损坏。

（4）当对工作表修改后，只需单击快速访问工具栏上的"保存"按钮，系统就会自动更新工作表的内容。此时，不会再打开"另存为"对话框。

（5）单击工作表窗口上的"关闭"按钮，也可以关闭当前工作簿文件。

（6）当工作表被修改后没有保存，执行关闭工作表操作时，将会弹出"提示保存"对话框，如图 4.11 所示。

（7）单击图 4.11 中的"是"按钮，保存修改后的工作表；单击"否"按钮，不保存修改后的工作表，而只保存修改前的工作表。

（8）工作簿关闭后，工作表也随之关闭。

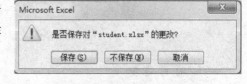

图 4.11 "提示保存"对话框

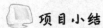 项目小结

本项目主要介绍了 Excel 2010 工作簿、工作表的概念，工作簿的基本操作，以及工作表的基本操作。主要涉及的知识点如下：

1．工作簿的创建、打开、关闭。

2．一个工作簿文件默认包含 3 个工作表 Sheet1、Sheet2 和 Sheet3，由于受内存的限制，最多可包含 255 个工作表。一个工作簿是由一系列相关的工作表组成的。

3．Excel 2010 的工作界面主要由标题栏、选项卡、功能区、名称栏、编辑栏、工作表窗口和状态栏等元素组成。

4．Excel 中所有的功能操作分门别类为 8 大选项卡，包括"文件"、"开始"、"插入"、"页面布局"、"公式"、"数据"、"审阅"和"视图"。各选项卡中收录相关的功能群组，方便使用者切换、选用。

5．插入、删除、重命名、复制、移动工作表，以及如何拆分工作表。

 同步训练

1．打开 Excel 2010，认识工作界面。

2．创建 class 工作簿，将 Sheet1 重新命名为"课程表"，并在 Sheet2 后插入一个新工作表。

项目 4.2　编辑学生"基本信息"工作表

 项目描述

在 Excel 2010 中编辑"基本信息"工作表（如图 4.12 所示），编辑内容包括：输入"学号"、"姓名"、"性别"等数据；复制/删除单元格中的数据；以序列的形式自动填充"学号"；给 B5 所在的单元格添加备注信息"班长"；设置"入学成绩"列的数据为数值型数据且大于等于零；另外，为了使所创建的工作表美观大方，还需要对其格式进行修饰，包括表格的标题"学生信息表"居中显示、"性别"列居中显示、"出生日期"列设置为"××××年××月××日"日期格式；以及给该表加表格线等。本项目通过学习 10 个任务，引导读者掌握在 Excel 2010 中编辑工作表数据及设置工作表格式的方法。

A	B	C	D	E	F	G	H
1			学　生　信　息　表				
学号	姓名	性别	出生年月	政治面貌	籍贯	所在公寓	入学成绩
001	马依鸣	男	1991年8月1日	团员	山东省日照市莒县	17#E103	478
002	高英	女	1992年4月1日	团员	山东省滨州市无棣县	19#N113	421
003	郭建华	男	1991年1月1日	团员	山西省太原市	17#E103	419
004	张厚营	男	1991年6月1日	团员	河北省唐山市玉田县	17#E103	486
005	周广冉	男	1991年9月1日	团员	山东省荷泽市郓城县	17#E103	516
006	张琳	女	1992年3月1日	党员	山东省威海市环翠区	17#E103	498
007	马削	男	1993年1月1日	团员	甘肃省天水市成县	18#E605	409
008	田清涛	男	1990年9月1日	团员	广东省广州市	18#E605	503
009	白景泉	男	1992年6月1日	团员	吉林省九台市	18#E605	482
010	张以恒	男	1992年12月1日	团员	云南省大理市永平镇	18#E605	490
011	吴志远	男	1992年6月1日	团员	北京市	18#E606	485
012	荆艳霄	女	1991年2月1日	团员	山东省济宁市开发区	19#N113	498
013	林丽娜	女	1993年2月1日	团员	山东省烟台市莱山区	19#N113	505
014	刘丽	女	1992年2月1日	团员	河北省廊坊市	19#N113	493

图 4.12　"基本信息"表

 项目目标

- 认识 Excel 2010 的工作表组成及其作用和功能
- 认识单元格，熟练掌握单元格的基本操作
- 熟练掌握在单元格中编辑数据
- 熟练设置表格中数据的格式
- 学会在单元格中自动填充数据
- 掌握在单元格中添加批注
- 学会设置工作表的格式

项目实施

任务 1　在"基本信息"工作表相应的单元格中输入数据

任务 2　修改"基本信息"工作表单元格中的数据

任务 3　在"基本信息"工作表中插入、删除行

任务 4　在"基本信息"工作表中移动、复制和清除数据

任务 5　以序列的形式自动填充"学号"信息

任务 6　给 B5 所在的单元格添加备注信息"班长"

任务 7　将 H3 单元格重新命名为"马依鸣成绩"

任务 8　设置"入学成绩"列的数据为数值型数据且大于等于零

任务 9　设置"基本信息"工作表中单元格中数据的显示格式

任务 10　设置"基本信息"、"成绩"工作表的格式

　## 任务 1　在"基本信息"工作表相应的单元格中输入数据

按照图 4.12 所示的基本信息工作表，在相应的单元格中输入数据。

操作步骤：

（1）在"基本信息"中单击 A1 单元格，输入"学生信息表"。

（2）单击 A2 单元格，输入"学号"；单击 B2 单元格，输入"姓名"；单击 C2 单元格，输入"性别"；单击 D2 单元格，输入"出生年月"；单击 E2 单元格，输入"政治面貌"；单击 F2 单元格，输入"籍贯"；单击 G2 单元格，输入"所在公寓"；单击 H2 单元格，输入"入学成绩"；单击 I2 单元格，输入"备注"。

（3）在第 3 行至第 13 行中依次输入图 4.12 所给出的其余数据。

相关提示：

单元格是组成工作表的基本单位，数据的输入、修改等编辑操作都是在单元格中进行的。在进行这些操作之前，必须先选定单元格，使之成为活动单元格。

（1）选择一个单元格。

① 使用鼠标：在要选择的单元格上单击鼠标左键，使之成为活动单元格。

② 使用键盘：使用键盘选择单元格时的操作都是相对当前单元格进行的。方向键及其功能见表 4.1。

表 4.1　方向键及其功能

方　向　键	功　能	方　向　键	功　能
←	向左移动一格	Ctrl + ←	移到当前行首
↑	向上移动一格	Ctrl + ↑	移到当前列首
→	向右移动一格	Ctrl + →	移到当前行尾
↓	向下移动一格	Ctrl + ↓	移到当前列尾
Enter	向下移动一格	Ctrl + Home	移到当前工作表的左上角（即 A1 单元格）
Shift + Enter	向上移动一格	Page Up	向上移动一屏
Tab	向右移动一格	Page Down	向下移动一屏
Home	移到当前行首		

（2）选择若干不连续的单元格。按前述方法先选择一个单元格；按住 Ctrl 键，再选择其他的单元格，即可选中若干不连续的单元格。

（3）选择单元格区域：

① 选择一整行或一整列：单击要选择的行号或列标，选择一整行或一整列。

② 选择若干连续的整行或若干连续的整列：按前述方法先选择一整行或一整列；按住 Shift 键，再单击另外一个行号或列标，可以选择若干连续的行或列。

③ 选择若干不连续的整行或若干不连续的整列：先选择一整行或一整列；按住 Ctrl 键，再单击若干行号或列标，可以选择若不连续的行或列。

④ 选择一个矩形区域：

方法 1：用鼠标单击矩形区域左上角的单元格，然后拖动鼠标移动，鼠标移过的区域将被选中。

方法 2：选定矩形区域左上角的单元格后，按住 Shift 键，再单击矩形区域右下角的单元格即可。

方法 3：单击矩形区域左上角的单元格，按 F8 键，此时状态栏出现"扩展"；再单击矩形区域右下角的单元格选定区域；选择完毕，按 F8 键退出"扩展"状态。

如果所选择的矩形区域超过屏幕大小时，用方法 1 操作起来就不太方便，可以使用方法 2 或方法 3。

⑤ 选择若干不连续的矩形区域：按前述方法先选择一个矩形区域；按住 Ctrl 键，再选择其他的矩形区域，即可选中若干不连续的矩形区域。

（4）选择整张表格。在行号与列标交叉的单元格处单击，选中整张表格。

（5）数据的输入可以直接在单元格中进行，也可以在编辑栏中完成。在单元格中输入后按方向键→、↑、←、↓或 Enter 键完成输入。在编辑栏中输入数据后按回车键或单击编辑栏左边的"√确认"按钮完成输入。单击编辑栏左边的"×取消"按钮取消输入。

（6）在单元格中可以输入汉字、英文、数字、标点符号和一些特殊符号。

（7）无论是在单元格中输入的数据还是在编辑栏中输入的数据，都会同时显示在活动单元格和编辑栏中。

任务 2　修改"基本信息"工作表单元格中的数据

在"基本信息"工作表中，将"张琳"所在的公寓由"17#E103"改为"19#N113"。

操作步骤：

（1）打开 student 工作簿，选中"基本信息"工作表。

（2）选中 G8 单元格，在编辑栏中将"17#E103"改为"19#N113"，按回车键完成数据的修改；或者双击 G8 单元格，在单元格中完成数据的修改。

相关提示：

在 Excel 2010 中，数据类型可以分为：数值型、文本型、日期和时间型。

（1）数值型数据

数值型数据是由数字字符（0、1、2、3、4、5、6、7、8、9）和特殊字符（+、−、.、、%、$、E、e、/、(、)、)组成的。

Excel 2010 对特殊字符的使用及显示格式有以下约定：

① 数字间的千分位可以用逗号 "，" 分隔，如 12,456。

② 数字前加上 $，表示数字采用货币格式显示。

③ 数字后有百分号 "%"，表示数字采用百分比格式显示。

④ 数字 1/ 数字 2，表示数字采用分数格式显示。需要注意的是：当输入分数格式时，为了避免分数与日期混淆，要在分数前加一个 0 和空格。例如，输入 "0 5/8" 后，在单元格中显示 "5/8"；如果在单元格中直接输入 "5/8"，显示的是 "5 月 8 日"。

⑤ 当单元格的格式是 "数值" 格式时，输入的数字超过单元格的宽度时，用科学计数法显示。

⑥ 数据的精度为 15 位。

⑦ 数值型数据输出的默认格式是右对齐。

（2）文本型数据

在 Excel 2010 中，系统会将不能解释为数值、日期或时间型的数据视为文本型数据。另外，以单引号 " ' " 开头的数值数据均视为字符型数据，此时单引号 " ' " 视为字符型数据的标识，而其本身并不作为字符型数据的一部分。例如，在单元格中输入 " '000001"，显示在单元格中的是 "000001"，而不是 " '000001"。

文本型数据的默认对齐方式是左对齐。

（3）日期与时间型数据

系统将日期与时间视为数值处理，当输入的数字是能被系统识别的日期或时间格式时，输入的内容被处理成日期或时间。下面给出几种 Excel 2010 所能识别的日期与时间格式：

1999-12-20、1999/12/20、1999 年 12 月 20 日 8:30 AM　3 月 12 日

当输入的日期或时间超过单元格的宽度时，用一串 ###### 显示。

任务 3　在 "基本信息" 工作表中插入、删除行

在 "基本信息" 工作表的第 10 行后插入一行，添加一名男生的信息（采用复制的方式写入性别和政治面貌）；删除第 17 行的数据。

操作步骤：

（1）在 "基本信息" 工作表中，拖动鼠标选中 A13 ～ I13 单元格区域，单击鼠标右键，在弹出的快捷菜单中选择 "插入" 命令，打开 "插入" 对话框，如图 4.13(a) 所示。

（2）在 "插入" 对话框中选择 "活动单元格下移" 或 "整行" 选项，单击 "确定" 按钮插入一个空白行。

（3）选中 C12 单元格，拖动其右下角的填充柄到 C13 单元格，实现性别的复制，采用同样的方法将 E12 中的数据复制到 E13 中。

插入一名男生信息后的结果如图 4.13(b) 所示。

（4）拖动鼠标选中 A17 ～ I17 单元格区域，单击鼠标右键，在弹出的快捷菜单中选择 "删除" 命令，打开 "删除" 对话框，如图 4.14 所示。

（5）在 "删除" 对话框中选择 "下方单元格上移" 或 "整行" 选项，单击 "确定" 按钮完成删除单元格的操作。

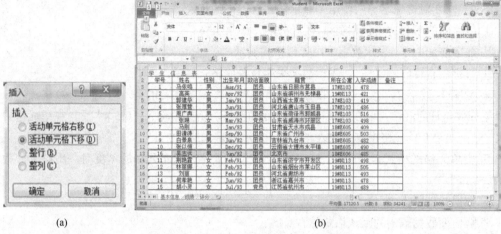

图 4.13 (a) 插入对话框；(b) 插入数据

相关提示：

（1）选中行标或列头，单击鼠标右键，在弹出的快捷菜单中选择"插入"命令，即可插入行或列。

图 4.14 "删除"对话框

（2）也可以同时插入多行和多列。例如，选中 E、F 和 G 列头，单击鼠标右键，在弹出的快捷菜单中选择"插入"命令，即可同时插入 3 列。

（3）删除某列后，该列右边的所有列依次向左移动。

 ## 任务 4 在"基本信息"工作表中移动、复制和清除数据

在 student 工作簿中，首先将"基本信息"工作表中 F13 单元格的数据移动到 I13 单元格中；其次将第 9 行中的数据复制到第 19 行中；最后清除 I13 单元格中的数据。

操作步骤：

（1）在"基本信息"工作表中，选中 F13 单元格，将鼠标移到单元格的边框上，当鼠标指针变成十字箭头形状时，拖动鼠标到 I13 单元格中即可。

（2）拖动鼠标选中 A9 ～ I9 单元格区域，单击工具栏上的"复制"按钮，此时该区域四周出现一个虚线框。

（3）选中 A19 单元格，单击工具栏上的"粘贴"按钮，将虚线框中的数据依次复制到 A19 ～ I19 单元格区域。

（4）按 Esc 键，取消复制区域，即将复制区域的虚线框取消。

（5）单击 I13 单元格，单击鼠标右键，在弹出的快捷菜单中选择"清除内容"命令，完成清除操作。

相关提示：

（1）移动数据时，也可以采用与复制数据类似的"剪切"→"粘贴"方法。

（2）复制数据时，也可以采用按住 Ctrl 键，同时拖动鼠标指针到目标单元格的方法。

（3）还可以选择"开始"→"清除"→"清除内容"命令，清除所选择的内容。

（4）通过"开始"→"清除"→"清除格式"命令，可以只清除所选择单元格区域的格式，而不清除内容。

（5）通过"开始"→"清除"→"清除全部"命令，既可以清除所选择单元格区域的内容，也可以清除其格式。

相关提示：

单元格数据的清除与单元格的删除是不一样的。数据清除后，单元格及其格式仍然存在，如果清除后的单元格参与运算，按零处理；但单元格一旦被删除后，数据与单元格均不存在。

 ## 任务 5　以序列的形式自动填充"学号"信息

采用自动填充的方式将"学号"列的数据分别改为 001、002、003……

在一个工作表中，经常会输入一些序列数据。例如：一月、二月……十二月；星期一、星期二……星期日；甲、乙、丙……；1、2、3……。使用 Excel 2010 提供的"填充"功能，可以方便、快捷地自动填充这些序列数据，而不必一一输入。

操作步骤：

（1）在"基本信息"工作表中的 A3 单元格输入"'001"。

（2）用鼠标拖动选择 A3 ~ A18 单元格区域，单击"开始"→"填充"→"系列"命令［如图 4.15(a) 所示］，打开"序列"对话框［如图 4.15(b) 所示］。

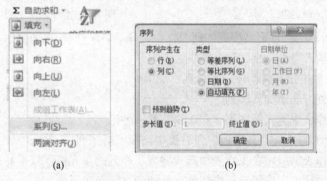

(a)　　　　　　　　　　(b)

图 4.15　(a) 填充系列；(b) 设置序列参数

（3）在"序列"对话框中，在"序列产生在"区域选择"列"；选择"类型"为"自动填充"；单击"确定"按钮，在 A3 ~ A18 单元格区域自动填充"001, 002, …, 016"。

相关提示：

序列数据可以分为文本、日期型和数值型数据，其自动填充方式有所不同。

（1）输入文本型序列数据。例如，在 A2 ~ F2 单元格区域依次填充"甲、乙、丙、丁、戊、己"，则首先在 A2 单元格中输入序列的起始数据"甲"，然后用鼠标指向该单元格右下角的小十字方块即填充柄，当鼠标指针变成十字形状时，按下鼠标左键，拖动填充柄移过 B2 ~ F2 的区域即可。

（2）输入数值型或日期型序列数据。例如，在 A6 ~ F6 单元格区域依次填充"5、8、11、14、17、20"，则首先在 A6、B6 单元格中输入序列的前两个数据"5"和"8"，然后选中 A6、B6 单元格区域，用鼠标指向该单元格区域右下角的小十字方块即填充柄，当鼠标指针变成十字形状时，按下鼠标左键，拖动填充柄移过 C6 ~ F6 的区域即可。

（3）日期型序列数据的填充与数值型数据类似。这两类数据也可以用"开始"→"填充"→"系列"命令填充。

（4）自定义填充序列。虽然系统提供了一些文本型常用序列，如前面提到的一月、二月……十二月；星期一、星期二……星期日；甲、乙、丙……但还允许用户添加自己的序列。

在 Excel 2010 中添加新序列"春，夏，秋，冬"。

操作步骤：

① 打开任意一个工作簿文件。

② 单击"文件"→"选项"命令，打开"Excel 选项"对话框，选择"高级"→"编辑自定义列表"按钮（如图 4.16 所示），打开"自定义序列"对话框，如图 4.17 所示。

 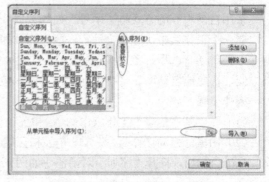

图 4.16　"Excel 选项"对话框　　　　图 4.17　"自定义序列"对话框

③ 在图 4.17 所示的"自定义序列"列表框中选择"新序列"，单击"添加"按钮，在"输入序列"编辑框中输入"春，夏，秋，冬"。

④ 单击"确定"按钮，将新序列添加到系统中。

也可以采用下列方法添加新序列：

①首先，在工作表中输入新序列"春，夏，秋，冬"。

②在图 4.17 所示的"自定义序列"列表框中选择"新序列"，单击"导入"按钮前的"切换"按钮，进入工作表窗口，在工作表中选择输入了序列的单元格区域，并返回到"自定义序列"对话框，单击"导入"按钮，新序列就会添加到自定义序列中。

相关提示：

（1）序列项之间用回车键分隔。

（2）用户自定义序列的使用与系统提供的序列相同。

 任务6　给 B5 所在的单元格添加备注信息"班长"

在工作表中常常会给一些特殊的单元格添加注释，帮助用户理解和记忆该单元格的内容。Excel 2010 提供的"插入批注"可以完成上述功能。

操作步骤：

（1）选择"基本信息"工作表的 B5 单元格。

（2）单击"审阅"→"新建批注"命令［如图 4.18(a) 所示］，打开"编辑批注"编辑框，输入"班长"。

（3）单击除 B5 单元格以外的任意单元格，完成批注的输入。这时，在 B5 单元格的右上角会显示一个红色三角的批注标记，当鼠标指针移动到该单元格时，就会显示该批注，如图 4.18(b) 所示。

相关提示：

（1）也可以用快捷菜单插入批注。选择要插入批注的单元格，在弹出的快捷菜单中选择"插入批注"命令，打开"编辑批注"编辑框，输入批注的内容即可。

（2）若要修改批注，可用鼠标右键单击添加了批注的单元格，在弹出的快捷菜单中选择"编辑批注"命令，打开"编辑批注"编辑框，即可修改批注。

（3）删除批注也很简单，选择要删除批注的单元格，执行快捷菜单中的"删除批注"命令。

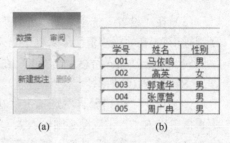

图 4.18   (a) 新建批注；(b) 批注标记

 任务 7   将 H3 单元格重命名为"马依鸣成绩"

在前面的学习过程中，已经知道 Excel 中的单元格都有自己的名称，即用列号和行号来表示，如 A2、B5 等。有时需要用一些自己定义的名称来记忆它们，所以需要重新对单元格名称进行定义。

操作步骤：

（1）选择"基本信息"工作表的 H3 单元格。

（2）执行"公式"→"定义名称"命令，如图 4.19 所示。

（3）在弹出的"定义名称"对话框中，输入"马依鸣成绩"，单击"确定"按钮，完成对单元格名称的定义，如图 4.20 所示。

图 4.19   定义名称

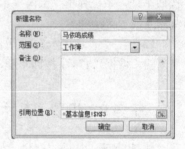

图 4.20   新建名称

 任务 8   设置"入学成绩"列的数据必须是数值型数据且大于等于零

在编辑工作表时，有时需要对某些数据进行限制。例如，在 student 工作簿的"基本信息"工作表中，"入学成绩"列的数据不能输入字母或其他非数字字符，而应该是数值型数据，且必须大于等于零。因此，通过设置数据的有效性，可以避免一些输入错误。另外，有些数据可能只取某个集合内的元素，例如"性别"列的数据只能取"男"或"女"，这也可以通过设置数据的有效性实现。

操作步骤：

（1）选中"基本信息"工作表的 H3 ～ H18 单元格区域。

（2）单击"数据"→"数据有效性"命令，打开"数据有效性"对话框，选择"设置"选项卡，如图 4.21(a) 所示。

（3）在"设置"选项卡的"允许"列表框中选择"整数"，在"数据"列表框中选择"大于或等于"，在"最小值"编辑框中输入"0"。

（4）单击"输入信息"选项卡，在"输入信息"编辑框中输入"入学成绩必须大于或等于零"，如图 4.21(b) 所示。

（5）单击"出错警告"选项卡，在"标题"编辑框中输入"错误提示"，在"错误提示"编辑框中输入"入学成绩必须输入大于或等于 0 的数据"。

（6）单击"确定"按钮，完成有效性设置。

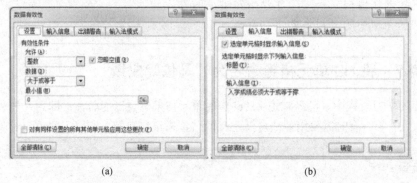

图 4.21(a) "数据有效性"设置对话框；(b) "输入信息"对话框

相关提示：

（1）设置数据有效性后，单击 H3 单元格，输入"−12"，按回车键，系统弹出"错误提示"对话框，给出错误提示，如图 4.22 所示。

（2）在"错误提示"对话框中，单击"重试"按钮，重新输入数据"478"，按回车键，完成输入。

图 4.22　错误提示信息

任务 9　设置"基本信息"工作表单元格中数据的显示格式

在 student 工作簿中，将"基本信息"工作表中的标题"学生信息表"合并居中显示，字体设置为楷体、16 号；"性别"列中显示；"出生日期"列设置为"××××年××月××日"日期格式；结果如图 4.23 所示。

学号	姓名	性别	出生年月	政治面貌	籍贯	所在公寓	入学成绩	备注
				学 生 信 息 表				
1	马依鸣	男	1991年8月1日	团员	山东省日照市莒县	17#E103	478	
2	高英	女	1992年4月1日	团员	山东省滨州市无棣县	19#N113	421	
3	郭建华	男	1991年1月1日	团员	山西省太原市	17#E103	419	
4	张厚营	男	1991年6月1日	团员	河北省唐山市玉田县	17#E103	486	
5	周广冉	男	1991年9月1日	团员	山东省荷泽市郓城县	17#E103	516	
6	张琳	女	1992年3月1日	党员	山东省威海市环翠区	17#E103	498	
7	马刚	男	1993年1月1日	团员	甘肃省天水市成县	18#E605	409	
8	田清涛	男	1990年9月1日	团员	广东省广州市	18#E605	503	
9	白景泉	男	1992年6月1日	团员	吉林省九台市	18#E605	482	
10	张以恒	男	1992年12月1日	团员	云南省大理市永平镇	18#E605	490	
16	吴志远	男	1992年6月1日	团员	北京市	18#E606	485	
11	荆艳霞	女	1991年6月1日	团员	山东省济宁市开发区	19#N113	498	
12	林丽娜	女	1993年2月1日	团员	山东省烟台市莱山区	19#N113	505	
13	刘丽	女	1992年6月1日	团员	河北省廊坊市	19#N113	493	
14	何孝艳	女	1992年6月1日	团员	浙江省嘉兴市	19#N113	478	
15	胡小灵	女	1993年7月1日	党员	江苏省杭州市	19#N113	489	

图 4.23　设置数据显示格式

Excel 2010 提供了多种数据格式，如数值、货币、日期、时间和文本等。一般情况下，在单元格中输入的数据均采用通用格式显示，即按输入数据的原型显示。用户也可以改变数据的显示格式，以满足自己的需要。对于表格的标题，一般采用"合并与居中"格式，使标题跨列、居中显示。

操作步骤：

（1）在"基本信息"工作表中拖动鼠标选中第 1 行的 A 列到 I 列。

（2）单击功能区上的"合并后居中"按钮，使标题"基本信息表"跨列居中显示。

（3）选中第 1 行，单击"开始"→"格式"→"设置单元格格式"命令，打开"设置单元格格式"对话框，选择"字体"选项卡，如图 4.24(a) 所示。

（4）在"字体"列表框中选择"楷体"，在"字号"列表框中选择"16"号，如图 4.24(a) 所示；单击"确定"按钮，完成标题行字体的设置。

（5）选中"性别"列，用同样的方法打开"设置单元格格式"对话框，选中"对齐"选项卡，如图 4.24(b) 所示。

| (a) | (b) |

图 4.24　(a) 设置单元格格式——字体格式；(b) 对齐方式

（6）在"水平对齐"列表框中选择"居中"；单击"确定"按钮，完成"性别"列对齐方式的设置。

（7）选中"出生日期"列，打开"设置单元格格式"对话框，选中"数字"选项卡。

（8）在"分类"列表框中选择"日期"类，在"类型"列表框中选择"2001 年 3 月 14 日"，如图 4.25 所示。

（9）单击"确定"按钮，完成"出生日期"列的格式设置。

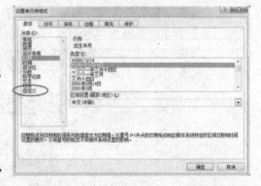

图 4.25　设置单元格格式——日期格式

相关提示：

（1）也可以直接使用功能区上的"字体"、"字形"、"字号"和"颜色"按钮进行设置。

（2）还可以直接使用功能区上的"左对齐"、"居中对齐"、"右对齐"和"合并后居中"按钮进行水平方向的对齐设置。

（3）采用下述方式可以取消单元格的合并：

① 选择"格式"→"单元格",打开"单元格格式"对话框,单击"对齐"标签,如图 4.26 所示。

② 单击图 4.26 中的"合并单元格"复选框,取消合并单元格的操作。

(4)系统提供的标准格式无法满足用户的需要时,Excel 2010 允许用户自已定义数据格式。在图 4.25 所示的"分类"列表框中,选择"自定义"类型,在"类型"文本框中定义自己的格式即可。

(5)用户自定义的格式会保存在"自定义"

图 4.26　取消单元格的合并

一栏中,需要时可以直接使用;不需要时也可以删除。但系统提供的标准格式是不允许删除的。

(6)Excel 2010 对数据格式设置中所使用的符号采用表 4.2 中的约定。

表 4.2　数据格式设置中所使用的符号及其约定

符号	显示格式
.	以小数格式输出
#	数字保留位。但数字中没有意义的零不会显示
0	数字保留位。有几个 0 就显示几位数字。如果要显示的数字位数比 0 设置的位数少,用 0 补齐显示
?	数字保留位。使用规则与 0 相同。但数字中不影响计算的零以空格显示。
%	以百分比格式显示
,	以千位分隔格式显示
E-, E+, e-, e+	以科学计数法格式显示
$	以货币格式显示

 任务 10　设置"基本信息"、"成绩"工作表的格式

将"基本信息"工作表中的第 1 行的行高设置为 20;整个工作表的外边框均设置为双线显示,其余单元格边框为单线显示;并将第 1 行的底纹设置为"灰色 -50%"、第 2 行的底纹设置为"灰色 -25%",其余单元格的底纹设置为"黄色"[结果如图 4.27(a) 所示]。使"成绩"工作表自动套用系统提供的标准格式"表样式中等深浅 11"[结果如图 4.27(b) 所示]。

学 生 信 息 表								
学号	姓名	性别	出生年月	政治面貌	籍贯	所在公寓	入学成绩	备注
001	马依鸣	男	1991年8月1日	团员	山东省日照市莒县	17#E103	478	
002	高英	女	1992年4月1日	团员	山东省滨州市无棣县	19#N113	421	
003	郢建华	男	1991年1月1日	团员	山西省太原市	17#E103	419	
004	张厚营	男	1991年6月1日	团员	河北省唐山市玉田县	17#E103	486	
005	周广冉	男	1991年9月1日	团员	山东省菏泽市郓城县	17#E103	516	
006	张琳	女	1992年3月1日	党员	山东省威海市环翠区	17#E103	498	
007	马刚	男	1993年1月1日	团员	甘肃省天水市成县	18#E605	409	
008	田清涛	男	1990年9月1日	团员	广东省广州市	18#E605	503	
009	白景泉	男	1992年6月1日	团员	吉林省九台市	18#E605	482	
010	张以恒	男	1992年12月1日	团员	云南省大理市永平镇	18#E605	490	
011	吴志远	男	1992年6月1日	团员	北京市	18#E606	485	
012	荆艳霞	女	1991年2月1日	团员	山东省济宁市开发区	19#N113	498	
013	林丽娜	女	1993年2月1日	团员	山东省烟台市莱山区	19#N113	505	
014	刘丽	女	1992年2月1日	团员	河北省廊坊市	19#N113	493	
015	何幸艳	女	1992年6月1日	团员	浙江省嘉兴市	19#N113	478	
016	胡小灵	女	1993年7月1日	党员	江苏省杭州市	19#N113	489	

图 4.27(a)　自定义格式的基本信息表

1020661班级成绩表						
编号	姓名	课程类别	课程属性	学年	课程名称	成绩
A001	高志毅	公共基础	必修	1	数学	66.5
A002	戴威	公共基础	必修	1	数学	73.5
A003	张倩倩	公共基础	必修	1	数学	75.5
A004	伊然	公共基础	必修	1	数学	79.5
A001	高志毅	公共基础	必修	1	英语	62.5
A002	戴威	公共基础	必修	1	英语	98.5
A003	张倩倩	公共基础	必修	1	英语	63.5
A004	伊然	公共基础	必修	1	英语	78
A001	高志毅	专业基础	必修	2	离散数学	87
A002	戴威	专业基础	必修	2	离散数学	68
A003	张倩倩	专业基础	必修	2	离散数学	82.5
A004	伊然	专业基础	必修	2	离散数学	82.5
A001	高志毅	专业	必修	3	软件工程	84.5
A002	戴威	专业	必修	3	软件工程	87.5
A003	张倩倩	专业	必修	3	软件工程	88
A004	伊然	专业	必修	3	软件工程	92
A001	高志毅	专业	选修	4	多媒体	93
A002	戴威	专业	选修	4	多媒体	93.5
A003	张倩倩	专业	选修	4	多媒体	73.5
A004	伊然	专业	选修	4	多媒体	82.5

图 4.27(b)　套用格式的成绩表

为了区分表中的不同范围，增加数据的可视性，可以对表格的不同单元格区域设置不同的边框线，也可以通过设置不同的背景色、背景图案实现。

操作步骤：

（1）选中"基本信息"工作表的第一行。

（2）单击"开始"→"格式"→"行高"命令［如图 4.27(a) 所示］，打开"行高"对话框，在"行高"右边的编辑框中输入 20，如图 4.27(b) 所示。

（3）单击"确定"按钮，完成行高的设置。

（4）单击"开始"→"格式"→"设置单元格格式"命令，打开"设置单元格格式"对话框，选择"边框"选项卡。

(a)　　　　　　　　(b)

图 4.28　(a) 设置行高命令；(b) 设置行高对话框

（5）在"线条"区的"样式"中选择"双线"，在"预置"中选择"外边框"，使得"外边框"成为双线，如图 4.29 所示。

（6）同理，在"线条样式"中选择"单线"，在"预置"中选择"内部"，使"内部十字线"成为单线。

（7）选中第 1 行，在"设置单元格格式"对话框中选择"填充"选项卡。

（8）在"颜色"中选择"灰色 -50%"，如图 4.30 所示。

图 4.29　设置边框样式

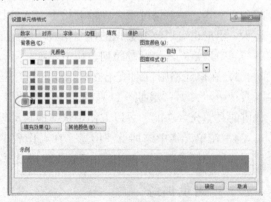

图 4.30　设置单元格的底纹

（9）同理，设置其余单元格的底纹，结果如图4.27(a)所示。

（10）选中"成绩"工作表的A2:G22单元格区域。

（11）单击"开始"→"套用表格格式"命令，打开"套用表格格式"对话框，选择"中等深浅"→"表样式中等深浅11"（如图4.31所示），完成自动套用格式设置，结果如图4.27(b)所示。

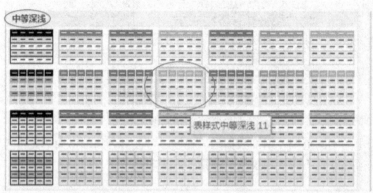

图4.31　使用"套用表格格式"

相关提示：

（1）也可以使用鼠标拖动来改变行的高度或列的宽度。将鼠标指向行号下端（列标右侧）的横格线（竖格线），光标由原来的空心十字转为上下箭头分割状，拖动鼠标，拖动时名称栏中会显示当时的行高（列宽），当显示的值适合我们期望的行高或列宽时，松开鼠标左键即可。

（2）也可以直接使用工具栏上的"边框"按钮进行边框设置。

（3）选定单元格区域后，单击工具栏上"填充颜色"按钮右边的下拉箭头，在弹出的调色板中选择一种颜色也可以设置单元格的底纹。

 项目小结

本项目介绍了Excel 2010工作表的组成及其作用和功能，介绍了单元格的基本操作。主要涉及的知识点如下：

1．在单元格中编辑数据。在Excel 2010中，数据类型可以分为数值型、文本型、日期和时间型。

2．设置表格中数据的格式。Excel 2010提供了多种数据格式，如数值、货币、日期、时间和文本等。一般情况下，在单元格中输入的数据均采用通用格式显示，即按输入数据的原型显示，用户也可以改变数据的显示格式，以满足自己的需要。对于表格的标题，一般采用"合并与居中"格式，使标题跨列、居中显示。

3．在单元格中自动填充数据。在一个工作表中，经常会输入一些序列数据。例如，一月、二月……十二月；星期一、星期二……星期日；甲、乙、丙……1、2、3……使用Excel 2010提供的"填充"功能，可以方便、快捷地自动填充这些序列数据，而不必一一输入。

4．在单元格中添加批注信息。在工作表中常常会给一些特殊的单元格添加注释，帮助用户理解和记忆该单元格的内容。Excel 2010提供的"插入批注"可以完成上述功能。

 同步训练

1．在"课程表"工作表中完成下列任务：

（1）按照图 4.32 在"课程表"中输入数据。

（2）将标题"第一学期 581 班课程表"合并居中显示，字体设置为宋体、16 号，所有列的数据居中对齐。

（3）采用自动填充的方式填充数据"星期一、星期二……星期日"、"一、二……六"。

（4）分别将 A2:B2、A3:A4、A5:A6、A7:A8 单元格区域合并后居中。

（5）在 D4 单元格中插入备注信息"单周上课"。

（6）分别将 A2:I2 单元格区域的底纹设置为"蓝色"、A3:B8 单元格区域的底纹设置为"绿色"、C3:I8 单元格区域的底纹设置为"橙色"。

（7）将 C3:I8 单元格区域的字体设置为"楷体、12 号"。

（8）给 A2:I8 单元格区域加上单线边框。

结果如图 4.32 所示。

		星期一	星期二	星期三	星期四	星期五	星期六	星期日
上午	一	大学英语1		C++程序设计A1	思想道德修养与法律基础	高等数学A1		
	二		C++程序设计A1	高等数学A1	大学英语1		军事理论	
下午	三	高等数学A1	大学体育1			C++程序设计A1		
	四							
晚上	五			形式与政策				
	六			形式与政策				

图 4.32　课程表

项目 4.3　校园卡拉 OK 大赛"评分"表的统计和计算

在 Excel 2010 中，对数据的统计和计算应用十分广泛，比如对数据的求和、求平均等操作，这些可以通过公式计算实现。另外在工作表中运用公式可以节省自行运算的工作量，最重要的是当数据变动时，Excel 2010 会根据公式立即更新计算的结果。同时 Excel 2010 提供了一些函数，供用户直接引用。

 项目描述

在 student 工作簿中添加一个校园卡拉 OK 大赛"评分"表（如图 4.33 所示），分别计算"评分"表的"最高分"、"最低分"和"最后得分"。本项目通过学习 3 个任务，引导读者掌握在 Excel 2010 中利用简单公式、函数计算工作表数据的方法，并会用复制公式的方法计算数据。

选手编号	参赛选手	班级	评委1	评委2	评委3	评委4	评委5	最高分	最低分	最后得分
01	吴博威	一班	8.65	8.35	8.55	8.45	8.75			
02	张贤雅	三班	9.25	9.35	9.30	9.45	9.40			
03	陈诺	一班	8.95	8.80	8.90	9.00	8.85			
04	陈琳	二班	8.75	8.25	8.65	8.60	8.70			
05	李国成	一班	8.55	8.65	8.40	8.90	8.65			
06	马雅丽	二班	9.25	9.35	9.00	9.15	9.20			
07	周成方	三班	8.25	8.65	8.30	8.45	8.50			
08	马林	三班	8.85	9.25	8.30	9.00	8.65			

图 4.33　评分表

项目目标

- 学会用公式计算数据
- 理解绝对地址与相对地址的概念
- 学会用函数计算数据

项目实施

任务 1　在"评分"表中利用函数计算"最高分"和"最低分"

任务 2　在"评分"表中利用公式计算"最后得分"

任务 3　在"评分"表中采用复制公式的方法计算"最高分"、"最低分"和"最后得分"

任务 1　在"评分"表中用函数计算"最高分"和"最低分"

操作步骤：

（1）选择"评分"表的 I3 单元格，单击"公式"→"插入函数"命令打开"插入函数"对话框，如图 4.34 所示。

（2）在图 4.34 的"选择类别"列表框中选择"常用函数"，在"选择函数"列表框中选择"MAX"函数，单击"确定"按钮，打开"函数参数"对话框，如图 4.35 所示。

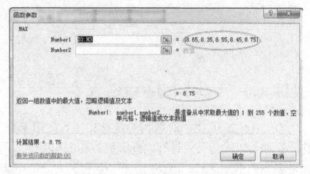

图 4.34　"插入函数"对话框　　　　　　　图 4.35　"函数参数"对话框

（3）单击图 4.35 中"Number1"右边的"切换"按钮，选择参数区域 D3:H3，单击"返回"按钮，完成参数设置。

（4）单击"确定"按钮完成最高分的计算。

（5）同理，用 MIN(D3:H3) 函数求最低分。

相关提示：

（1）函数实际上是一种内置的公式。Excel 2010 提供了大量的函数，如财务函数、日期与时间函数、数学与三角函数以及统计函数等。用户应尽可能多地使用这些函数以提高处理数据的能力。

（2）函数的格式。

由于函数是事先制作好的，所以其功能、格式都是固定的。下面以计算最大值的函数 MAX() 为例说明函数的格式。Excel 的函数由两个部分组成：

① 函数名称：表示将执行的操作。例如，MAX 表示求最大值操作。函数名是系统提供的，称为标准标识符，用户不能随意更改。

② 参数：括号中的数据，是供函数计算的数据。参数的多少随函数而定。参数可以是常数、单元格地址、函数或公式，若函数中有若干参数时，各参数之间用逗号"，"隔开。例如，函数 MAX(D3:H3) 所用的参数就是 D3:H3。MAX() 函数的功能就是找出 D3 到 H3 这些单元格的最大值。

（3）输入函数的方法。

① 用键盘输入函数：选定要输入函数的单元格，在单元格中直接输入"=AVERAGE(A2:A10)"后按回车键即可。

② 使用"函数向导"快速输入函数。

任务 2　在"评分"表中用公式计算"最后得分"

"最后得分"为去掉一个最高分、去掉一个最低分后的平均得分。

操作步骤：

（1）单击 K3 单元格。

（2）在编辑栏键入公式"=(D3+E3+F3+G3+H3-I3-J3)/3"。

（3）按回车键或"数据编辑区"左侧的 √ 按钮确认，结果将显示在 K3 单元格中。

相关提示：

（1）在单元格中不仅可以输入常数，而且可以输入公式。但是，在单元格中最终显示的是公式计算后的结果而非公式本身，在编辑栏中显示的是公式。

（2）为了与输入常数有所区别，输入公式时，要先输入一个"="号，然后再输入公式。

（3）在公式中可以包含：()、单元格地址、函数及运算符。运算符及公式应用示例如表 4.3 所示。

表 4.3　运算符及公式应用示例

分类	运算符	功能	公式应用示例	说明
算术运算符	+	加	A4=A3+A1	A3 单元的值加 A1 单元的值
	−	减	A4=A3-A1	A3 单元的值减 A1 单元的值
	*	乘	A4=A3*A1	A3 单元的值乘以 A1 单元的值
	/	除	A4=A3/A1	A3 单元的值除以 A1 单元的值
	%	百分比	A4=A3%	A3 单元的值除以 100
	^	乘方	A4=A3^2	A3 单元值的平方
关系运算符	<	小于	A4=A3<A1	若 A3 单元的值小于 A1 单元的值，结果为 TRUE，否则为 FALSE
	>	大于	A4=A3>A1	若 A3 单元的值大于 A1 单元的值，结果为 TRUE，否则为 FALSE
	<=	小于等于	A4=A3<=A1	若 A3 单元的值小于等于 A1 单元的值，结果为 TRUE，否则为 FALSE
	>=	大于等于	A4=A3>=A1	若 A3 单元的值大于等于 A1 单元的值，结果为 TRUE，否则为 FALSE
	=	等于	A4=A3=A1	若 A3 单元的值等于 A1 单元的值，结果为 TRUE，否则为 FALSE
	<>	不等于	A4=A3<>A1	若 A3 单元的值不等于 A1 单元的值，结果为 TRUE，否则为 FALSE
字符运算符	&	连接	A4=A3&A1	将 A3 单元的内容与 A1 单元的内容连接起来

（4）如果在输入公式的过程中单击"数据编辑区"左侧的 × 按钮，则输入的公式全部被删除。

（5）如果输入公式后要修改，可以单击公式所占的单元格，然后在"数据编辑区"中修改；也可以双击公式所占的单元格，在单元格中进行修改。

（6）当公式中引用到单元格时，还可利用鼠标输入，即以鼠标来点选公式中的单元格。

任务 3　在"评分"表中采用复制公式的方法计算"最高分"、"最低分"和"最后得分"

在完成"最高分"计算后会发现，每个人的"最高分"的计算方法是一样的，只不过是重复同样的操作而已。但是，当计算量比较大时，这种方法就显得烦琐，这时可以采用复制公式的方法解决这一问题。

操作步骤：

（1）单击 I4 单元格，当鼠标移向该单元格的右下角时，鼠标指针变成十字形，此时按住鼠标左键，向下拖动至 I10 单元格后松开鼠标，即可求出其他参赛选手的最高分。

（2）用同样的方法，计算出其他参赛选手的最低分和最后得分。

相关提示：

在公式中引用单元格地址，极大地增强了公式运算的灵活性、方便性。单元格地址的引用可以分为：相对地址引用、绝对地址引用、混合地址引用和三维地址引用。

（1）相对地址引用

引用格式：列地址行地址

采用此方式引用的单元格的位置会被记录下来，当复制包含此引用的公式时，这种位置关系也被复制过来，即公式中的单元格地址会随时改变。

例如，在 C2 单元格中输入了公式"=A2+B2"，即将单元格 A2 中的数据与 B2 单元格中的数据相加返回到 C2 单元格中。当将该公式复制到 C3 单元格后，公式变成"=A3+B3"。由此可以看出，在公式复制过程中，单元格的地址发生了变化，如图 4.36 所示。

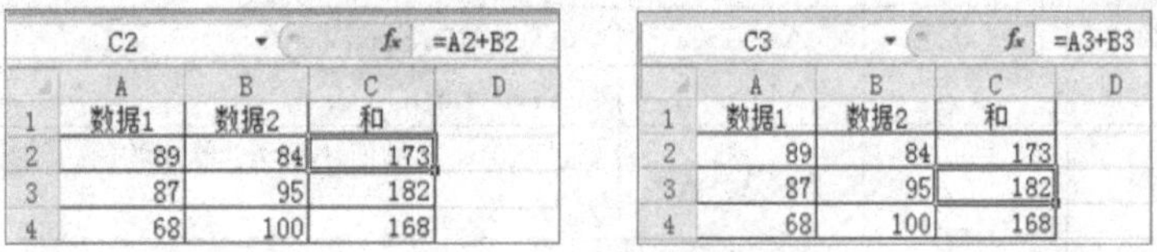

图 4.36　相对地址引用

（2）绝对地址引用

引用格式：$ 列地址 $ 行地址。

采用此方式引用的单元格地址是固定不变的，不会随公式的复制而变化。在 Excel 中，通过对单元格地址的"冻结"来达到此目的，也就是在列号和行号前面添加符号 $。

例如，在 C2 单元格输入了公式"=$A$2+$B$2"，由于 A2 和 B2 单元格变成了绝对地址引用，当将该公式复制到 C3 单元格后，公式仍然是"=$A$2+$B$2"。由此可以看出，在公式复制过程中，单元格的地址没有发生变化，如图 4.37 所示。

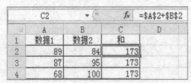

图 4.37　绝对地址引用

（3）混合地址引用

引用格式：$ 列地址行地址；列地址 $ 行地址

所谓混合地址引用，是指在单元格地址引用中，既有绝对地址引用，同时也包含有相对单元格地址引用。

例如，在 C2 单元格输入了公式 " =$A2+$B2"，就表明保持"列"不发生变化，但"行"会随着新的拷贝位置发生变化，如图 4.38 所示。同理，单元格地址 A$2 表明保持"行"不发生变化，但"列"会随着新的拷贝位置发生变化。

图 4.38　混合地址引用

（4）三维地址引用

引用格式：工作表名 !: 单元格地址

说明：工作表名后的"!"是系统自动加上的。

所谓三维地址引用，是指在一个工作簿中从不同的工作表引用单元格。利用三维地址引用，可以一次性对一个工作簿中指定的工作表的特定单元格进行汇总。

例如，在 Sheet2 的 D2 单元格输入公式 " =Sheet1!:D1+D2"，则表明要将工作表 Sheet1 中的单元格 D1 和工作表 Sheet2 中的单元格 D2 相加，结果放到工作表 Sheet2 中的 D2 单元格。

 项目小结

本项目介绍了 Excel 2010 数据计算。我们把一个或多个单元格地址、值、数学运算符构成的表达式称为公式，它的写法和一般数学公式的写法类似。主要涉及的知识点如下：

1. 利用函数计算数据。

2. 利用公式计算数据。

使用公式做统计运算的步骤如下：

（1）单击要建立公式的单元格，如 D1 单元格。

（2）在编辑栏键入符号 " ="。

（3）在等号后键入公式，如 "B1+C1"。

（4）按回车键或按"数据编辑区"左侧的 √ 按钮确认，则将 B1 和 C1 单元格的值进行相加运算，结果将显示在 D1 单元格中。

3. 单元格的引用。

单元格引用是指通过引用单元格的名称引用单元格中的数值，分为以下几种类型：

（1）相对地址引用。

（2）绝对地址引用。

（3）混合地址引用。

（4）三维地址引用。

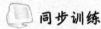 **同步训练**

1. 在"汽车销售表"工作表中完成下列任务：

（1）按照图 4.39 在"汽车销售表"中输入数据，并设置表的格式。

（2）利用公式或函数计算"年销售量"和"年销售额"。

	A	B	C	D	E	F	G	H	I	J	K
1					汽车销售表						
2	编号	汽车名称	车型	生产厂家	销售价（万元）	一季度	二季度	三季度	四季度	年销售量	年销售额
3	1	依兰特	1.6L自动舒适型	北京现代	¥12.28	12	20	13	16		
4	2	东风标致	307XT2.0BVM	标致307	¥15.98	10	12	16	18		
5	3	polo	1.6MT三厢豪华型	上海大众	¥13.48	5	15	18	15		
6	4	马自达	2.0L 豪华型	一汽马自达	¥19.38	9	6	10	12		
7	5	依兰特	1.6L手动豪华型	北京现代	¥12.38	30	22	13	29		
8	6	飞度	1.5CVT三厢	广州本田	¥11.98	10	13	18	13		
9	7	花冠	GLX-i AT NAVI	天津丰田	¥18.48	35	25	32	30		
10	8	索纳塔	2.0GLS自动豪华型	北京现代	¥19.28	15	13	15	20		
11	9	富康	AXCA11.6	东风雪铁龙	¥11.38	6	8	9	12		
12	10	富康	新自由人1.4iRL	东风雪铁龙	¥12.60	15	10	16	21		
13											
14	制表日期：2015-10-12								制表人：任涛		

图 4.39　汽车销售表

项目 4.4　奖学金分配

 项目描述

在 student 工作簿中添加"第一学期成绩"表（如图 4.40 所示），根据"总分"计算"排名"；根据"排名"的顺序给出"奖学金等级"，并由此计算出每名学生的"奖学金"。本项目通过学习 4 个任务，引导读者进一步掌握在 Excel 2010 中利用复杂公式、函数计算工作表数据的方法。

	A	B	C	D	E	F	G	H	I	J	K	L	M	N	O
1						1020661班级第一学期成绩表									
2	编号	姓名	数学	物理	英语	计算机	哲学	体育	总分	排名	奖学金等级	奖学金		奖学金级别	奖学金系数
3	A001	高志毅	66.5	92.5	95.5	98	86.5	71						1等	2
4	A002	戴威	73.5	91.5	64.5	93.5	84	87						2等	1.5
5	A003	张倩倩	75.5	52	87	94.5	78	91						3等	1.2
6	A004	伊然	79.5	98.5	68	100	96	66						4等	1
7	A005	鲁帆	82.5	63.5	52.5	97	65.5	99							
8	A006	曲凯东	50.5	78	81	96.5	96.5	65							
9	A007	侯跃飞	84.5	71	99.5	89.5	84.5	53							
10	A008	魏晓	87.5	63.5	67.5	98.5	78.5	94							
11	A009	李巧	58	48	83	75.5	72	90							
12	A010	殷豫群	92	55	97	93	75	93							
13	A011	刘会民	93	71.5	92	96.5	87	61							
14	A012	刘玉晓	93.5	85.5	77	81	95	78							
15	平均分														
16	及格率														

图 4.40　第一学期成绩表

 项目目标

• 掌握 COUNT、COUNTIF 函数的应用

- 掌握 IF 函数的应用
- 掌握 RANK.EQ 函数的应用
- 学会使用 LOOKUP 函数

 项目实施

任务 1　利用函数计算"平均分"和"及格率"
任务 2　利用函数计算"总分"和"排名"
任务 3　利用 IF 函数计算"奖学金等级"
任务 4　利用公式计算"奖学金"

任务 1　利用函数计算"平均分"和"及格率"

操作步骤：

（1）选择 C15 单元格，单击"公式"→"自动求和"→"平均值"命令，确定 AVERAGE() 函数的参数为 C3:C14，按回车键即可求出平均分，如图 4.41 所示。

（2）选择 C16 单元格，单击"公式"→"插入函数"命令，打开"插入函数"对话框，选择"统计"中的 COUNTIF() 函数［如图 4.42(a) 所示］，单击"确定"按钮打开"函数参数"对话框［如图 4.42(b) 所示］。

（3）单击图 4.42(b) 中"Range"右边的"切换"按钮，选择参数区域 C3:C14，在"Criteria"右边的编辑框中输入条件">=60"，单击"确定"按钮，完成参数设置。

图 4.41　求平均分

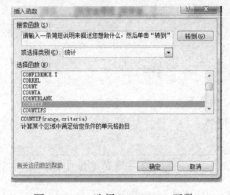

图 4.42(a)　选择 COUNTIF 函数

图 4.42(b)　设置 COUNTIF 函数参数

（4）在编辑框中输入完整的公式" =COUNTIF(C3:C14,">=60")/COUNT(C3:C14)"（如图 4.43 所示），按回车键求出及格率。

（5）采用复制公式的方式完成其余平均分和及格率的计算。

相关提示：

（1）COUNT 函数统计包含数字的单元格个数。

（2）COUNTIF 函数统计满足给定条件的单元格个数。

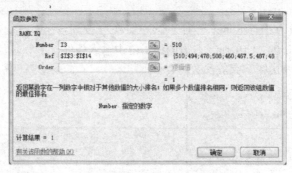

図 4.43　編輯及格率的完整公式

 任务 2　利用函数计算"总分"和"排名"

操作步骤：

（1）在 I3 单元格中输入公式" =SUM(C3:H3)"，计算出"总分"，采用公式复制的方式完成其他单元格中"总分"的计算。

（2）选择 J3 单元格，单击"公式"→"插入函数"命令，打开"插入函数"对话框，选择"统计"中的 RANK.EQ() 函数，单击"确定"按钮打开"函数参数"对话框，如图 4.44 所示。

（3）单击图 4.44 中" Number"右边的"切换"按钮，选择参数区域 I3，在" Ref"右边的编辑框中输入参数" $I$3:$I$14"，单击"确定"按钮计算出"排名"。

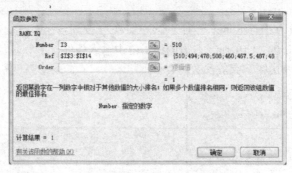

図 4.44　设置 RANK.EQ 函数参数

（4）采用复制公式的方式完成其余总分和排名的计算。

相关提示：

在用于排名次的" =RANK.EQ(I3,$I$3:$I$14)"公式中，必须使用绝对地址引用，名次能不能排得准确无误，它的作用很重要。

 任务 3　利用 IF 函数计算"奖学金等级"

说明：排名前 3 名的奖学金级别为 1 等；4～6 名的奖学金级别为 2 等，7～9 名的奖学金级别为 3 等，其余的为 4 等。

操作步骤：

（1）选择 K3 单元格，单击"公式"→"插入函数"命令，打开"插入函数"对话框，选择"逻辑"中的 IF() 函数，单击"确定"按钮打开"函数参数"对话框，如图 4.45 所示。

（2）如图 4.45 所示，在" Logical_test"右边的编辑框中输入参数" AND(J3>=1,J3<=3)"，在 Value_if_true 右边的编辑框中输入参数"1 等"，在 Value_if_false 右边的编辑框中输入参数" IF(AND(J3>=4,J3<=6),"2 等 ","IF(AND(J3>=7,J3<=9)","3 等 ","4 等 "))"，单击"确定"按钮计算出"奖学金等级"。

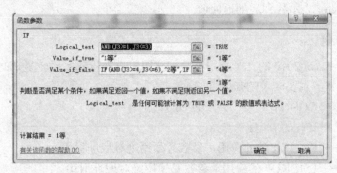

图 4.45　设置 IF 函数参数

（3）采用复制公式的方式完成其余奖学金等级的计算。

相关提示：

（1）使用 IF 函数，可以使满足条件的数据按一种公式计算，不满足条件的数据按另外一种公式计算。

（2）IF 函数可以嵌套使用。

 任务 4　利用公式计算"奖学金"

说明："奖学金"=3000×"奖学金系数"。

操作步骤：

（1）选择 L3 单元格，单击"公式"→"插入函数"命令，打开"插入函数"对话框，选择"查找与引用"中的 LOOKUP() 函数，打开"选定参数"对话框，如图 4.46 所示。

（2）在图 4.46 中选择" lookup_value, lookup_vector,result _vector"参数组合方式，单击"确定"按钮打开"函数参数"对话框，如图 4.47 所示。

（3）如图 4.47 所示，在" Lookup_value"右边的编辑框中输入参数" K3"，在 Lookup_vector 右边的编辑框中输入参数" $N$3:$N$6"，在" Result_vector"右边的编辑框中输入参数" $O$3:$O$6*3000"，单击"确定"按钮计算出"奖学金"。

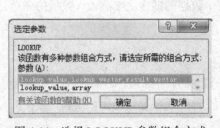

图 4.46　选择 LOOKUP 参数组合方式

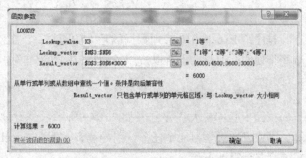

图 4.47　设置 LOOKUP 函数参数

（4）采用复制公式的方式完成其余奖学金的计算。

相关提示：

（1）在用于查找的"=LOOKUP(K3,$N$3:$N$6,$O$3:$O$6*3000)"公式中，必须使用绝对地址引用。

（2）Lookup_value 表示要查找的值；Lookup_vector 表示要查找的区域，此参数必须以升序排列；Result_vector 表示找到后的返回值。

 项目小结

本项目介绍了 Excel 2010 的几个常用函数的应用，进一步熟悉比较复杂的函数和公式的使用，特别是函数参数。主要涉及的知识点如下：

1．计数函数——COUNT()、COUNTIF() 的应用。

2．逻辑函数——IF() 的应用。

3．排名函数——RANK.EQ 的应用，参数必须用绝对地址引用。

4．查找函数——LOOKUP 的应用，参数必须用绝对地址引用。

 同步训练

1．在图 4.48 所示的"学生成绩评定表"中完成下列任务：

（1）根据学生成绩计算排名。

（2）利用公式计算"等级"。

	A	B	C	D	E	F	G	H	I
1	学生成绩表						成绩等级表		
2	学号	姓名	成绩	排名	等级		成绩		等级
3	124712091	张三	99				0	到59	差
4	124712092	李四	60.5				60	到79	中
5	124712093	王五	80				80	到89	良
6	124712094	赵六	90				90	到100	优
7	124712095	孙七	63.5						
8	124712096	周八	79						
9	124712097	吴九	95.5						
10	124712098	郑十	55						

图 4.48 学生成绩评定表

项目 4.5 校园卡拉 OK 大赛数据分析与处理

排序是 Excel 2010 管理数据的基本功能之一。工作表中数据的顺序是按照输入数据的先后顺序排列的。但是，也可以按照某种特定的顺序排列。

 项目描述

校园卡拉 OK 大赛评分表如图 4.49 所示，试对该表进行排序、筛选、分类汇总、合并计算。本项目通过学习 4 个任务，引导读者掌握在 Excel 2010 中对数据进行排序、筛选、分类汇总、合并计算的方法。

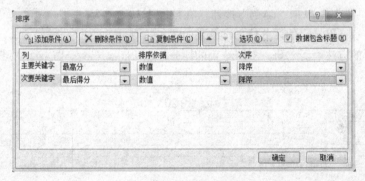

图 4.49　评分表

 项目目标

- 学会对数据进行排序
- 学会对数据进行筛选
- 学会分类汇总数据
- 学会合并计算

 项目实施

任务 1　对"最高分"和"最后得分"两列按由高到低的顺序排列

任务 2　分别筛选出一班、二班和三班所有参赛选手的成绩信息；筛选出"最后得分"在 9.00 以上参赛选手的成绩信息

任务 3　按照"班级"列分类汇总"最后得分"的平均值

任务 4　合并计算预赛、决赛中"最后得分"的平均分

 任务 1　对"最高分"和"最后得分"两列按由高到低的顺序排列

操作步骤：

（1）选择 A2:K10 单元格区域，单击"数据"→"排序"命令，打开"排序"对话框，如图 4.50 所示。

图 4.50　"排序"对话框

（2）如图 4.50 所示，在"主要关键字"右边的下拉列表框中选择"最高分"，在"次序"中选择"降序"。

（3）单击"添加条件"按钮，添加"次要关键字"行，用与步骤（2）同样的方法选择"次要关键字”为“最后得分”,“次序”为“降序”。

（3）单击“确定”按钮完成排序，结果如图 4.51 所示。

	A	B	C	D	E	F	G	H	I	J	K
1	校园卡拉OK大赛										
2	选手编号	参赛选手	班级	评委1	评委2	评委3	评委4	评委5	最高分	最低分	最后得分
3	02	张贤雅	三班	9.25	9.35	9.30	9.45	9.40	9.45	9.25	9.35
4	06	马雅丽	二班	9.25	9.35	9.00	9.15	9.20	9.35	9.00	9.20
5	08	马林	三班	8.85	9.25	8.30	9.00	8.65	9.25	8.30	8.83
6	03	陈诺	一班	8.95	8.80	8.90	9.00	8.85	9.00	8.80	8.90
7	05	李国成	一班	8.55	8.65	8.40	8.90	8.65	8.90	8.40	8.62
8	04	陈琳	二班	8.75	8.25	8.65	8.60	8.70	8.75	8.25	8.65
9	01	吴博威	一班	8.65	8.35	8.55	8.45	8.75	8.75	8.35	8.55
10	07	周成方	一班	8.25	8.65	8.30	8.45	8.50	8.65	8.25	8.42

图 4.51　排序结果

相关提示：

（1）如果按照单列排序，只要单击“数据”→“升序”/“降序”命令即可。通常把这种排序方式称为简单排序。

（2）如果按照多列排序，需要设置排序的先后次序。通常把这种排序称为多列排序或复杂排序。

（3）多列排序时，首先按照主关键字排序，当主关键字相同时再按次关键字排序。

任务 2　分别筛选出一班、二班和三班所有参赛选手的成绩信息；筛选出“最后得分在 9.00 以上参赛选手的成绩信息

如果只对数据表中的部分数据感兴趣，这时可以使用数据筛选功能隐藏不必要的数据，只显示需要的数据。

操作步骤：

（1）选择 C2:C10 单元格区域，单击“数据”→“筛选”命令，在“班级”旁边添加一个下拉按钮▼。

（2）单击“班级”旁边的下拉按钮展开筛选的条件（如图 4.52 所示），选择“一班”后单击“确定”按钮，在校园卡拉 OK 大赛评分表中只显示一班选手的评分信息，结果如图 4.53 所示。

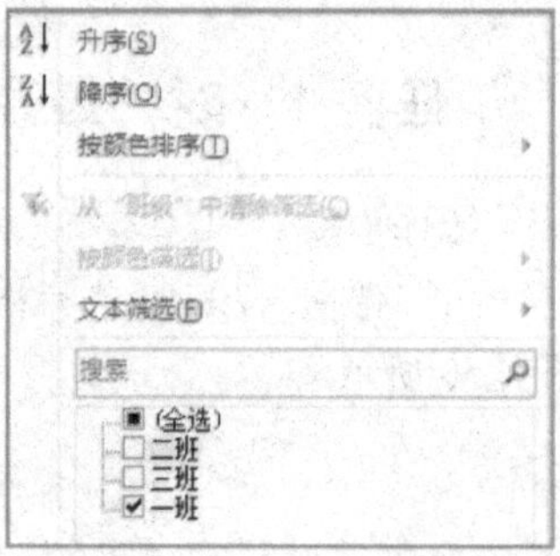

图 4.52　选择查看的班级

（3）用同样的方法查看二班、三班选手的评分信息。

	A	B	C	D	E	F	G	H	I	J	K
1	校园卡拉OK大赛										
2	选手编号	参赛选手	班级	评委1	评委2	评委3	评委4	评委5	最高分	最低分	最后得分
6	03	陈诺	一班	8.95	8.80	8.90	9.00	8.85	9.00	8.80	8.90
7	05	李国成	一班	8.55	8.65	8.40	8.90	8.65	8.90	8.40	8.62
9	01	吴博威	一班	8.65	8.35	8.55	8.45	8.75	8.75	8.35	8.55
10	07	周成方	一班	8.25	8.65	8.30	8.45	8.50	8.65	8.25	8.42

图 4.53　筛选一班的结果

（4）用类似步骤（1）的方法给“最后得分”添加筛选按钮，单击此筛选按钮打开筛选条件，选择“数字筛选”→“大于或等于”命令（如图 4.54 所示），打开“自定义自动筛选”对话框，如图 4.55 所示。

图 4.54　设置筛选条件

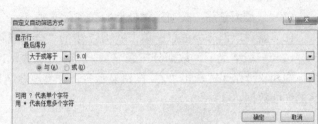

图 4.55　自定义自动筛选

（5）在图 4.55 中，输入筛选的条件"9.0"，单击"确定"按钮完成指定条件的筛选，结果如图 4.56 所示。

	A	B	C	D	E	F	G	H	I	J	K
1					校园卡拉OK大赛						
2	选手编号	参赛选手	班级	评委1	评委2	评委3	评委4	评委5	最高分	最低分	最后得分
3	02	张贤雅	三班	9.25	9.35	9.30	9.45	9.40	9.45	9.25	9.35
4	06	马雅丽	二班	9.25	9.35	9.00	9.15	9.20	9.35	9.00	9.20

图 4.56　筛选最后得分在 9.0 以上的结果

相关提示：

选择数据区域的任意一个单元格，单击"数据"→"筛选"命令，会给每列加上筛选按钮；再一次单击"筛选"命令可以取消筛选按钮。

 任务 3　按照"班级"列分类汇总"最后得分"的平均值

分类汇总是对数据进行分析的一种常用方法。它先对工作表中的某一项数据进行分类，然后对每一类数据进行统计计算。

操作步骤：

（1）对"班级"列做升序排序。

（2）单击"数据"→"分类汇总"命令，打开"分类汇总"对话框，如图 4.57 所示。

（3）在图 4.57 中的"分类字段"列表框中选择"班级"，在"汇总方式"列表框中选择"平均值"，在"选定汇总项"列表框中选择"最后得分"。

（4）单击"确定"按钮，完成分类汇总计算，结果如图 4.58 所示。

图 4.57　"分类汇总"对话框

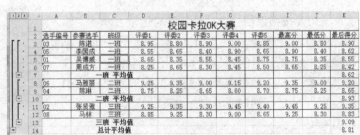

图 4.58　分类汇总结果

175

相关提示：

（1）分类汇总前，必须先对分类的列进行排序。

（2）若要取消分类汇总，单击图 4.57 中的"全部删除"按钮即可。

（3）一般情况下，数据分三级显示。单击分级显示区上方的"1"按钮，只显示列表中的列标题和总计结果；单击"2"按钮显示各个分类汇总结果和总计结果；单击"3"按钮显示所有的详细数据。

 任务 4 合并计算预赛、决赛中"最后得分"的平均分

在实际应用中，有时计算的数据可能来源于多个数据区域。为此，Excel 2010 提供了合并计算功能，通过合并计算可以组合几个数据区域中的数据。预赛、决赛结果如图 4.59 所示。

	A	B	C	D	E	F	G	H	I	J	K
1				校园卡拉OK大赛（预赛）							
2	选手编号	参赛选手	班级	评委1	评委2	评委3	评委4	评委5	最高分	最低分	最后得分
3	01	吴博威	一班	8.65	8.35	8.55	8.45	8.75	8.75	8.35	8.55
4	02	张贤雅	三班	9.25	9.35	9.30	9.45	9.40	9.45	9.25	9.35
5	03	陈诺	一班	8.95	8.80	8.90	9.00	8.85	9.00	8.80	8.90
6	04	陈琳	二班	8.75	8.25	8.65	8.60	8.70	8.75	8.25	8.65
7	05	李国成	一班	8.55	8.65	8.40	8.90	8.65	8.90	8.40	8.62
8	06	马雅丽	二班	9.25	9.35	9.00	9.15	9.20	9.35	9.00	9.20
9	07	周成方	一班	8.25	8.65	8.30	8.45	8.50	8.65	8.25	8.42
10	08	马林	三班	8.85	9.25	8.30	9.00	8.65	9.25	8.30	8.83
11											
12				校园卡拉OK大赛（决赛）							
13	选手编号	参赛选手	班级	评委1	评委2	评委3	评委4	评委5	最高分	最低分	最后得分
14	01	吴博威	一班	8.95	8.35	8.55	8.65	8.75	8.95	8.35	8.65
15	02	张贤雅	三班	9.20	9.35	9.35	9.45	9.40	9.45	9.20	9.37
16	03	陈诺	一班	8.95	8.80	8.95	9.00	8.85	9.00	8.80	8.92
17	04	陈琳	二班	8.75	8.15	8.65	8.60	8.70	8.75	8.15	8.65
18	05	李国成	一班	8.55	8.65	8.25	8.90	8.65	8.90	8.25	8.62
19	06	马雅丽	二班	9.25	9.35	9.00	9.15	9.10	9.35	9.00	9.17
20	07	周成方	一班	8.25	8.65	8.30	8.45	8.50	8.65	8.25	8.42
21	08	马林	三班	8.65	9.25	8.30	9.00	8.70	9.25	8.30	8.78

图 4.59 预赛、决赛结果

操作步骤：

（1）选择存放结果的单元格 D25，单击"数据"→"合并计算"命令，打开"合并计算"对话框，如图 4.60 所示。

（2）在图 4.60 中的"函数"列表框中选择"平均值"，单击"引用位置"项右侧的切换按钮回到数据表中，选中表中的数据区域"!$K$2:$K$10"，再次单击切换按钮返回"合并计算"对话框，单击"添加"按钮，将预赛表中 K2:K10 数据区域中的数据添加到"所有引用位置"一栏；用同样的方法将预赛表中 K13:K21 数据区域中的数据添加到"所有引用位置"一栏；同时选中"标签位置"为"首行"，如图 4.60 所示。

图 4.60 "合并计算"对话框

（3）单击"确定"按钮，完成合并计算工作，结果如图 4.61 所示。

25	选手编号	参赛选手	班级	
26	01	吴博威	一班	
27	02	张贤雅	三班	
28	03	陈诺	一班	
29	04	陈琳	二班	
30	05	李国成	一班	
31	06	马雅丽	二班	
32	07	周成方	一班	
33	08	马林	三班	

25	选手编号	参赛选手	班级	最后得分
26	01	吴博威	一班	8.60
27	02	张贤雅	三班	9.36
28	03	陈诺	一班	8.91
29	04	陈琳	二班	8.65
30	05	李国成	一班	8.62
31	06	马雅丽	二班	9.18
32	07	周成方	一班	8.42
33	08	马林	三班	8.81

图 4.61　合并前后预赛、决赛结果

相关提示：

合并计算的数据可能来源于同一个表的多个数据区域，也可以来源于不同表的多个数据区域。

 项目小结

本项目介绍了 Excel 2010 的数据排序、筛选、分类汇总、合并计算。主要涉及的知识点如下：

1. 数据排序。包括：

（1）单关键字排序。

（2）多关键字排序。

2. 数据筛选，即在数据表中筛选出感兴趣的数据，隐藏不必要的数据。

3. 分类汇总，将相同类别数据放在一起，然后再进行数量求和、平均等运算。

4. 合并计算，合并计算可以组合几个数据区域中的数据。

 同步训练

1. 在"运动会"表（如图 4.62 所示）中完成下列任务：

（1）利用公式计算"得分"。说明：得分情况根据名次给出。第一名为 3 分；第二名为 2 分；第三名为 1 分。

（2）将"班级"列按升序排列。

（3）分别筛选出不同班级所有参赛选手的项目信息；筛选出男、女参赛选手的项目信息。

（4）按照"班级"分类汇总"得分"的平均值。

	A	B	C	D	E	F	G
1			运动会成绩表				
2	编号	参赛选手	性别	班级	项目名称	名次	得分
3	01	陈诺	男	131	100米	第一名	
4	02	周成方	男	131	101米	第二名	
5	03	马国利	男	133	100米	第三名	
6	04	李磊	男	131	3000米	第一名	
7	05	张国庆	男	132	3000米	第二名	
8	06	吴博威	男	131	3000米	第三名	
9	07	陈琳	女	133	100米	第一名	
10	08	李丽	女	132	100米	第二名	
11	09	赵璐宇	女	131	100米	第三名	
12	10	路露	女	132	跳远	第一名	
13	11	马玲	女	133	跳远	第二名	
14	12	周蒂红	女	132	跳远	第三名	

图 4.62　运动会表

177

项目 4.6　建立学分绩点数据透视表

表格制作好之后，根据用户的需求可以重新组织和处理数据，为用户提供一些决策信息。Excel 2010 提供的数据透视功能在这方面有其独到之处。数据透视表是一种对大量数据快速汇总和建立交叉列表的交互式表格。

 项目描述

在 student 工作簿中添加"学分绩点"表（如图 4.63 所示），按照"课程类别"、"姓名"、"课程属性"、"学年"、"课程名称"进行已修"学分绩点"的统计。本项目通过学习 2 个任务，引导读者掌握在 Excel 2010 中创建和编辑数据透视表的方法。

	A	B	C	D	E	F	G	H
1	1120661班级学分绩点表							
2	编号	姓名	课程类别	课程属性	学年	课程名称	成绩	学分绩点
3	A001	高志毅	公共基础	必修	2011/2012	数学	66.5	1.65
4	A002	戴威	公共基础	必修	2011/2012	数学	73.5	2.35
5	A003	张倩倩	公共基础	必修	2011/2012	数学	56	0.93
6	A004	伊然	公共基础	必修	2011/2012	数学	79.5	2.95
7	A001	高志毅	公共基础	必修	2011/2012	英语	62.5	1.25
8	A002	戴威	公共基础	必修	2011/2012	英语	98.5	4.85
9	A003	张倩倩	公共基础	必修	2011/2012	英语	63.5	1.35
10	A004	伊然	公共基础	必修	2011/2012	英语	78	2.80
11	A001	高志毅	专业基础	必修	2012/2013	离散数学	87	3.70
12	A002	戴威	专业基础	必修	2012/2013	离散数学	68	1.80
13	A003	张倩倩	专业基础	必修	2012/2014	离散数学	82.5	3.25
14	A004	伊然	专业基础	必修	2012/2015	离散数学	82.5	3.25
15	A001	高志毅	专业	必修	2013/2014	软件工程	54.5	0.91
16	A002	戴威	专业	必修	2013/2014	软件工程	87.5	3.75
17	A003	张倩倩	专业	必修	2013/2014	软件工程	88	3.80
18	A004	伊然	专业	必修	2013/2014	软件工程	92	4.20
19	A001	高志毅	专业	选修	2014/2015	多媒体	83	3.30
20	A002	戴威	专业	选修	2014/2015	多媒体	93.5	4.35
21	A003	张倩倩	专业	选修	2014/2015	多媒体	73.5	2.35
22	A004	伊然	专业	选修	2014/2015	多媒体	82.5	3.25

图 4.63　学分绩点表

 项目目标

- 学会利用向导创建数据透视表
- 学会编辑数据透视表

 项目实施

任务 1　创建学分绩点数据透视表
任务 2　编辑学分绩点数据透视表

 ## 任务 1　创建学分绩点数据透视表

操作步骤：

（1）单击"插入"→"数据透视表"命令，打开"创建数据透视表"向导窗口，如图 4.64 所示。

（2）在图 4.64 中，单击"表 / 区域"右边的切换按钮选择数据区域"学分透视表 !\$A\$2:\$H\$22"；将"存放数据透视表的位置"选为"新工作表"，单击"确定"按钮，弹出数据透视表界面，如图 4.65 所示。

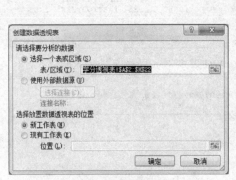

图 4.64 "创建数据透视表"对话框   图 4.65 数据透视表界面

（3）在图 4.65 中，将"课程类别"拖到"报表筛选"区，将"姓名"、"学年"和"课程属性"拖到"行标签"区，将"课程名称"拖到"列标签"区，将"学分绩点"拖动到"数值"区，如图 4.66(a) 所示。

（4）单击"学分绩点"打开"值字段设置"对话框，设置其汇总方式为"平均值"，如图 4.66(b) 所示。

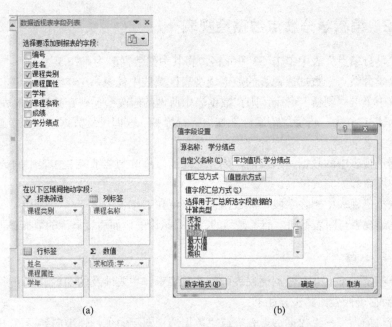

(a)   (b)

图 4.66 (a) 数据透视表布局设置；(b) 值字段设置

（5）单击"确定"按钮，完成学分绩点数据透视表的创建，结果如图 4.67 所示。

（6）选择分行的"姓名"字段及分列的"课程名称"字段，查看所有学生的学分绩点汇总情况及分"课程属性"、"学年"的学分绩点汇总情况。

179

	A	B	C	D	E	F	G
1	课程类别	(全部)					
2							
3	平均值项:学分绩点	列标签					
4	行标签	多媒体	离散数学	软件工程	数学	英语	总计
5	⊟戴威	4.35	1.8	3.75	2.35	4.85	3.42
6	⊞必修		1.8	3.75	2.35	4.85	3.1875
7	⊞选修	4.35					4.35
8	⊟高志毅	3.3	3.7	0.908333333	1.65	1.25	2.161666667
9	⊞必修		3.7	0.908333333	1.65	1.25	1.877083333
10	⊞选修	3.3					3.3
11	⊟伊然	3.25	3.25	4.2	2.95	2.8	3.29
12	⊞必修		3.25	4.2	2.95	2.8	3.3
13	⊞选修	3.25					3.25
14	⊟张倩倩	2.35	3.25	3.8	0.933333333	1.35	2.336666667
15	⊞必修		3.25	3.8	0.933333333	1.35	2.333333333
16	⊞选修	2.35					2.35
17	总计	3.3125	3	3.164583333	1.970833333	2.5625	2.802083333

图 4.67　学分绩点数据透视表

相关提示：

（1）建立数据透视表的步骤：

① 执行"插入"→"数据透视表"或"数据透视图"命令，弹出向导窗口。

② 在"数据源类型"中选择"Microsoft excel 数据列表或数据库"。

③ 设置数据区域。

④ 设置显示位置。

⑤ 设置"页字段"、"行字段"、"列字段"和"数据区"。

（2）数据透视表可以对多字段、对内容进行分项统计。

任务2　编辑学分绩点数据透视表

（1）在"学分绩点"表中单击 G3 单元格，将其中的数据改为"76.5"。

（2）在"学分绩点"数据透视表的数据透视表区域选中任意一个单元格，单击右键，在弹出的快捷菜单中单击"刷新"命令，则在数据表中所做的修改会反映在数据透视表中。

（3）在图 4.66(a) 中，将"课程属性"拖出"行标签"区即可从数据透视表中删除该字段。

相关提示：

（1）数据透视表中的数据是只读的，因此只能通过修改与之链接工作表中的数据，然后在数据透视表中刷新数据完成修改。

（2）在数据透视表中删除字段，其数据仍然保留在工作表中。

（3）数据透视表与图表不同，前者显示的数据是只读的，而后者显示的数据是可以修改的。

 项目小结

本项目介绍了 Excel 2010 数据透视表的创建及编辑。主要涉及的知识点如下：

1. 建立数据透视表。其步骤如下：

（1）执行"插入"→"数据透视表"或"数据透视图"命令，弹出向导窗口。

（2）在"数据源类型"中选择"Microsoft excel 数据列表或数据库"。

（3）设置数据区域。

（4）设置显示位置。

（5）设置"页字段"、"行字段"、"列字段"和"数据区"。

2．数据透视表可以对多字段、对内容进行分项统计。

3．数据透视表中的数据是只读的，因此只能通过修改与之链接工作表中的数据，然后在数据透视表中刷新数据完成修改。

同步训练

1．在"员工招聘"表（如图 4.68 所示）中完成下列任务：

编号	姓名	应聘部门	心理素质	综合知识	职业能力	专业技能	总成绩	名次	备注
\multicolumn{10}{l}{朝阳公司员工招聘表}									
zk001	江雨薇	人力资源部	80	81	232	42			
zk002	郝思嘉	财务部	86	89	73	76			
zk003	林晓彤	业务部	99	90	171	74			
zk004	曾云儿	人力资源部	100	98	157	46			
zk005	邱月清	财务部	85	78	139	59			
zk006	沈沉	行政部	92	89	201	100			
zk007	蔡小蓓	业务部	48	68	83	86			
zk008	尹南	业务部	90	80	103	70			
zk009	陈小旭	行政部	76	80	171	72			
zk010	薛婧	营销部	56	66	108	55			
zk011	乔小麦	人力资源部	87	93	147	77			
zk012	赵小若	业务部	85	92	189	51			
zk013	章韦	财务部	46	86	173	80			
zk014	柳晓琳	行政部	98	85	216	67			
zk015	徐晓丽	行政部	100	95	170	65			
zk016	马显国	业务部	50	65	159	74			
zk017	李仙	业务部	86	90	208	91			
zk018	乔蕾	行政部	76	92	171	82			
zk019	程伟	营销部	68	76	155	63			
zk020	刘国梁	营销部	80	85	125	84			

图 4.68 员工招聘表

（1）利用公式计算"总成绩"。说明："心理素质"占总成绩的 20%，"综合知识"占总成绩的 20%，"职业能力"占总成绩的 35%，"专业技能"占总成绩的 25%。

（2）根据"总成绩"列的数据，利用公式计算"名次"。

（3）利用公式填充"备注"信息。说明：如果"名次"在前 10 名，"备注"填充"录取"，否则什么都不填。

（4）创建员工招聘数据透视表。

项目 4.7 制作"学生会主席候选人得票"图表

对于电子表格中的大量数据，有时用户看起来可能会感到比较枯燥、乏味，如果用图表的方式来表示这些数据就会比较形象、直观，用户也更易于理解和接受。Excel 2010 提供了强大的绘制图表和图形的功能。

项目描述

在 student 工作簿中添加"投票选举"表（如图 4.69 所示），使用公式、函数分别计算"得票数"和"备注"，并以图表的方式直观地给出候选人的得票数。

项目目标

• 学会制作图表
• 学会编辑图表

学生会主席投票选举明细表

情况简介：3人参选，32人投票；投票只写候选人编号，超过2/3票的当选

候选人编	候选人员	投票人	投票结果	投票人	投票结果		候选人名单	得票数	备注
1	李丹	吴明	2	江而薇	2		李丹		
2	王博威	张贤雅	2	郝思嘉	2		王博威		
3	吴国正	吴丹	2	林晓彤	1		吴国正		
		张启荣	2	曾云儿	2				
		刘杰	2	邱月清	2				
		沈青青	2	沈沉	2				
		李明	1	蔡小穑	2				
		马林	1	尹南	2				
		李刚智	2	陈小旭	2				
		蒋生华	2	薛婧	2				
		孙展	2	乔小麦	2				
		韩裕文	2	赵小若	3				
		孙国健	3	章韦	2				
		赵芳燕	2	柳晓琳	2				
		褚艺德	2	徐晓丽	2				
		蒋君芬	2	马显国					

图 4.69　投票选举表

项目实施

任务 1　利用函数计算"得票数"

任务 2　利用公式在"备注"中填写"当选"信息

任务 3　创建候选人得票数图表

任务 1　利用函数计算"得票数"

操作步骤：

（1）选择 J4 单元格，单击"公式"→"插入函数"命令，打开"插入函数"对话框，选择"统计"中的 COUNTIF() 函数，单击"确定"按钮打开"函数参数"对话框，如图 4.70 所示。

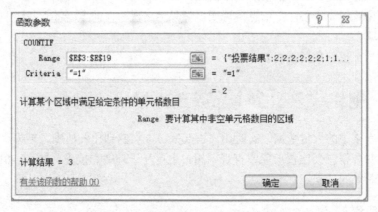

图 4.70　设置 COUNTIF 函数参数

（2）如图 4.70 所示，在"Range"右边的编辑框中输入参数"$E$3:$E$1"，在"Criteria"右边的编辑框中输入参数"=1"，单击"确定"按钮完成参数设置。

（3）如图 4.71 所示，在公式编辑框中输入"＋"号，再打开 COUNTIF() 函数参数对话框，在"Range"右边的编辑框中输入参数"$G$3:$G$19"，在"Criteria"右边的编辑框中输入参数"=1"，单击"确定"按钮计算出候选人李丹的得票数。

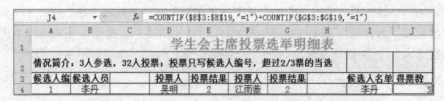

	A	B	C	D	E	F	G	H	I	J
	J4			fx	=COUNTIF($E$3:$E$19,"=1")+COUNTIF($G$3:$G$19,"=1")					
1				学生会主席投票选举明细表						
2	情况简介：3人参选，32人投票；投票只写候选人编号，超过2/3票的当选									
3	候选人编	候选人员		投票人	投票结果	投票人	投票结果		候选人名单	得票数
4	1	李丹		吴明	2	江雨薇	2		李丹	3

图 4.71 统计得票数公式

（4）另外两个候选人的得票数计算与之类似，在此不再赘述。

任务 2 利用公式在"备注"中填写"当选"信息

说明：如果"得票数"超过投票人数的 2/3，在"备注"中填写"当选"；否则什么也不填。

操作步骤：

（1）选择 K4 单元格，在编辑框中输入公式" =IF(J4>=32*2/3," 当选 ","")"，单击回车键完成备注信息的填写，结果如图 4.72 所示。

（2）采用复制公式的方式完成其备注信息的填写。

	A	B	C	D	E	F	G	H	I	J	K
	K4			fx	=IF(J4>=32*2/3,"当选","")						
1				学生会主席投票选举明细表							
2	情况简介：3人参选，32人投票；投票只写候选人编号，超过2/3票的当选										
3	候选人编	候选人员		投票人	投票结果	投票人	投票结果		候选人名单	得票数	备注
4	1	李丹		吴明	2	江雨薇	2		李丹	3	
5	2	王博威		张贤雅	2	郝思嘉	2		王博威	27	当选
6	3	吴国正		吴丹	2	林晓彤	1		吴国正	2	

图 4.72 备注信息公式

任务 3 创建候选人得票数图表

操作步骤：

（1）选择 I3:J6 单元格区域，单击"插入"→"柱形图"→"二维柱形图"→"簇状柱形图"命令（如图 4.73 所示），创建候选人的得票数簇状柱形图，结果如图 4.74 所示。

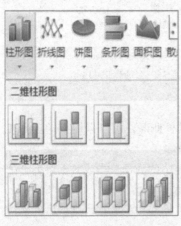

图 4.73 创建柱形图

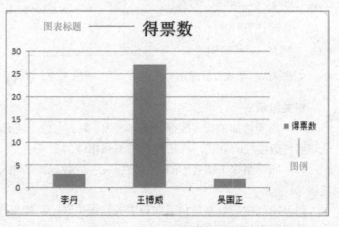

图 4.74 候选人得票数柱形图

183

（2）添加坐标轴标题。单击"图表工具"→"布局"→"坐标轴标题"→"主要横坐标标题"→"坐标轴下方标题"命令（如图 4.75 所示），添加横坐标轴标题，在编辑框中输入坐标轴标题"候选人"；用类似的方法添加纵坐标轴标题"得票数"，结果如图 4.77 所示。

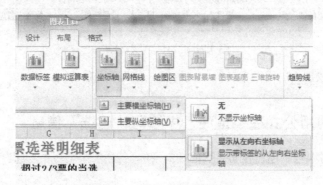

图 4.75　添加坐标轴标签

（3）添加数据标签。单击"图表工具"→"布局"→"数据标签"→"数据标签外"命令，添加数据标签，结果如图 4.76 所示。

（4）选中图例，按下 Delete 键删除之；选中图表标题并修改为"候选人得票数"，结果如图 4.77 所示。

图 4.76　添加数据标签

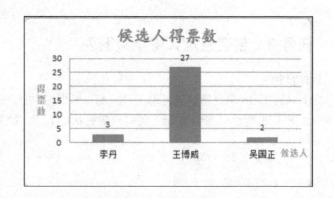

图 4.77　修改后的候选人得票数柱形图

相关提示：

（1）当新增加的行（数据分类）或列（系列）位于工作表的外侧时，可以采用拖动工作表区域蓝色边框线的方式，将新数据添加到相应的图表中。

（2）如果删除工作表中的一行数据或一列数据，则相应图表中的数据分类或数据系列会随之删除。

（3）图表中的数据是和工作表中的数据关联的，如果修改工作表中的数据，则所做的修改会自动反映到相应的图表中。

项目小结

本项目介绍了 Excel 2010 图表的创建，图表能使数据更直观、易懂。当工作表中的数据源发生变化时，图表中对应项的数据也自动更新。Excel 2010 提供了多种图表类型，常见的图表类型有饼图、柱形图、折线图等，用户可以依据个别需要选择使用。如折线图表达趋势走向，柱形图强调数量的差异等。

同步训练

1. 在“平均气温”表（如图 4.78 所示）中完成下列任务：

	A	B	C	D	E	F	G	H	I	J	K	L	M	N	O
1	主要城市月平均气温 （2013年）														
2													单位：℃		
3	城市	1月	2月	3月	4月	5月	6月	7月	8月	9月	10月	11月	12月	最高气温	年平均气温
4	南京市	2.2	7.3	9.8	16.6	21.9	26.6	28	28.2	23.4	20.1	8.6	4.5		
5	上海市	2.3	7	9.2	16.1	20.9	25.6	27.2	27.2	22.6	19	8.2	4.5		
6	北京市	-5.6	-1	5.3	13.1	16.9	20.6	25.2	26.5	20.4	18.1	13.2	3.5		
7	天津市	-4.3	1.6	6.2	14.3	18.1	21.6	24.5	25.2	21.6	18.9	14.2	4		
8	太原市	-6.5	-2.1	4.2	12.2	16	18.2	24.1	25.6	18.7	16.5	13.2	3		
9	重庆市	3.2	8.2	9.6	16.8	22	26.3	28	28.2	23.4	20.1	9.1	4.9		

图 4.78 平均气温表

（1）利用公式计算“年平均气温”和“最高气温”。

（2）利用条件格式设置“年平均气温”列的显示格式，即如果“年平均气温”>15，字体颜色为粉红色，底纹颜色设置为灰色 -50%。

（3）根据 A2:H7 单元格区域的数据，创建一个“数据点折线图”图表，插入到第三张工作表中，并将图表的标题命名为“一周天气温度表”。

模块5　演示文稿PowerPoint 2010

PowerPoint 2010 是 Microsoft Office 2010 的重要组件之一，是用于演示文稿制作和展示的软件。使用 PowerPoint 2010，能够制作出集文字、图片、声音、动画及视频等多种媒体对象于一体的演示文稿。用户通过制作的演示文稿，可以在投影仪或计算机上进行展示。PowerPoint 演示文稿在产品演示、广告宣传、会议流程、销售简报、业绩报告、电子教学等诸多领域中有着广泛的应用。

项目 5.1　简单教学课件的制作

 项目描述

多媒体教学是 PPT 演示文稿非常重要的应用领域。本项目通过制作一个简单的多媒体教学课件，学习如何使用 PowerPoint 2010 制作一个简单的 PPT 演示文稿。

项目效果如图 5.1 所示，多媒体教学课件由标题页、目录页和内容页构成。

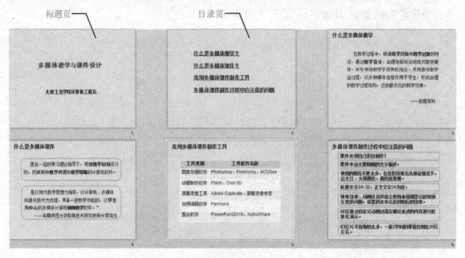

图 5.1　"多媒体教学与课件设计" PPT 演示文稿效果

项目目标

- 掌握搭建 PowerPoint 2010 基本工作环境的方法并熟悉其工作界面
- 掌握在 PPT 演示文稿中录入文字和进行版面设置的方法
- 掌握插入图形、表格的方法
- 掌握添加超链接的方法
- 熟悉幻灯片的放映

项目实施

任务 1　PowerPoint 2010 基本工作环境的搭建

任务 2　录入文字及设置排版格式

任务 3　图形形状及表格的应用

任务 4　幻灯片放映及为目录添加超链接

 ## 任务 1　PowerPoint 2010 基本工作环境的搭建

1. 启动 PowerPoint 2010

在 Windows 操作系统任务栏中单击"开始→所有程序→ Microsoft Office → Microsoft PowerPoint 2010"命令，启动 PowerPoint 2010。

启动 PowerPoint 2010 后，Windows 桌面上出现如图 5.2 所示的工作界面。

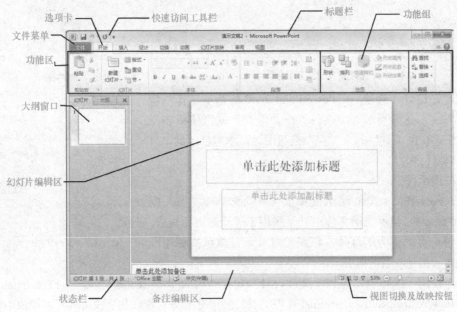

图 5.2　PowerPoint 2010 工作界面

2. 设置幻灯片背景格式

启动 PowerPoint 2010 后，在工作界面中会默认新建一个演示文稿，文稿中有一张幻灯片。在进行其他工作前，可以先为幻灯片添加一个背景颜色。

（1）在幻灯片编辑区中单击鼠标右键，在弹出的快捷菜单中单击"设置背景格式"，如图 5.3 所示。

（2）在弹出的"设置背景格式"对话框的"填充"区域，选中"纯色填充"单选按钮，鼠标左键单击"颜色"左边的颜色下拉箭头，单击一种合适的颜色（比如浅灰色）作为幻灯片背景颜色（如图 5.4 所示）。也可以在颜色列表中单击"其他颜

图 5.3　设置背景格式快捷菜单

色",在弹出的如图 5.5 所示的"颜色"对话框中,单击自己喜欢的背景颜色。

(3)颜色选择完成后,在如图 5.4 所示的"设置背景格式"对话框中,鼠标单击下边的"全部应用"按钮,再单击"关闭"按钮。所设置的背景色将会作为所有幻灯片的背景色加以应用(如图 5.6 所示)。这样就避免了每添加一张新的幻灯片都要重复进行背景色的设置。当然,我们也可以不选择"全部应用"而直接单击"关闭"按钮,此时所选择的颜色只作为当前幻灯片页面的背景色加以应用。

图 5.4 "设置背景格式"对话框

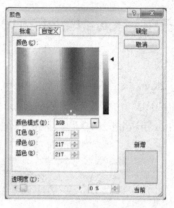

图 5.5 "颜色"对话框

设置好幻灯片背景后,PowerPoint 2010 的基本工作环境就搭建好了,这时可通过"文件"→"保存"或直接单击工作界面快速访问工具栏的"保存"按钮图标,来对创建的 PPT 演示文稿进行保存。

相关提示:

(1)PowerPoint 2010 演示文稿文件(简称 PPT 文件)的扩展名为 .pptx。演示文稿文件由若干张用于展示的页面构成,其中的每个页面称为幻灯片,每张幻灯片都是演示文稿中既相互独立又相互联系的内容。

图 5.6 幻灯片背景设置效果

(2)目前,国际领先的 PPT 文件设计公司有韩国的 Themegallery、瑞士的 Presentationload、美国的 Poweredtemplates。国内知名的 PPT 设计公司有上海锐普、北京锐得等,本模块中部分案例的素材和动画效果即取自上海锐普提供的免费 PPT。本章通过三个项目的制作,学习 PPT 设计和制作的基本流程,以及制作 PPT 演示文稿常用的操作。

(3)在 PowerPoint 2010 的工作界面中,也可以通过"文件"→"新建",选择一个合适的 PowerPoint 模板来新建演示文稿。同理,也可以通过"文件"→"打开"来打开一个已经保存的 PPT 演示文稿文件。

(4)在"设置背景格式"对话框中,也可以在"填充"区域中选择"渐变填充"、"图片或纹理填充"、"图案填充"等方式,实现幻灯片背景不同效果的应用。

 任务 2 录入文字及设置排版格式

1. 文字录入及字体设置

(1)在幻灯片编辑区中单击幻灯片中的"单击此处添加标题"文本框,在文本框中录入幻灯片标题文字"多媒体教学与课件设计"。在确保文本框选中的状态下，在"开始"选项卡的"字体"组中进行字体设置。幻灯片标题字体设置为"宋体，36，加粗，阴影"。

（2）同样，单击"单击此处添加副标题"文本框，录入文字"太原工业学院计算机工程系"。将字体设置为"宋体，24 号，加粗，阴影"。以上工作完成后，首页幻灯片效果如图 5.7 所示。

图 5.7　文字录入及字体设置

2．对齐方式设置

在幻灯片排版过程中，为了保证录入的文字位于幻灯片的中央，经常还要进行对齐方式的设置。

（1）首先，在确保文本框被选中的状态下，单击"开始"选项卡中"段落"组的"文字居中"图标，使文字在文本框中居中显示。

（2）接下来，同样在确保文本框被选中的状态下，鼠标单击工作界面菜单功能区右边"绘图工具"的"格式"选项卡，在"排列"组中单击"对齐"工具按钮的下拉箭头，在弹出的对齐方式列表中单击"横向分布"，使文本框在幻灯片中横向居中，如图 5.8 所示。

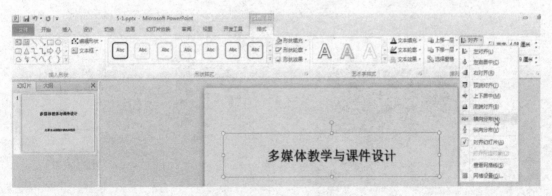

图 5.8　对齐方式设置

3. 目录页以及"什么是多媒体教学"页面的制作

通过上面的操作可知，PPT 演示文稿中，每一张幻灯片页面都是通过文本框来组织文字的。所以我们可以通过向幻灯片页面中插入文本框来进行文字操作。

为了完成后续页面的制作，首先需要向演示文稿中添加新的幻灯片页面。在 PowerPoint 2010 工作界面大纲窗口的空白区域单击鼠标右键，在弹出的快捷菜单中单击"新建幻灯片"，如图 5.9 所示，会将一个新的幻灯片页面添加到演示文稿文件中。

向新添加的幻灯片页面中录入相应的文字并进行版面设置，完成目录页、第三张幻灯片"什么是多媒体教学"页面的排版工作。具体效果可参见图 5.1。

图 5.9 新建幻灯片快捷菜单

 任务 3 图形形状及表格的应用

1. 插入形状

各种线条、矩形、箭头、标注等图形，在 PPT 演示文稿的制作中应用十分广泛。本项目中，通过插入圆角矩形，实现对 PPT 页面的修饰以及对某些重要文字的强调。

（1）首先向演示文稿中添加一张新的幻灯片页面，将页面模板中给出的文本框删除。然后在 PowerPoint 2010 工作界面"插入"选项卡的"插图"组中单击"形状"按钮，在弹出的"形状"选择列表功能区中选择"圆角矩形"，如图 5.10 所示。这时鼠标指针会变为十字形状，在幻灯片页面中通过拖动鼠标，绘制出合适大小的圆角矩形。

（2）鼠标右键单击圆角矩形，在弹出的快捷菜单中单击"编辑文字"，这时圆角矩形中会出现文字编辑光标指针，此时就可将文字录入到圆角矩形中。通过鼠标拖动选中录入的文字后，就可对圆角矩形中已录入的文字进行字体及版面设置。经过上述两个步骤的操作后，效果如图 5.11 所示。

图 5.10 插入形状功能区

（3）在圆角矩形区域，单击鼠标右键，在弹出的快捷菜单中单击"设置形状格式"选项，弹出"设置形状格式"对话框（如图 5.12 所示）。

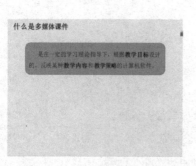

图 5.11 插入圆角矩形效果

图 5.12 "设置形状格式"对话框

（4）在对话框中的"填充"区域选择"无填充"；在"线条颜色"区域选择"实线"并选择合适的线条颜色，在此我们选择"深蓝色"作为圆角矩形的线条颜色。同理，可以进行"线型"、"阴影"等对形状的外观进行进一步设置。最后单击对话框中的"关闭"按钮完成设置。整个页面设置完成后的效果如图 5.1 所示。

（5）同样我们可以完成"多媒体课件制作过程中应注意的问题"页面的制作。

2. 插入表格

"常用多媒体课件制作工具"幻灯片页面中需要添加一个表格将常用的多媒体制作工具列出。

在 PowerPoint 2010 工作界面"插入"选项卡的"表格"组中选择"插入表格"，在弹出的"插入表格"对话框中输入插入表格的列数 2 和行数 6，然后单击对话框中的"确定"按钮，会在当前 PPT 页面中添加一个 6 行 2 列的表格。

当表格被选中后，会在工作界面菜单工作区的右面自动显示"表格工具"选项卡。我们可以通过"表格工具"的"设计"选项卡，对表格的样式进行选择设计（如图 5.13 所示）。还可以通过"布局"选项卡对表格的行和列进行插入、删除、合并，以及对单元格的对齐方式进行设置（如图 5.14 所示）。

图 5.13　表格工具"设计"选项卡

图 5.14　表格工具"布局"选项卡

除了通过表格工具对表格进行设计外，我们还可以像在 Word 中对表格操作一样，通过鼠标拖动调整柄的方式，调整表格的大小和行、列宽度。插入表格后的最终效果如图 5.1 所示。接下来向表格中录入表头和各行内容文字，设置表头文字的字体为"宋体，24，加粗，阴影"，表格各行内容文字为"宋体，24"。

至此，本案例的大多数工作已经基本完成，接下来可以对演示文稿进行放映，查看演示效果。

 ## 任务 4　幻灯片放映及为目录添加超链接

1. 幻灯片放映

如图 5.15 所示，要对制作的演示文稿进行放映，只需在 PowerPoint 2010 工作界面"幻灯片放映"选项卡的"开始放映幻灯片"组中，单击"从头开始"按钮，幻灯片从第一张开始进行放映，放映过程中只要单击鼠标左键，就会切换到下一张幻灯片。

图 5.15　幻灯片放映功能区

在放映过程中，如果想终止放映，可以单击鼠标右键，在弹出的快捷菜单中选择"结束放映"，这时幻灯片将放映结束并返回到 PowerPoint 2010 的工作界面。

如果在"幻灯片放映"选项卡的"开始放映幻灯片"组中单击"从当前幻灯片开始"按钮，或者在 PowerPoint 2010 动作界面右下方的"视图切换及放映按钮"组中单击 ▽ 按钮，则会从当前用户选中的那张幻灯片开始放映而不是从第一张开始。

2. 为目录添加超链接

通过幻灯片的放映我们发现，目录页面只是演示文稿的大纲和幻灯片标题的显示。我们可以为目录页中的每一项都添加超链接，这样，用户在目录页中就可以通过单击目录文字而直接切换到相关的页面。

（1）首先在目录页中选中要添加超链接的第一行文字"什么是多媒体教学？"，然后在选中的文字上方单击鼠标右键，在弹出的快捷菜单中单击"超链接"，弹出"插入超链接"对话框，如图 5.16 所示。

（2）在对话框的左侧"链接到"列表中选择"本文档中的位置"，在"请选择文档中的位置"列表中选择"幻灯片 3"，这时在"幻灯片预览"中会显示超链接到的幻灯片。上述选择完成后，单击对话框中的"确定"按钮。添加超链接后的文字效果如图 5.17 所示。

通过同样的操作，可以为目录中的其他文字添加超链接。从图 5.17 可以看出，添加超链接后的文字下方会自动加上一条下画线，同时超链接文字的颜色会发生变化。接下来我们可以将超链接文字的颜色修改为所需的颜色。

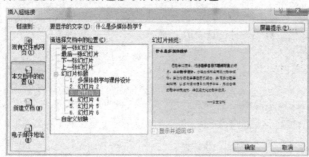

图 5.16 "插入超链接"对话框

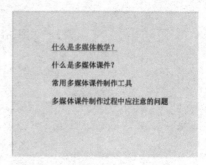

图 5.17 插入超链接的文字效果

3. 修改超链接文字的颜色

（1）在 PowerPoint 2010 工作界面"设计"选项卡的"主题"组右侧单击"颜色"按钮，在弹出的自定义主题颜色列表中选择"新建主题颜色"（如图 5.18 的左图所示）。

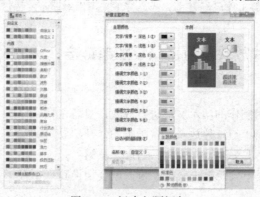

图 5.18 新建主题颜色

（2）在弹出的"新建主题颜色"对话框（如图 5.18 的右图所示）中，单击"主题颜色"列表中"超链接"旁边的颜色选择下拉列表，在弹出的主题颜色选择列表中选择"黑色"。同样，可以将"已访问的超链接"颜色修改为所要的颜色。修改完成后单击"保存"按钮，目录页中的超链接文字就会变成之前设置的颜色。具体效果如图 5.1 所示。

 项目小结

本项目通过制作一个简单的教学课件，熟悉了 PowerPoint 2010 的基本工作界面和环境，学习了制作 PowerPoint 演示文稿的基本流程，以及在幻灯片中插入文字、表格、图形和超链接并进行版面编排的基本方法。

 同步训练

1. 制作一个简单的个人简介 PPT，展示本人的基本情况、兴趣爱好等。

项目 5.2　对教学课件进行优化

 项目描述

本项目通过母版、动画、艺术字等方式，对项目 5.1 所制作的多媒体教学课件进行优化，进而提高演示文稿的制作效率，丰富课件中教学内容的表现形式和表现力。

优化后的项目效果如图 5.19 所示。

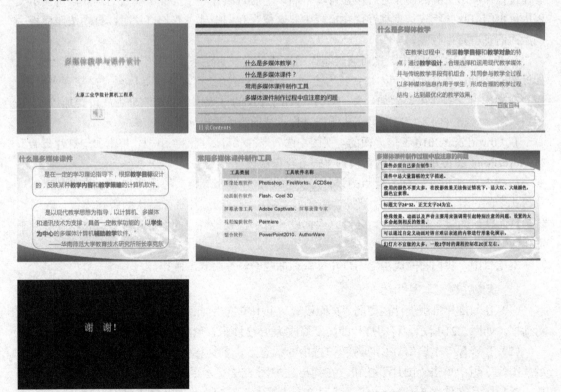

图 5.19　优化后的教学课件效果

项目目标

- 理解幻灯片母版的作用并掌握制作和应用幻灯片母版的基本方法
- 掌握插入图像、艺术字和为幻灯片中的对象添加动画的方法
- 熟悉图片工具、绘图工具以及动画的高级编排
- 掌握幻灯片切换方式的设置
- 熟悉演示文稿的打包及自动放映格式保存

 项目实施

任务 1　制作标题母版及内容母版
任务 2　制作幻灯片内容页
任务 3　制作标题页
任务 4　制作目录及致谢
任务 5　幻灯片切换及另存为 PowerPoint 放映

 # 任务 1　制作标题母版及内容母版

在项目 5.1 中，虽然设置幻灯片背景颜色后，可为新建的所有幻灯片自动设置所需要的背景颜色，但对于幻灯片中的标题、内容文字等信息，则需要每页都单独进行排版，这样的重复操作过程在演示文稿的制作过程中显得非常烦琐。能否设计一个类似于模板的样式，将演示文稿中每页幻灯片的版式信息都存储在模板中，这样当我们新建一张幻灯片时，自动按照模板中的版面信息进行排版呢？

在 PowerPoint 2010 中，这可通过制作幻灯片母版来实现。我们只需将设计的幻灯片样式，如标题文字和内容文字的字体格式、占位符、配色方案及幻灯片背景等信息，存储到母版中，用户在制作过程中如果新添加一页幻灯片，则幻灯片的排版信息会按照母版的设置加以显示，用户只需录入相关内容信息即可完成制作过程，从而大大提高了工作效率。

在 PowerPoint 2010 工作界面的"视图"选项卡的"母版视图"组中，单击"幻灯片母版"，将 PowerPoint 2010 的工作界面切换到"幻灯片母版设计"视图。

如图 5.20 所示，幻灯片母版的设计分为"主题幻灯片母版"的设计和"标题和内容幻灯片版式"的设计。"主题幻灯片母版"是演示文稿中所有幻灯片页面默认的版式模板。除了幻灯片页面默认的版式效果以外，还可以根据设计需求，设计特定的幻灯片版式，并将其应用于需要的幻灯片页面。

本项目中，我们将完成主题幻灯片母版和标题幻灯片版式的制作。

1. 制作主题幻灯片母版

（1）在幻灯片母版设计视图的"页面设置"组中单击"页面设置"按钮，弹出"页面设置"对话框。如图 5.21 所示，将幻灯片的高度修改为 15.7 厘米，然后单击"确定"按钮。

（2）在确保"主题幻灯片母版"被选中的状态下，鼠标单击"插入"，在"插入"选项卡的"图像"组中单击"图片"按钮。在弹出的如图 5.22 所示的"插入图片"对话框中，选择项目素材图片文件"bottom.png"。然后单击"插入"按钮，将图片插入到幻灯片母版中。通过鼠标将图片拖动到幻灯片母版的下方并对齐（如图 5.23 所示）。按照同样的方式，将项目图

片素材文件"topL.png"插入到母版中，并在幻灯片母版的左上方对齐；将项目图片素材文件"topR.png"插入到母版中，并在幻灯片母版的右上方对齐。完成上述操作后的效果如图 5.24 所示。

母版编辑区

主题幻灯片母版

标题和内容幻灯片版式

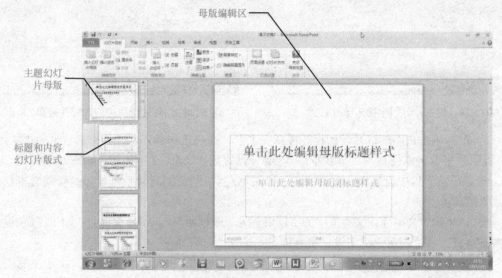

图 5.20 幻灯片母版设计视图

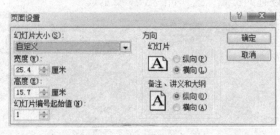

图 5.21 页面设置对话框

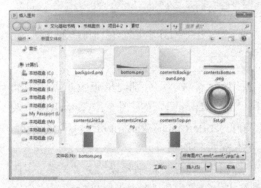

图 5.22 "插入图片"对话框

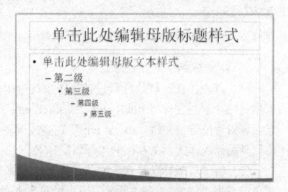

图 5.23 幻灯片母版中插入图片效果_1

接下来按照同样的方式将项目图片素材文件"background.png"插入到幻灯片母版中，然后在幻灯片母版上单击鼠标右键，在弹出的快捷菜单中选择"置于底层"。操作完成后的效果如图 5.25 所示。

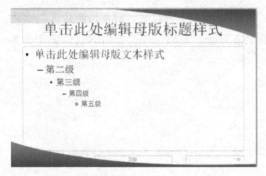

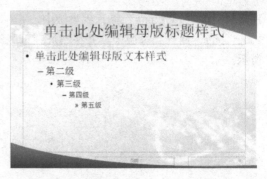

图 5.24　幻灯片母版中插入图片效果 _2　　　　图 5.25　幻灯片母版中插入图片效果 _3

（3）鼠标单击选中幻灯片母版标题样式文本框，通过工作界面"开始"选项卡的"字体"组，将标题文本字体设置为"微软雅黑"，字号设置为"28"，文字加粗、阴影，颜色为"红色"。在"段落"组中设置文字对齐方式为"文本左对齐"。同时调整母版标题样式文本框到合适的位置。

同样，将母版文本样式文本框中的字体设置为"微软雅黑"，字号设置为"24"，颜色设置为"深橙色"。在"段落"组中设置文本对齐方式为"两端对齐"。

上述操作完成后的效果如图 5.26 所示。至此，主题幻灯片母版设置完成。由于主题幻灯片母版是演示文稿中所有幻灯片页面默认的版式效果，所以在幻灯片母版设置视图中，会将所有页面版式都变为刚刚设置的母版样式（如图 5.27 所示）。

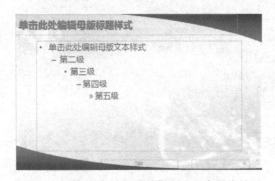

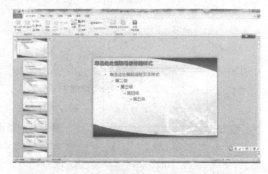

图 5.26　设置幻灯片母版的标题和文本样式效果　　　图 5.27　主题幻灯片母版对页面版式的影响

2. 制作标题幻灯片版式

（1）首先，在幻灯片母版设计视图中选中"标题幻灯片版式"，分别向母版版式页面中插入项目图片素材文件" titleR.png"、" titleL.png"和" titleM.png"，按照图 5.19 演示稿首页效果设置图片位置，并将" titleM.png"在叠放顺序上置于" titleR.png"和" titleL.png"的下方。将"母版标题样式"文本框和"母版副标题样式"文本框置于顶层。

（2）将"母版标题样式"字体设置为"宋体"、"加粗"、"阴影"，字号设置为"32"，字体颜色设置为"红色"，在"段落"组中设置文本对齐方式为"居中"；将"母版副标题样式"字体设置为"宋体"、"加粗"，字号设置为"20"，在"段落"组中设置文本对齐方式为"居中"。

（3）将本项目中不需要的其他版式删除，完成后的效果如图 5.28 所示。

这时我们可以在"幻灯片母版"选项卡中通过单击"关闭母版视图"按钮，返回到幻灯片设计工作界面。

图 5.28 母版标题样式

 任务 2 制作幻灯片内容页

幻灯片母版制作完成后，只要向演示文稿中添加一个新的 PPT 页面，页面版式都会自动以主题幻灯片母版的版式进行设置。我们只需根据页面标题和内容要求，直接录入相关文字信息而不必每页都进行排版。因而，可以快速地完成"什么是多媒体教学"、"什么是多媒体课件"、"常用多媒体课件制作工具"及"多媒体课件制作过程中应注意的问题"等页面的文字录入工作。

1. 为"什么是多媒体课件"页面添加动画

"什么是多媒体课件" PPT 页面中通过两个圆角矩形来展示文字。幻灯片在放映时，两段文字会同时和幻灯片一起展示出来。为了在放映过程中加深观众的印象，经常通过动画来控制幻灯片中对象的播放顺序和效果。

（1）首先选中 PPT 页面中第一个圆角矩形框，在 PowerPoint 2010 工作界面中单击"动画"选项卡，如图 5.29 所示。这时，我们看到"动画"选项卡中的动画效果"无"处于被选中状态，表示当前对象（圆角矩形）并未添加动画效果。

动画效果列表 —————   动画效果选项 —————

图 5.29 "动画"选项卡

（2）在幻灯片中的第一个圆角矩形被选中的状态下，通过鼠标单击动画效果列表中想要的图标即可为圆角矩形添加一个动画。在此，我们选择"形状"动画图标，同时还可通过鼠标单击"效果选项"按钮，在下拉的"效果选项"菜单中选择合适的动画效果。本项目中，我们为圆角矩形选择默认的动画效果（如图 5.30 所示）。

（3）按照同样的方法，可以为第二个圆角矩形添加动画效果。添加完成后，鼠标单击"动画"选项卡"高级动画"组中的"动画窗格"按钮（如图 5.31 所示），会在幻灯片编辑区的右侧显示"动画窗格"窗口，如图 5.32 所示。在"动画窗格"中，将当前幻灯片中添加的所有动画效果按照播放顺序显示出来。

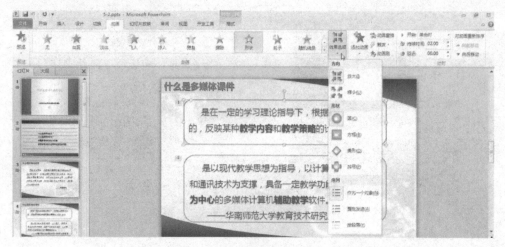

图 5.30　为对象添加动画效果

图 5.31　高级动画组

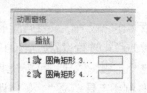

图 5.32　动画窗格

（4）从当前幻灯片开始放映，可以看到动画添加以后的播放效果，如图 5.33 所示。幻灯片播放过程中，通过单击鼠标，可控制圆角矩形的出现顺序并按照预先设定的效果进行播放。

图 5.33　为幻灯片添加动画后的播放效果

（5）按照同样的方法，可以为"多媒体课件制作过程中应注意的问题"页面中的圆角矩形添加动画效果。

 ## 任务 3　制作标题页

内容制作完成后，接下来可为演示文稿添加标题页。

1. 添加标题页幻灯片

为演示文稿添加标题页，只需在 PowerPoint 2010 工作界面的"大纲窗口"中，于当前演示文稿第一页之前添加一个新的幻灯片即可。新添加的幻灯片默认版式即为之前设计的标题幻灯片母版版式。

若新添加的幻灯片版式和之前设计制作的标题幻灯片母版版式不符，则可以在标题幻灯片上单击鼠标右键，在弹出的快捷菜单中选择"版式"，然后在列出的已有版式列表中选择之前我们设计的标题幻灯片版式（如图 5.34 所示）。

2．为标题幻灯片添加艺术字

标题幻灯片页面添加完成后，即可按照母版设计的版式，为幻灯片添加标题"多媒体教学与课件设计"和副标题"太原工业学院计算机工程系"。接下来，我们通过设置标题为艺术字效果来进一步增加文稿的表现力。

图 5.34　幻灯片的版式选择

（1）选中幻灯片标题文本框，在 PowerPoint 2010 工作界面中单击"绘图工具格式"选项卡，如图 5.35 所示。可以通过此选项卡，对标题文本的艺术字效果加以设置。

图 5.35　艺术字体格式设置

（2）鼠标单击"绘图工具格式"选项卡"艺术字样式"组中艺术字体样式列表右边的 ▼ 图标，在弹出的艺术字样式列表中选择"渐变填充 - 橙色"，如图 5.36 所示。

（3）鼠标单击"艺术字样式"组右下角的 ▫ 图标，弹出"设置文本效果格式"对话框。

在对话框左侧的格式列表中选择"阴影"，如图 5.37 所示，在对话框右侧单击"预设"效果按钮，在弹出的阴影效果列表中选择"外部"→"左上斜偏移"（如图 5.38 所示）。

在对话框右侧设置阴影"虚化"参数为 6 磅，"距离"参数为 6 磅。

图 5.36　艺术字样式选择

上述设置完成后，鼠标单击"关闭"按钮，关闭对话框。添加艺术字效果后的标题幻灯片效果如图 5.39 所示。

图 5.37　设置文本效果格式对话框

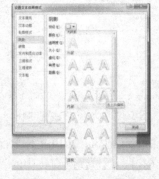
图 5.38　文字阴影设置

图 5.39　添加艺术字效果

3．为幻灯片标题添加自定义路径动画

将幻灯片标题设置为艺术字效果后，接下来为幻灯片标题添加自定义路径动画。

（1）选中幻灯片中的标题文本框，在 PowerPoint 2010 工作界面"动画"选项卡的"高级动画"组中单击"添加动画"按钮，在如图 5.40 所示的动画效果列表中通过下拉右侧的滚动条找到并选择"动作路径"列表中的"自定义路径"。选择"自定义路径"后，鼠标指针会变为十字形状，用来在幻灯片中绘制动画对象的动作路径。

图 5.40 插入自定义路径动画

（2）如图 5.41 的左图所示，首先在动作路径的起点单击鼠标左键，然后移动鼠标，这时会在幻灯片中自动绘制出一条动作路径线路，在鼠标移动过程中，可以随时通过单击鼠标左键来改变动作路径的移动方向。接下来在动作路径的结束位置双击鼠标左键，完成自定义动作路径的设置。完成后的效果如图 5.41 的右图所示。

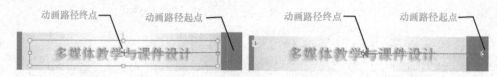

图 5.41 插入自定义路径动画

（3）在 PowerPoint 2010 工作界面"动画"选项卡的"高级动画"组中单击"动画窗格"按钮，打开"动画窗格"窗口，在动画窗格中鼠标单击刚刚添加动画右侧的下拉箭头，如图 5.42 所示，在弹出的列表中选择"效果选项"，在弹出的"自定义路径"设置窗口中单击"计时"选项卡。

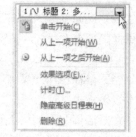

如图 5.43 的左图所示，默认情况下，添加的动画效果会在幻灯片放映过程中单击鼠标时开始展示，若想动画效果在标题幻灯片放映的同时加以展示，只需在对话框中将"开始"选项参数修改为"与上一动画同时"（如图 5.43 的中图所示）。

图 5.42 动画路径效果选项设置

图 5.43 动画的放映控制

（4）鼠标选中副标题文本框，在 PowerPoint 2010 工作界面中单击"动画"选项卡，从"动画"组中添加"淡出"动画效果。同时，通过动画窗格中的"效果选项"，修改"淡出"效果的"计时"参数为"开始：上一动画之后；期间：非常慢（5 秒）"（如图 5.43 的右图所示）。

4．为标题幻灯片添加背景音乐

（1）首先选中标题幻灯片，在 PowerPoint 2010 工作界面"插入"选项卡的"媒体"组中单击"音频"按钮，在下拉的音频来源列表中选择"文件中的音频"，弹出"插入音频"对话框。

（2）通过"插入音频"对话框，可以从磁盘中选择想要插入的音频文件作为幻灯片的背景音乐。本项目中，我们选择项目素材中的"music.mp3"文件作为标题幻灯片的背景音乐（如图 5.44 所示）。文件选择完成后，单击对话框底部的"插入"按钮，PowerPoint 2010 会自动将刚刚选中的音频文件插入到当前幻灯片中，并且在幻灯片中生成一个音频播放图标。

图 5.44 "插入音频"对话框

（3）鼠标单击幻灯片中的音频播放图标，会在 PowerPoint 2010 工作界面上显示"音频工具"选项卡，如图 5.45 所示。单击选项卡中的"格式"按钮，可以对幻灯片中的音频图标的图片颜色、样式、背景等格式进行设置。本项目中我们采用默认设置。

图 5.45 音频图标格式设置

单击"音频工具"选项卡中的"播放"按钮，可以对音频播放加以控制，如图 5.46 所示。在"音频选项"组中设置"开始"参数为"自动"，确保"循环播放，直到停止"和"放映时隐藏"复选框处于选中状态。

图 5.46 音频播放设置

上述参数设置的作用是：在标题幻灯片放映时，音频自动进行播放而不用通过单击鼠标触发；音频文件在标题幻灯片放映过程中会循环播放，直到切换到下一张幻灯片时停止；标题幻灯片放映时，会自动隐藏音频播放图标。

相关提示：

（1）对于艺术字的插入，我们也可直接在 PowerPoint 2010 工作界面"插入"选项卡的"文本"组中单击"艺术字"按钮，在弹出的艺术字样式选择列表中选择如图 5.47 左图所示的艺术字样式，然后在幻灯片中会出现如图 5.47 右图所示的艺术字样式文本框，在文本框中直接键入文本内容，则文字会以刚才选择的艺术字体格式显示。

（2）在设计和制作幻灯片母版时，也可以根据实际情况，不对"主题幻灯片"母版进行定义而直接设计和制作"标题幻灯片"和"内容幻灯片"母版。同样，也可在插入新的幻灯片页面时，根据需要选择不同的母版样式，如图 5.48 所示。

图 5.47　插入艺术字

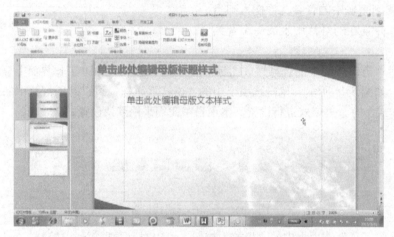

图 5.48　母版制作效果

 任务 4　制作目录及致谢

本项目的前期任务中，我们学习了在 PowerPoint 2010 中添加动画的基本技术，通过动画技术的合理编排和利用，我们可以设计并制作出非常"炫"和"酷"的幻灯片展示，从而大大提高演示文稿的表现力。接下来，通过目录和致谢幻灯片页面的制作，学习动画的高级编排技巧。

1．制作目录幻灯片

目录幻灯片效果及所需相关项目素材文件如图 5.49 所示。

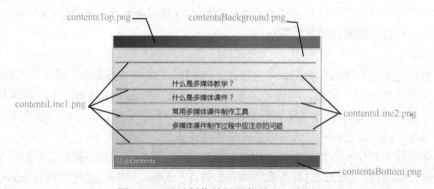

图 5.49　目录制作效果及相关项目素材

（1）在标题幻灯片之后添加一张新的幻灯片，幻灯片默认版式为"主题幻灯片"母版版式。将幻灯片中内容为"单击此处添加标题"的幻灯片标题文本框和"单击此处添加文本"的幻灯片内容文本框删除。

（2）在幻灯片中插入项目素材图片"contentsBackground.png"作为幻灯片的背景。插入项目素材图片"contentsTop.png"和"contentsBottom.png"，按照如图 5.49 所示的位置进行放置。

（3）在幻灯片中分别插入项目素材图片"contentsLine1.png"和"contentsLine2.png"，按照如图 5.49 所示的效果交错排列。排列过程中，首先可通过图 5.50 左图所示"图片格式"选项卡"排列"组中的对齐操作，实现每个线条基于幻灯片横向对齐。接下来，在保证所有线条图片同时选中的情况下，按照图 5.50 右图所示的那样进行对齐操作，实现所有线条在幻灯片中纵向均匀分布。

（4）按照目录效果及内容要求，在幻灯片中插入文本框，实现幻灯片目录中相关文字的添加及对齐排列。

（5）鼠标单击 PowerPoint 2010 工作界面"动画"选项卡"高级动画"组中的"动画窗格"按钮，打开"动画窗格"窗口。

图 5.50　目录线条图片对齐方式

（6）按照表 5.1 中的参数设置，分别为相关对象添加相应的动画效果。添加完成后，在"动画窗格"中显示各个对象的动画编排，如图 5.51 的左图所示。

表 5.1　目录幻灯片中部分对象动画效果及参数设置

序号	对象名称	动画效果	"效果选项"设置	
			"效果"参数设置	"计时"参数设置
1	图片 contentsBottom.png	进入：阶梯状	方向：右上	开始：与上一动画同时 期间：0.6 秒
2	图片 contentsTop.png	进入：阶梯状	方向：左下	开始：与上一动画同时 期间：0.6 秒
3	"目录 Contents"文本框	进入：切入		开始：上一动画之后
4	"什么是多媒体教学？"文本框	进入：切入		开始：上一动画之后
5	"什么是多媒体课件？"文本框	进入：切入		开始：与上一动画同时 延迟：0.2 秒
6	"常用多媒体课件制作工具"文本框	进入：切入		开始：与上一动画同时 延迟：0.4 秒
7	"多媒体课件制作过程中应注意的问题"文本框	进入：切入		开始：与上一动画同时 延迟：0.6 秒

（7）从前面的操作可以看出，四个目录项中，第一个目录项即"什么是多媒体教学？"文本框是在前一个动画完成之后开始播放的。在此之后，第二、三、四个目录项都以它为基准，分别延迟 0.2 秒、0.4 秒和 0.6 秒播放。

按照同样的思路，设置目录幻灯片中第一条红色线条图片为"缩放"动画效果，其"开始"

参数为"上一动画之后",以保证其在前面动画完成之后开始播放。在此之后,以它为基准,在幻灯片中从上到下,其他线条图片同样设置为"缩放"动画效果,"开始"参数设置为"与上一动画同时"。只是延迟参数应以 0.1 秒为单位递增,分别设置为 0.1 秒至 0.6 秒。上述操作完成后,动画窗格中会显示如图 5.51 右图所示目录幻灯片的全部对象动画编排效果。

（8）至此,目录幻灯片制作全部完成。放映目录幻灯片,可获得如图 5.52 所示的放映效果。

图 5.51　目录幻灯片中对象动画编排效果

 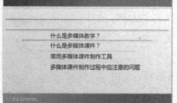 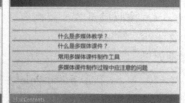

图 5.52　目录幻灯片放映效果

2. 制作致谢幻灯片

（1）在演示文稿末尾添加一张新的幻灯片,如图 5.53 所示设置其背景格式。目的是保证致谢幻灯片在不显示"主题幻灯片"版式背景图形的情况下,使其纯黑色填充背景效果发挥作用。

（2）在幻灯片的内容文本框中添加文字"谢谢!"并设置其字体为"宋体",字号为 40,文字颜色为白色。

（3）为文本框添加"缩放"动画效果。设置其效果选项参数为"开始:与上一动画同时;期间:慢速（3 秒）"。

图 5.53　目录线条图片对齐方式

 任务 5　幻灯片切换及另存为 PowerPoint 放映

1. 幻灯片切换

演示文稿中的所有幻灯片页面制作完成后,还可以在 PowerPoint 2010 工作界面的"切换"选项卡中设置幻灯片页面的切换方式。

如图 5.54 所示,在"切换"选项卡的"切换到此幻灯片"组中,单击切换效果列表右侧的垂直滚动条,找到"立方体"并选中,然后单击"计时"组中的"全部应用"。则演示文稿中所有幻灯片页面的切换方式都设置为"立方体"效果。接下来,选中标题页幻灯片,在"切换"选项卡的"切换到此幻灯片"组中选中"无",取消对标题页设定的"立方体"切换方式。

图 5.54 幻灯片页面的切换方式设置

2. 另存为 PowerPoint 放映

使用 PowerPoint 2010 制作完演示文稿后，可以将演示文稿保存为"PowerPoint 放映"，即文件扩展名为".ppsm"的文件，以后只要双击文件即可直接进行放映而不需要进入 PowerPoint 2010 的工作界面。

将演示文稿文件保存为"ppsm"文件的好处是：首先，放映操作方便。省略了在 PowerPoint 2010 工作界面中打开文件，再单击"幻灯片放映"的操作过程。其次，可以避免文件内容在工作界面中由于误操作或被其他人意外改动而导致"面目全非"。

操作步骤：

（1）在 PowerPoint 2010 工作界面中的"文件"菜单中单击"另存为"，弹出"另存为"对话框。

（2）如图 5.55 所示，在对话框的"保存类型"下拉列表中选择"启用宏的 PowerPoint 放映（*.ppsm)"。接下来选择合适的存储位置并输入存储的文件名后，单击"保存"按钮。

图 5.55 另存为 PowerPoint 放映

 项目小结

本项目通过对前期制作的教学课件进行优化，学习了 PowerPoint 2010 演示文稿母版的作用和制作方法，以及在幻灯片中插入动画、音频的基本方法，进一步熟悉并掌握了通过图形、图片、艺术字及动画的高级编排、幻灯片切换设置等技术，进而加强和丰富演示文稿的表现力。

图文混排和动画的编排是 PowerPoint 演示文稿制作以及优秀 PPT 演示文稿中最常使用的技术，在学习过程中一定要加强这方面的训练。

 同步训练

1. 对前面制作的包含本人基本情况、兴趣爱好等内容的个人简介 PPT，通过背景音乐、图文混排、艺术字及动画编排等技术进行优化，以加强其表现力。

2. 制作一个以"环境保护"为主题的宣传 PPT。要求通过制作主题母版，插入动画、音乐、图形、图片、艺术字等来丰富主题的内容。

项目 5.3 服务外包大赛参赛 PPT 的制作

 项目描述

产品及项目展示是 PPT 演示文稿最为核心的功能。本项目通过"第五届中国大学生服务外包创新创业大赛"参赛项目 PPT 的制作，进一步掌握母版的制作、动画的高级编排技巧，学习在 PPT 中插入图表和 SmartArt 的方法。项目效果如图 5.56 所示。

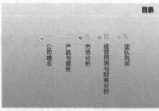

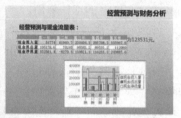

图 5.56　服务外包大赛参赛 PPT 效果

 项目目标

- 进一步掌握幻灯片母版的制作和应用
- 进一步掌握图文混排及动画的高级编排
- 掌握 SmartArt 的编辑和应用
- 掌握在幻灯片页面中插入图表的方法

 项目实施

任务 1　制作幻灯片母版

任务 2　制作标题及目录页

任务 3　制作"公司理念、产品与服务以及市场分析"页

任务 4　制作"经营预测与财务分析"页

任务 5　制作"团队风采"页

任务 1　制作幻灯片母版

新建一个空白演示文稿，在 PowerPoint 2010 工作界面"视图"选项卡的"母版视图"组中单击"幻灯片母版"，将 PowerPoint 2010 的工作界面切换到"幻灯片母版设计"视图。

（1）通过"幻灯片母版"选项卡"页面设置"组中的"页面设置"按钮，将幻灯片页面设置为"宽度 25.4，高度 15.7"。

（2）将"主题幻灯片"母版和"标题幻灯片"母版中的样式文本框全部删除。

（3）在"幻灯片母版"设计视图左侧的大纲窗口中，在按下 Ctrl 键的同时单击选中"标题幻灯片"母版和"标题和内容"母版页面。

（4）在"幻灯片母版"设计大纲窗口中，保证"标题幻灯片"母版和"标题和内容"母版页面同时被选中的状态下单击鼠标右键，在弹出的快捷菜单中选择"设置背景格式"，弹出"设置背景格式"对话框。

（5）如图 5.57 所示，在"设置背景格式"对话框的"填充"页面中，选择"渐变填充"。具体参数为"方向：线性向下；角度：90°；颜色：浅蓝"。设置完成后单击"关闭"按钮。

（6）在"标题和内容"母版页面，设置其"母版标题样式"字体为"微软雅黑"；字体大小为"28"；格式为"加粗，阴影，右对齐"。设置其"母版文本样式"字体为"宋体"，字体大小为"24"。

图 5.57　设置幻灯片母版背景颜色对话框

（7）在"标题和内容"母版页面中插入图片素材" line1.png"。调整样式文本框及图片位置到合适的位置。

幻灯片母版制作完成后的效果如图 5.58 所示。

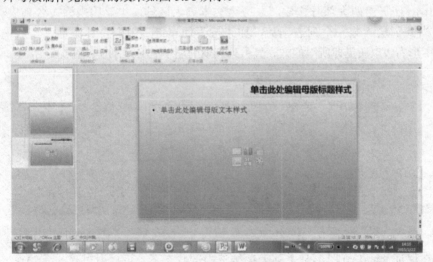

图 5.58　幻灯片母版样式

 任务 2　制作标题及目录页

1. 制作标题页

在演示文稿第一页之前插入版式为"标题幻灯片"的 PPT 页面，在页面中插入" logo.

png"素材文件并调整其到合适的位置。在标题幻灯片页面中通过插入文本框添加参赛项目文字信息。如图5.56所示，设置字体为"微软雅黑、加粗、白色、居中对齐"，字体大小分别为"32"和"20"。

2. 制作目录页

（1）在标题页之后插入版式为"标题和内容"的PPT页面，页面标题输入文字"目录"。

（2）在PowerPoint 2010工作界面"插入"选项卡的"插图"组中，单击"SmartArt"，弹出"选择SmartArt图形"对话框中，如图5.59所示。

（3）在对话框左侧列表项中选择"列表"，然后在列表样式中选择"递增循环流程"，这时在对话框右侧可以预览列表并显示对列表的说明（如图5.60所示）。

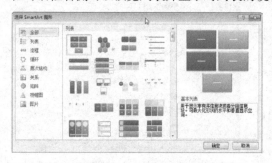
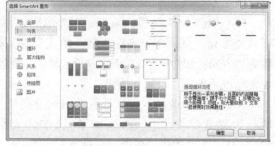

图5.59 "选择SmartArt图形"对话框 　　　　图5.60 选择"递增循环流程"SmartArt

选择完成后，单击"选择SmartArt图形"对话框中的"确定"按钮，会将选择的SmartArt列表插入到当前幻灯片页面中，如图5.61所示。

（4）接下来，我们可向列表项中添加文字并对列表项进行版面设置。如图5.61所示，插入的SmartArt图形由两大部分构成，左边为文本键入区域，主要用来输入各列表项中显示的文本。当我们输入某一个列表项后，如果按下回车键，则会自动添加一个新的列表项。SmartArt图形右边以所见即所得的方式显示列表项的显示风格效果（如图5.62所示）。

图5.61 插入"递增循环流程"SmartArt 　　　　图5.62 编辑SmartArt图形

（5）在保证SmartArt图形某个列表项被选中的状态下，可以通过"SmartArt工具设计"选项卡的"创建图形"组中的"升级"或"降级"以及"上移"或"下移"按钮，调整列表项的位置和级别（如图5.63所示）。

（6）在编辑过程中，可对列表项的文字格式进行设置。在此，我们设置SmartArt图形文字字体为"微软雅黑"，字体大小为"24"。

还可以选中右侧的各列表项文本框，对其高度、宽度及位置进行调整。上述操作完成后的页面效果如图5.64所示。

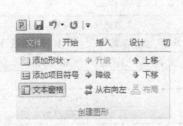

图 5.63　调整 SmartArt 列表项的位置和级别　　图 5.64　对 SmartArt 列表项进行排版的效果

（7）选中 SmartArt 图形，单击"SmartArt 工具设计"选项卡的"SmartArt 样式"组中的"更改颜色"按钮，在弹出的颜色样式列表中选择"彩色-强调文字颜色"（如图 5.65 所示）。

所有的列表及文字设置完成后，只要在幻灯片空白位置单击鼠标，SmartArt 图形左侧的文字键入区域就会自动消失。全部列表项录入并设置完成的最终目录页面效果如图 5.56 所示。

（6）设置"目录"文字的动画效果为"飞入"，效果选项中"方向"为"自左侧"，"开始"参数为"与上一动画同时"；设置 SmartArt 图形动画效果为"飞旋"，效果选项中的"开始"参数为"上一动画之后"。

相关提示：

（1）从 Office 2007 开始，在 Word 和 PowerPoint 中增加了一项新的图形功能 SmartArt。相对于 Office2003 中的图形功能，SmartArt 功能更强大、种类更丰富、效果更生动，主要用来强调重要的信息，对相互间有一定关系和具有固定流程的信息进行表达。

（2）PowerPoint 2010 中的 SmartArt 共有 8 种类型，分别为"列表"、"流程"、"循环"、"层次结构"、"关系"、"矩阵"、"棱锥图"和"图片"。

（3）设置 SmartArt 列表项的位置和级别时，也可在 SmartArt 图形文本键入区域单击鼠标右键，在弹出的快捷菜单中调整列表项的位置及级别。

 任务 3　制作"公司理念、产品与服务以及市场分析"页

1. 制作"公司理念"页

（1）在目录页面后面添加"标题和内容"版式的幻灯片页面，页面标题输入文字"公司理念"。

（2）分别向页面中插入两个文本框，录入相应的内容文字。文本框字体设置为"微软雅黑、加粗、深红色"；字体大小分别设置为"24"和"18"。

（3）向页面中插入 SmartArt 图形，图形类型为"基本射线图"，在"SmartArt 样式"中更改颜色为"彩色-强调文字颜色"，并按照图 5.56 录入相关文字内容。

（4）向页面中插入"pic1.png"图片素材文件，如图 5.56 所示调整图片位置。

（5）按照表 5.2 所示顺序及效果参数，为"公司理念"页面幻灯片添加动画效果。添加完成后，幻灯片中的全部对象动画编排效果如图 5.66 所示。

图 5.65　设置 SmartArt 样式

表 5.2 "公司理念"幻灯片中对象动画效果及参数设置

序号	对象名称	动画效果	"效果选项"设置	
			"效果"参数设置	"计时"参数设置
1	"战略合作＋产业链…"文本框	进入：劈裂	方向：上下向中央收缩	开始：与上一动画同时
2	图片 pic1.png	进入：展开		
3	SmartArt 图形	进入：回旋		开始：上一动画之后 期间：中速（2秒）
4	"战略合作＋产业链…"文本框	退出：擦除		
5	图片 pic1.png	退出：消失		开始：与上一动画同时
6	"目标——将…"文本框	进入：擦除		开始：与上一动画同时

2. 制作"产品与服务"页

（1）在"公司理念"页面后面添加"标题和内容"版式的幻灯片页面，页面标题输入文字"产品与服务"。

（2）将"产品与服务"幻灯片页面中"单击此处添加文本"的内容文本框删除。

向页面中插入"pic2.png"图片素材文件。

向页面中插入文本框并编辑录入文字"盲人助手 App"，设置文本框字体为"微软雅黑、加粗、阴影"，字体大小为"24"，文字颜色为"白色"。

同时选中图片和文本框，单击鼠标右键，在弹出的快捷菜单中选择"组合"，将二者组合为一个对象。

图 5.66 "公司理念"幻灯片动画编排效果

按照同样的方式，向页面中插入"pic3.png"图片素材文件，通过与文本框的组合，生成"智能手势库"组合对象。向页面中插入"line2.png"图片素材文件，通过与文本框的组合，生成"App 功能"组合对象。

（3）按照表 5.3 所示顺序及效果参数，为"产品与服务"页面幻灯片添加动画效果。

表 5.3 "产品与服务"幻灯片中对象动画效果及参数设置

序号	对象名称	动画效果	"效果选项"设置	
			"效果"参数设置	"计时"参数设置
1	"盲人助手 App"组合对象	进入：飞入	方向：自顶部	开始：与上一动画同时
2	"智能手势库"组合对象	进入：浮入	效果选项：下浮	
3	"App 功能"组合对象	进入：擦除	效果选项：自顶部	

3. 制作"市场分析"页

"市场分析"幻灯片页面的制作与"产品与服务"页面的制作过程基本相同。

（1）在幻灯片中分别插入"line2.png"和"pic4.png"。将"line2.png"和相关文本框组合生成"市场容量"组合对象。

（2）按照表 5.4 所示顺序及效果参数，为"市场分析"页面幻灯片添加动画效果。

表 5.4 "市场分析"幻灯片中对象动画效果及参数设置

序号	对象名称	动画效果	"效果选项"设置	
			"效果"参数设置	"计时"参数设置
1	"市场容量"组合对象	进入：擦除	效果选项：自顶部	
2	图片 Pic4.png	进入：擦除	效果选项：自顶部	开始：与上一动画同时

任务 4　制作"经营预测与财务分析"页

（1）在"市场分析"页面后面添加"标题和内容"版式的幻灯片页面，页面标题输入文字"经营预测与财务分析"。

（2）在页面中插入一个文本框，输入页面文字信息。设置文本框字体格式为"微软雅黑"，字体大小为"20"，文本行间距为 1.5。

（3）在 PowerPoint 2010 工作界面"插入"选项卡的"文本"组中鼠标单击"对象"按钮，弹出"插入对象"对话框。如图 5.67 所示，在对话框中选择"由文件创建"单选按钮，通过单击"浏览"按钮，在弹出的"浏览"对话框中找到并选择项目素材文件" jyyc.xlsx"后单击"确定"，在幻灯片中插入 Excel 工作表对象（如图 5.68 所示）。

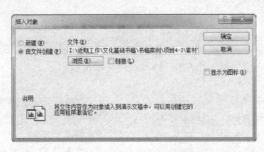

图 5.67　"插入对象"对话框

（4）在 PowerPoint 2010 工作界面"插入"选项卡的"插图"组中鼠标单击"图表"按钮，弹出如图 5.69 所示的"插入图表"对话框，选择"柱形图 - 簇状柱形图"后单击"确定"按钮。

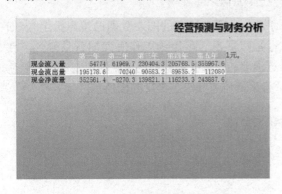

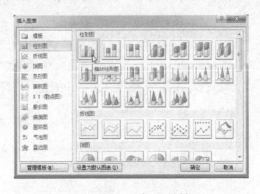

图 5.68　插入 Excel 工作表对象效果　　　　图 5.69　"插入图表"对话框

（5）上述操作完成后，会在当前幻灯片中自动添加一个"簇状柱形图"，并且会自动打开 Excel 2010。如图 5.70 所示，Excel 2010 工作表中的数据将作为图表的数据源在 PowerPoint 2010 图表中加以展示。在 Excel 2010 中可以录入需要展示的数据，数据可在图表中实时展示出来。

本项目中，我们直接使用项目素材文件" jyyc.xlsx"中的数据进行展示。在 Excel 2010 中单击"文件"菜单中的"打开"按钮，打开项目素材文件" jyyc.xlsx"。复制" jyyc.xlsx"文件中的整个工作表数据并粘贴到作为图表数据源的 Excel 2010 工作表中（如图 5.71 左图所示）。

（6）用鼠标拖动 Excel 工作表中蓝色区域的右下角，选定图表数据区域大小为数据源区域 4 行 6 列（如图 5.71 右图所示）。

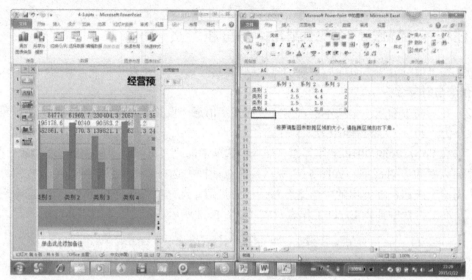

图 5.70　插入图表并编辑数据

图 5.71　调整图表数据源区域

（7）上述设置完成后，我们可以看到在幻灯片页面中插入的图表数据已按照指定 Excel 工作表中的数据进行显示。为了更好地对数据加以展示，可以为工作表添加背景颜色。在 PowerPoint 2010 工作界面"图表工具 - 格式"选项卡的"形状样式"组中，为图表选择"黑色轮廓白色背景"，调整图表大小并拖放到幻灯片合适的位置（如图 5.72 左图所示）。

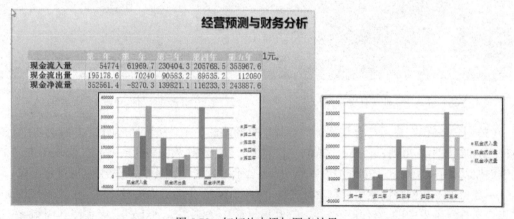

图 5.72　幻灯片中添加图表效果

（8）从图 5.72 的左图可以看出，图表中横坐标为现金流量，数据按照年份进行分类展示。我们可以在 PowerPoint 2010 工作界面的"图表工具设计"选项卡中的"数据"组中，单击"切换行 / 列"按钮，使工作表横坐标为年份，数据按照现金流量分类进行展示（如图 5.72 右图所示）。

（9）按照表 5.5 所示顺序及效果参数，为幻灯片添加动画效果。

表 5.5　"经营预测与财务分析"幻灯片中对象动画效果及参数设置

序号	对象名称	动画效果	"效果选项"设置	
			"效果"参数设置	"计时"参数设置
1	文本框	进入：飞入	效果选项：自顶部	开始：与上一动画同时
2	文本框	退出：劈裂		
3	Excel 数据文件对象	进入：飞入	效果选项：自顶部	开始：与上一动画同时
4	图表	进入：飞入	效果选项：自顶部	

相关提示：

（1）幻灯片中添加图表后，可以通过 PowerPoint 2010 工作界面"图表工具"的"格式"选项卡对图表的背景、文字等格式进行设置；可以通过"图表工具"的"设计"选项卡，对图表类型、数据源、图表布局、图表样式等进行设置；可以通过"图表工具"的"布局"选项卡，对图表中显示的文字标签、图表坐标轴、图表中加入数据分析等进行设置。

（2）PowerPoint 2010 幻灯片中的图表实际上是一个组合图形，我们可以分别选中图表中的横纵坐标轴、图例、图表数据等元素，通过单击鼠标右键，在弹出的快捷菜单中分别对这些元素进行设置。部分操作如图 5.73 和图 5.74 所示。

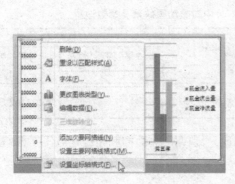

图 5.73　设置图表纵坐标格式

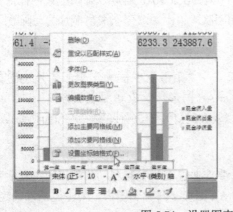

图 5.74　设置图表横坐标格式

任务5 制作"团队风采"页

（1）在"经营预测与财务分析"页面后面添加"标题和内容"版式的幻灯片页面，页面标题输入文字"团队风采"。

（2）在幻灯片页面中插入图片素材文件" pic5.png "、" pic6.png "、" pic7.png "、" pic8.png "和" pic9.png "。如图 5.75 的左图所示进行布局。

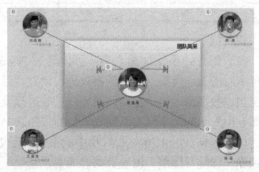

图 5.75 "团队风采"页面布局及动画路径

（3）按照表 5.6，为各个图片素材添加动画效果，动画自定义路径如图 5.75 右图所示。

表 5.6 "团队风采"幻灯片中对象动画效果及参数设置

序号	对象名称	动画效果	"效果选项"设置	
			"效果"参数设置	"计时"参数设置
1	pic5.png	进入：旋转式由远及近		开始：与上一动画同时
2	pic6.png、pic7.png、pic8.png、pic9.png	动作路径：自定义路径		开始：与上一动画同时

至此，整个演示文稿的页面制作基本完成。"致谢"页面的制作过程与任务 5.2 基本相同，在此不再详述。

相关提示：

在动画的编排和制作过程中，幻灯片中的各个对象元素并不要求必须放置于幻灯片页面内部。可以将对象元素根据设计要求，放置于 PowerPoint 2010 幻灯片编辑区域的任何位置，通过动画或动作路径的规划和编排进行展示（如团队风采中 4 名团队成员照片的动画效果）。

 项目小结

本项目通过制作一个项目展示演示文稿——"第五届中国大学生服务外包创新创业大赛参赛 PPT"，学习了在演示文稿中插入 SmartArt 图形、对象和图表的方法。进一步掌握了 PowerPoint 2010 演示文稿母版的制作方法，以及在幻灯片中进行图文混排和动画编排的技巧。

 同步训练

1. 制作一个校园主题活动的策划 PPT。要求通过图文混排和动画编排对主题活动的策划内容进行介绍，通过在演示文稿中插入 SmartArt 图形、对象和图表，对主题活动的经费支出、参与活动的人员构成等信息进行演示。

2. 制作一个介绍移动互联技术的演示文稿。要求通过图文混排和动画编排对移动互联技术的发展及应用领域进行介绍，通过插入 SmartArt 图形、对象和图表，对近年来移动互联技术产业的发展进行演示。

项目 5.4 "中国水墨画"演示文稿的制作

 项目描述

本项目通过制作"中国水墨画"演示文稿，在进一步熟悉动画编排的应用基础上，掌握为幻灯片母版添加动画的方法。学习在 PPT 页面中插入并播放 flv 流媒体文件的方法。项目效果如图 5.76 所示。

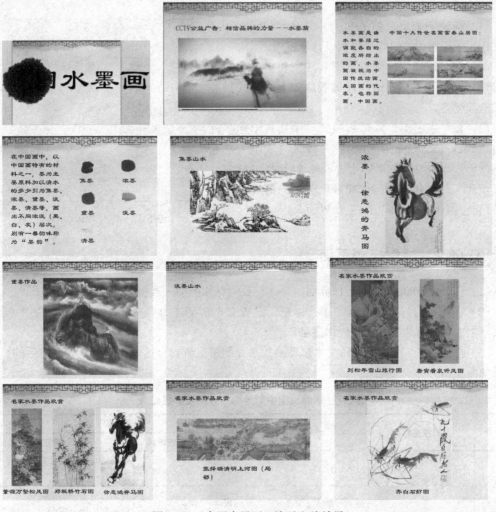

图 5.76 "中国水墨画"演示文稿效果

 项目目标

· 掌握在母版中添加动画效果的方法

- 掌握在 PPT 页面中插入并播放 flv 流媒体文件的方法
- 掌握对 PPT 页面中插入的图片进行简单的编辑操作

 项目实施

任务 1　制作幻灯片母版
任务 2　制作标题页面
任务 3　制作水墨动画播放页面
任务 4　制作水墨画简介页面
任务 5　制作墨的五色简介页面

 任务 1　制作幻灯片母版

（1）新建一个空白演示文稿并将 PowerPoint 2010 的工作界面切换到"幻灯片母版设计"视图。

（2）在"幻灯片母版设计"视图中将"主题幻灯片母版版式"和"标题幻灯片母版版式"之外的其他版式全部删除。

（3）在"主题幻灯片母版版式"中插入图片素材文件"background.jpg"，并为图片添加"淡出"进入动画效果，并如图 5.77 所示设置动画"计时"参数。

至此，幻灯片母版制作完成，关闭幻灯片母版视图，切换到 PowerPoint 2010 工作界面。

图 5.77　幻灯片母版动画参数

 任务 2　制作标题页面

（1）在 PowerPoint 2010 工作界面中，在首页幻灯片中插入素材图片文件"logo.png"。

（2）在首页幻灯片中插入一个文本框，设置文本框字体为"隶书"，字体大小为"200"。在文本框中录入标题文字"中国水墨画"。

（3）按照表 5.7 设置图片和文本框动画效果并调整二者到合适的位置，设置完成后的页面效果如图 5.76 所示。

表 5.7　标题页面中对象动画效果及参数设置

序号	对象名称	动画效果	"效果选项"设置	
			"效果"参数设置	"计时"参数设置
1	wlogo.png	进入：淡出		开始：与上一动画同时 期间：中速（2 秒）
		强调：放大 / 缩小	尺寸：30%	开始：与上一动画同时 期间：中速（2 秒）
2	标题文本框	进入：淡出		开始：与上一动画同时 期间：中速（2 秒）
		强调：放大 / 缩小	尺寸：30%	开始：与上一动画同时 期间：中速（2 秒）

任务 3　制作水墨动画播放页面

（1）在演示文稿中添加一张新的 PPT 页面，在页面中添加文本框并输入文字"CCTV 公益广告：相信品牌的力量——水墨篇"。设置字体格式为"隶书"，字体大小为"32"。设置文本框进入动画效果为"擦除"，动画"效果选项"的"计时"参数为"开始：与上一动画同时；期间：中速（2 秒）"。

（2）在 PowerPoint 2010 工作界面中单击菜单"文件→选项"，在弹出的"PowerPoint 选项"对话框中选择"自定义功能区"，如图 5.78 所示。在对话框自定义功能区的"主选项卡"设置中勾选"开发工具"复选框后，单击"确定"按钮。这时，在 PowerPoint 2010 工作界面的"视图"选项卡之后会添加"开发工具"选项卡。

图 5.78　"PowerPoint 选项"对话框

（3）在 PowerPoint 2010 工作界面中，鼠标单击"开发工具"选项卡，如图 5.79 左图所示，在"控件"组中鼠标单击"其他控件"按钮，弹出"其他控件"对话框，如图 5.79 右图所示。

图 5.79　打开"其他控件"对话框

（4）如图 5.79 右图所示，在"其他控件"对话框中选择"Shockwave Flash Object"后单击"确定"按钮。

（5）在幻灯片页面中用鼠标左键拖出一个合适大小的矩形框，如图 5.80 左图所示，在矩形框中单击鼠标右键，在弹出的快捷菜单中选择"属性"，弹出 Shockwave Flash Object 的属性窗口，如图 5.80 右图所示。

（6）如图 5.80 右图所示，在 Shockwave Flash Object 的"属性"对话框中，设置其"Movie"参数为"PPTflv.swf?file=xxppdll.flv"。其中"PPTflv.swf"为可以解析并播放 flv 文件的插件资源文件，"xxppdll.flv"为要在 PPT 页面中播放的 flv 资源文件。需要注意的是，"PPTflv.swf"和"xxppdll.flv"两个文件必须和当前演示文稿文件在相同的路径下。

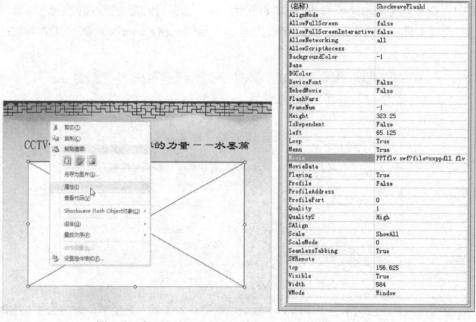

图 5.80 打开 Shockwave Flash Object 的"属性"对话框

设置完成后，可以播放当前幻灯片页面，"xxppdll.flv"文件可以在幻灯片中播放出来，效果如图 5.76 中的页面所示。

相关提示：

（1）flv 流媒体文件是目前绝大多数视频网站所采用的视频格式。PowerPoint 2010 可以非常方便地插入wmv、avi、mpg 等视频文件。但是对于 flv 文件则不能通过直接插入视频文件的方式来进行播放。为了在PowerPoint 中播放网络上下载的 flv 视频资源，除了通过在幻灯片页面中添加 Shockwave Flash Object 对象，通过 flv 播放插件"PPTflv.swf"进行播放外，还可以通过格式转换工具，将 flv 文件转换为 PowerPoint 2010支持的视频文件格式如 wmv、avi 等格式后，再通过插入视频的方式进行播放。

（2）如图 5.81 所示，我们还可以通过鼠标左键单击 PowerPoint 2010 工作界面"快速访问工具栏"右侧

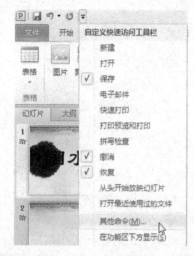

图 5.81 打开"PowerPoint 选项"对话框

218

的下拉箭头，在弹出的下拉菜单中选择"其他命令"来打开"PowerPoint 选项"对话框，从而在 PowerPoint 2010 工作界面中添加"开发工具"选项卡。

 ## 任务 4　制作水墨画简介页面

（1）在演示文稿中添加一个新的幻灯片页面，在页面中分别添加两个文本框，设置文本框字体为"隶书"，字体大小为"28"。设置文本框的对齐方式为"分散对齐"。

（2）如图 5.76 中第三张幻灯片所示，分别向两个文本框中录入相应的文字，并调整文本框到合适的大小和位置。

（3）分别设置两个文本框的进入动画效果为"擦除"。"效果选项"中的"效果"参数为"方向：自左侧"。"计时"参数为"开始：与上一动画同时；期间：中速（2 秒）"。

（4）向幻灯片页面中插入图片素材文件"1-fcsjt.jpg"。调整图片大小和位置到合适的位置。设置图片的进入动画效果为"劈裂"。"效果选项"中的"效果"参数为"方向：中央向左右展开"。"计时"参数为"开始：与上一动画同时；期间：中速（2 秒）"。上述操作完成后的效果如图 5.76 中的第三张幻灯片所示。

 ## 任务 5　制作墨的五色简介页面

（1）在演示文稿中添加一个新的幻灯片页面，在页面中添加一个文本框，设置文本框字体为"隶书"，字体大小为"32"。设置文本框的对齐方式为"分散对齐"。为文本框设置与任务 5 中文本框相同的动画效果。

（2）向幻灯片页面中插入图片素材文件"2-mdws.jpg"，在幻灯片中将插入的图片复制 4 份。

（3）在幻灯片页面中选中其中一个图片，鼠标单击 PowerPoint 2010 工作界面的"图片工具"中的"格式"选项卡，如图 5.82 左图所示，在选项卡的"大小"组中单击"裁剪"按钮，在如图 5.82 右图所示的图片裁剪句柄周围，通过鼠标左键拖动，对图片进行裁剪。裁剪后只保留"焦墨"的效果，如图 5.83 左图所示。

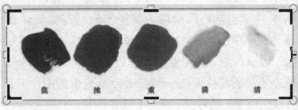

图 5.82　通过"图片工具"对图片进行裁剪

（4）在保证裁剪后的图片被选中的情况下，鼠标单击"图片工具→格式选项卡→调整组"中的"删除背景"按钮，将裁剪后的图片背景删除，效果如图 5.83 右图所示。

（5）如图 5.84 左图所示，在保证处理后的图片被选中的状态下，鼠标左键拖动图片上方的旋转调整柄，将图片逆时针旋转 45 度。调整后的图片效果如图 5.84 右图所示。

（6）为处理后的图片添加进入动画效果为"擦除"。"效果选项"中"效果"参数为"方向：自左侧"。"计时"参数为"开始：单击时；期间：中速（2 秒）"。

 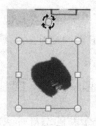 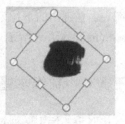

图 5.83 "焦墨"效果处理图片　　　　　　　图 5.84　旋转图片

（7）在图片下方添加文本框，设置文本框字体为"隶书"，字体大小为"32"。向文本框中添加文字"焦墨"。

（8）设置文本框进入动画效果为"擦除"。动画"效果选项"中的"效果"参数为"方向：自左侧"。"计时"参数为"开始：与上一动画同时；期间：中速（2秒）"。

（9）调整处理后的图片和文本框到幻灯片中合适的位置。具体如图 5.76 的第四张幻灯片所示。

（10）按照步骤 3 至步骤 9，分别对其余的 4 张图片进行处理，完成对"浓墨"、"重墨"、"淡墨"及"清墨"效果图片的处理及设置。

经过上述操作后的幻灯片效果如图 5.76 中的第四张幻灯片所示。

相关提示：

（1）为了提高动画的添加效率，在为其余 4 张图片和 4 个文本框添加动画效果时，可以通过"动画选项卡→高级动画组"中的"动画刷"按钮工具，像文本的"格式刷"工具操作一样，分别为每张图片和每个文本框快速"复制"动画效果。

（2）五色水墨作品及名家作品欣赏页面的制作过程，基本和任务 4、任务 5 的操作过程相同，再此不再赘述。

 项目小结

本项目通过制作一个"中国水墨画"演示文稿，学习在幻灯片母版中添加动画效果的方法。学习通过"开发工具"为幻灯片添加控件的方法以及掌握利用 Shockwave Flash Object，通过幻灯片播放插件"PPTflv.swf"来播放 flv 流媒体文件的方法。

flv 文件是当前网络中最为普遍和流行的流媒体视频文件格式，因而学习在 PowerPoint 2010 演示文稿中播放 flv 文件，具有非常现实的意义。

除了可以利用一些专业的图像处理工具如 PhotoShop，对演示文稿中使用的图片素材进行预先处理外，还可利用 PowerPoint 2010 自带的图片工具，对幻灯片中插入的图片进行简单的处理，以达到想要的效果。

 同步训练

1. 制作一个介绍中国毛笔书法的演示文稿，对文房四宝以及楷书四大家欧阳询（欧体）、颜真卿（颜体）、柳公权（柳体）、赵孟頫（赵体）的书法特点进行介绍。要求搜集相关 flv 视频并在演示文稿中进行播放。

2. 制作一个介绍 MOOC 的演示文稿，对当前在线网络课堂及国内外知名的 MOOC 课堂进行介绍。要求搜集相关 flv 视频并在演示文稿中进行播放。

项目 5.5　为"服务外包大赛参赛 PPT"项目添加页面备注并进行打包发布

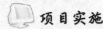 **项目描述**

对项目 5.3 制作的"服务外包大赛参赛 PPT"演示文稿添加页面备注并对项目进行打包发布。

项目目标

• 熟悉为幻灯片页面添加备注及设置多监视器放映的方法
• 熟悉演示文稿的打包方法

项目实施

任务 1　页面备注的应用
任务 2　演示文稿的打包与发布

任务 1　页面备注的应用

在 PowerPoint 2010 中打开已经制作完成的项目 5.3"服务外包大赛参赛 PPT"演示文稿文件。在工作界面大纲窗口中选中"产品与服务"幻灯片,在幻灯片编辑区下方的备注编辑区中可以录入需要备注的内容,如图 5.85 所示。

默认情况下,幻灯片的备注信息在放映过程中不会显示出来。但是在更多情况下,我们希望备注信息可以让演讲者看到而观众无法看到。PowerPoint 2010 的演示者模式可以让演讲者在自己的显示屏幕上显示更多的备注内容,从而很好地提示并辅助演讲者完成演讲内容。

1. 将投影设备或其他幻灯片输出设备连接到笔记本或 PC 上,在 Windows 7 中按 Win + P 组合键并选择"扩展"模式将当前笔记本或 PC 的显示器与投影显示输出设备设置为"扩展模式"(如图 5.86 所示)。

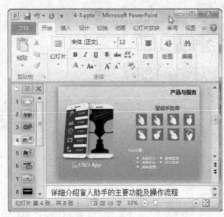

图 5.85　为"产品与服务"页面添加备注

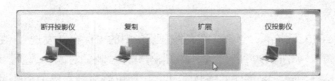

图 5.86　设置计算机与投影输出设备为"扩展"模式

(2) 在 PowerPoint 2010 工作界面选择"幻灯片放映"选项卡,鼠标单击"设置"组中的"设置幻灯片放映"按钮,在弹出的"设置放映方式"对话框中将"幻灯片放映显示于"下拉列表选择为演示文稿要放映的显示器(本项目选择为"监视器 2"),同时勾选"显示演示者视图"复选框,如图 5.87 所示,设置完成后单击"确定"按钮。

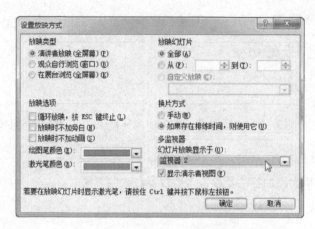

图 5.87　设置多监视器放映模式

（3）按 F5 键开始放映幻灯片，此时在演示者屏幕上出现的是带"备注"信息提示的演示者视图（如图 5.88 所示），而投影仪或其他输出设备中只输出幻灯片的演示页面，而看不到备注内容（如图 5.89 所示）。

从图 5.88 可以看出，在演示者视图中，演讲者除了能够看到当前幻灯片的备注信息之外，还能够看到演示放映时间、当前时间，以及其他各个幻灯片页面。

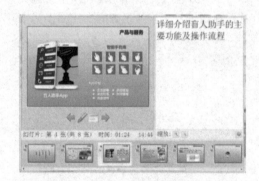

图 5.88　幻灯片放映演示者视图

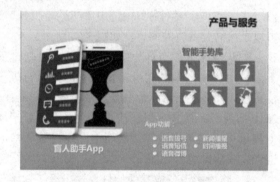

图 5.89　幻灯片放映投影仪展示效果

 ## 任务 2　演示文稿的打包与发布

1．演示文稿保存为视频

在 PowerPoint 2010 工作界面中单击"文件"菜单中的"保存并发送"，在"文件类型"列表中选择"创建视频"，如图 5.90 所示，选择每张幻灯片放映的时间参数后，单击"创建视频"按钮，在弹出的对话框中输入要创建的视频文件名，即可将演示文稿的放映过程保存为扩展名为".wmv"格式的视频文件。

2．演示文稿打包成 CD

（1）在 PowerPoint 2010 工作界面中单击"文件"菜单中的"保存并发送"，在"文件类型"列表中选择"将演示文稿打包成 CD"，如图 5.91 所示，单击"打包成 CD"按钮。

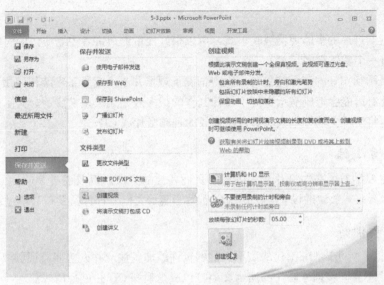

图 5.90　创建演示文稿视频文件

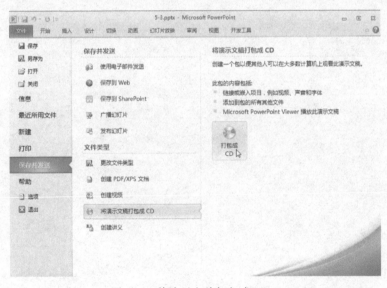

图 5.91　将演示文稿打包成 CD_1

（2）如图 5.92 所示，在弹出的"打包成
CD"对话框中，单击"复制到 CD"按钮后，
在弹出的提示对话框中单击"是"，如果计算
机光驱中已经装载可以刻录的 CD 光盘，接
下来 PowerPoint 2010 会将演示文稿文件打包
到 CD 光盘中。

以后，只要计算机中安装有 PPT 演示文
稿的阅读软件 Microsoft PowerPoint Viewer，
就可以通过读取已打包好的 CD 光盘，对演
示文稿进行放映。

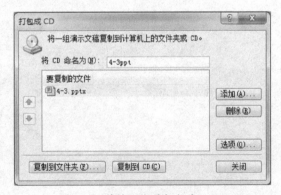

图 5.92　将演示文稿打包成 CD_2

相关提示：

（1）设置幻灯片的多监视器放映模式，可以很好地帮助演讲者控制演讲的时间并对放映的幻灯片内容有一个整体把握。

（2）在展示制作好的演示文稿时，很多情况下现场并不一定具备安装相同版本 PowerPoint 的环境，因此有可能会造成演示文稿中设计制作的很多效果无法正常演示。为了避免这种情况的发生，可以将演示文稿打包成能够自动播放的视频影片或 CD。

 项目小结

本项目主要学习了在幻灯片页面中添加页面备注的方法，以及通过 PowerPoint 2010 进行多监视器演示者模式放映的设置方法。最后熟悉了演示文稿的打包及发布基本过程。

 同步训练

1. 对项目 5.4 同步训练制作的演示文稿的页面添加备注，并设置多监视器放映模式。

2. 将项目 5.4 同步训练制作的演示文稿打包成视频和 CD 并进行播放演示。

模块6　图形设计Visio 2010

Visio 是微软公司推出的一款专业办公绘图软件，是 Office 家族的一员，具有简单性与便捷性等强大的关键特性。它能够帮助用户将自己的思想、设计与最终产品演变成形象化的图像进行传播，同时还可以帮助用户制作出富含信息和富有吸引力的图表、绘图及模型，从而使文档的内容更加丰富，更容易克服文字描述与技术上的障碍，让文档变得更加简洁，易于阅读和理解。Visio 2010 支持与 Word、Excel 和 PowerPoint 交互编辑的功能。

本模块以大量的项目实例，详细介绍 Visio 2010 中的基础应用知识与使用技巧，生动具体、浅显易懂，使用户能够轻松掌握 Visio 2010 在日常生活与办公中的应用，为工作和学习带来事半功倍的效果。

项目 6.1　创建组织结构图

项目描述

组织结构图是最常见的能够直观表现雇员、职称和群体关系的一种图表。在 Visio 2010 中可以根据用户输入的组织结构图信息，利用组织结构图向导来创建组织结构图，如图 6.1 所示。

项目目标

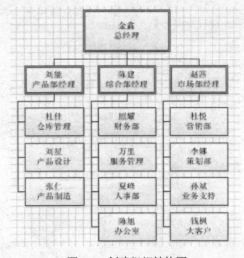

图 6.1　创建组织结构图

• 掌握使用组织结构图向导根据用户输入的信息创建组织结构图的方法
• 掌握设置组织结构图布局的方法
• 掌握设置组织结构图格式的方法

项目实施

任务 1　使用组织结构图向导根据 Excel 表的信息创建组织结构图

任务 2　设置组织结构图的布局

任务 3　设置组织结构图的样式和格式

任务 4　设置组织结构图的形状及连接的效果

任务 1　使用组织结构图向导根据 Excel 表的信息创建组织结构图

（1）单击"文件"按钮，选择"新建"，在"模板类别"中单击"商务"图标，如图 6.2

所示，并在之后的选项中选择"组织结构图向导"，双击它，即可完成创建，如图 6.3 所示。

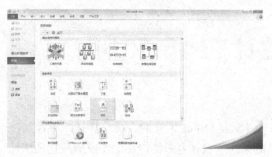

图 6.2　选择模板类别　　　　　　　　　　图 6.3　新建"组织结构图向导"

（2）在"组织结构图向导"对话框中，选中"使用向导输入的信息"选项，并单击"下一步"按钮，如图 6.4 所示。

（3）选中"Excel"选项，单击"浏览"选择好建立的位置，然后单击"下一步"按钮，如图 6.5 所示。

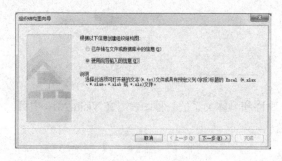

图 6.4　组织结构图向导　　　　　　　　　　图 6.5　建立 Excel

（4）在弹出的 Excel 工作表中，输入组织结构图数据，保存并关闭工作表，如图 6.6 所示。

图 6.6　输入数据

（5）在"组织结构图向导"对话框中，单击"完成"按钮，即可创建组织结构图，如图6.7所示。

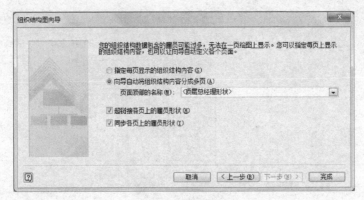

图 6.7　完成向导

任务 2　设置组织结构图的布局

（1）选择"总经理"，在上方的"组织结构图"中的"排列"项里，找到"显示 / 隐藏下属形状"按钮并单击它，即可隐藏下面的下属，如图6.8所示。

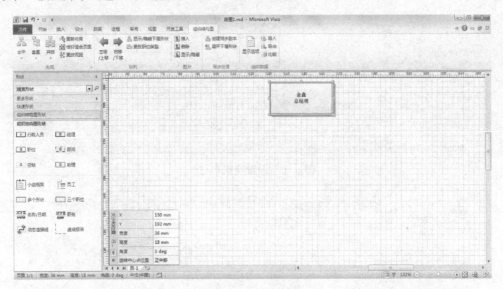

图 6.8　隐藏下属

（2）再次单击"显示 / 隐藏下属形状"按钮，即可显示下属形状，如图6.9所示。

（3）选择"总经理"，在上方的"组织结构图"中的"布局"项里，找到"水平"下拉按钮并单击它，选择"交错"指令，如图6.10所示。

（4）选择"市场部经理"，单击"布局"选项组中右下角的"排列下属形状"按钮，如图6.11所示。

（5）在弹出的"排列下属形状"对话框中，选择相应的选项，单击"确定"按钮，如图6.12所示。

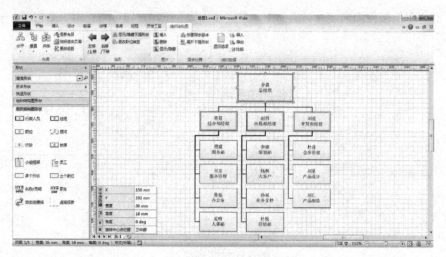

图 6.9　显示下属

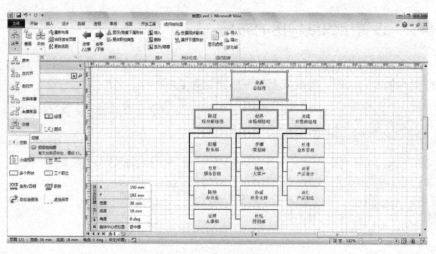

图 6.10　设置交错布局

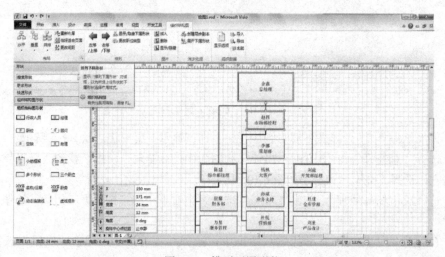

图 6.11　排列下属形状

图 6.12　选择相应布局

 任务 3　设置组织结构图的样式和格式

（1）在上方的"组织结构图"中的"组织数据"项里，单击"显示选项"按钮，将"高度"设置为"12"，勾选"显示分隔线"，如图 6.13 所示。

（2）选择"字段"选项卡，在块 1 中只勾选"职务"，在块 2 中选择"姓名"，如图 6.14 所示。

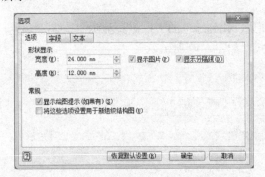

图6.13　设置显示选项

图6.14　"字段"选项卡

（3）选择"文本"选项卡，将"字段"设置为"姓名"，并设置"字体"选项，勾选"加粗"项，如图 6.15 所示。

（4）将"字段"设置为"职务"，并设置"字体"与"大小"选项，勾选"加粗"项，如图 6.16 所示。

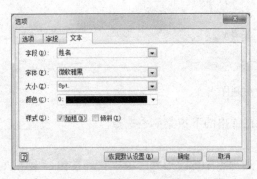

图 6.15　设置"姓名"字段

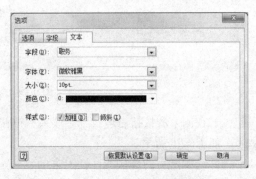

图 6.16　设置"职务"字段

（5）单击"确定"按钮后，绘图页中的组织结构图将以所设样式显示，如图 6.17 所示。

（6）如果需要调整间距，在上方的"组织结构图"中的"布局"项里单击"更改间距"按钮，选择"更稀疏"或"更紧密"即可，如图 6.18 所示。

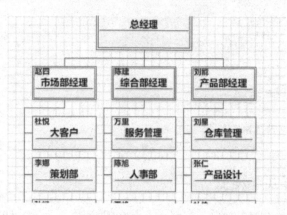

图 6.17　设置完成的结果

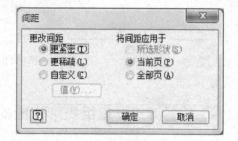

图 6.18　设置间距

 任务 4　设置组织结构图的形状及连接效果

（1）在上方的"设计"选项卡中的"主题"项里，找到绿色的"文文"，显示"奥斯汀 颜色，简单阴影 效果"，单击它，设置绘图页的主题样式，如图 6.19 所示。

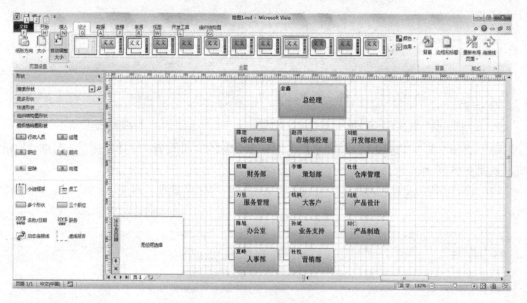

图 6.19　设置主题样式

（2）在刚才的按钮右边找到"效果"按钮，在弹出的下拉菜单中选择"枕形"，设置主题效果，如图 6.20 所示。

（3）选中所有的连接线，在上方的"开始"选项卡中的"形状"项里找到按钮 线条 并单击它，选择粗细，在弹出的选项中选择"1½pt"，如图 6.21 所示。

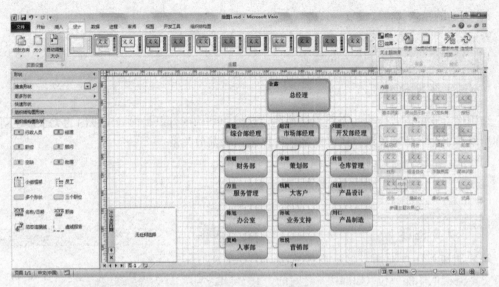

图 6.20 设置主题效果

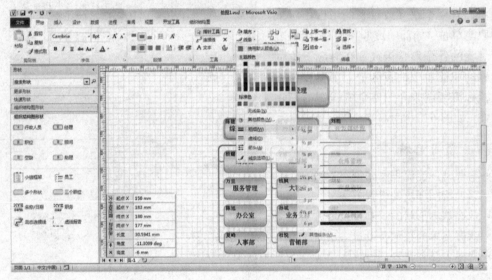

图 6.21 设置线条粗细

 项目小结

本项目介绍了 Visio 2010 根据 Excel 表中信息利用组织结构图向导协同快速创建组织结构图的方法。主要涉及的知识点如下：

1. Visio 2010 的启动和退出。

2. 掌握 Visio 2010 的操作环境。

3. 使用向导创建图表。

4. Visio 与 Excel 的协同工作。

5. 组织结构图的布局设置。

6. 组织结构图的显示样式和排列紧密度设置。

7. 组织结构图的形状连接效果设置。

8. 文本的输入及格式设置。

9. 连接线的绘制及设置。

10. 绘图页主题颜色和样式的设置。

  同步训练

请用你喜欢的方式创建一个组织结构图，该组织结构图可以是你们班级内的关系，也可以是你所属学生会的管理关系，还可以是你可以想到的其他关系。

项目 6.2　创建跨职能流程图

  项目描述

跨职能流程图主要用于显示商务流程与负责该流程的职能单位（如部门）之间的关系。跨职能流程图中的每个部门都会在图表中拥有一个水平或垂直的带区，用来表示职能单位（如部门或职位），而代表流程中步骤的各个形状被放置在对应于负责该步骤的职能单位的带区中。本项目通过创建招标流程图来介绍整个流程图的创建和设置，如图 6.22 所示。

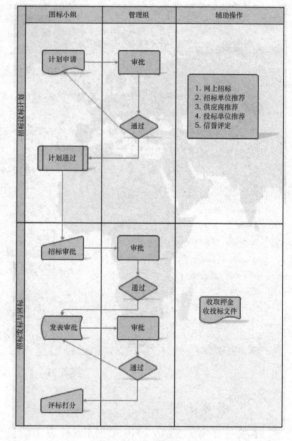

图 6.22　跨职能流程图

  项目目标

- 掌握跨职能流程图的创建方法
- 掌握绘图环境的设置方法
- 掌握基本形状的绘制及设置方法
- 掌握文本的添加及设置方法
- 掌握主题和背景的设置方法

  项目实施

任务 1　创建跨职能流程图文件

任务 2　绘制内部形状

任务 3　设置格式及主题

任务 4　设置标题栏

  任务 1　创建跨职能流程图文件

（1）单击"文件"按钮，选择"新建"，在"模板类别"中单击"流程图"图标，如图 6.23 所示，并在之后的选项中选择"跨职能流程图"，双击它，如图 6.24 所示。

（2）在弹出的"跨职能流程图"中选择"竖直"方向，单击"确定"按钮完成创建，如图 6.25 所示。

图 6.23　选择"流程图"类别

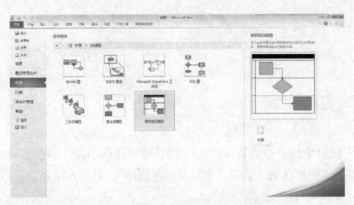

图 6.24　新建"跨职能流程图"　　　　　　　　图 6.25　选择默认方向

（3）在"跨职能流程图"选项卡的"排列"中单击"泳道方向"，也可以选择"水平"或"垂直"命令，来更改流程图的方向，如图 6.26 所示。

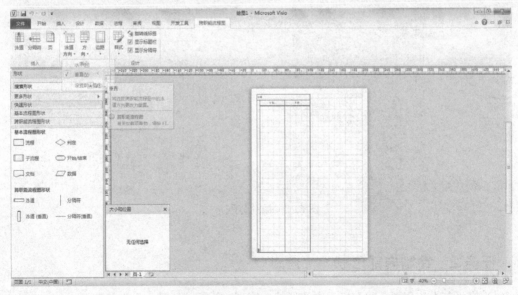

图 6.26　更改默认方向

（4）将左侧"跨职能流程图"模具中的"泳道（垂直）"形状拖到绘图页中，并将泳道的文本修改为"招标小组"、"管理组"、"辅助操作"，如图 6.27 所示。

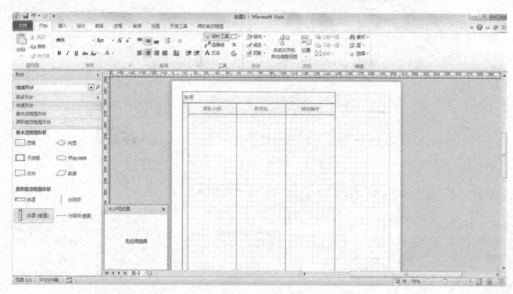

图 6.27　添加泳道

（5）将左侧"跨职能流程图"模具中的"分隔符（垂直）"形状拖到泳道中间，调整形状的位置并将"阶段"文本分别设置为"招标仪表计划"、"招标发标与回标"，如图 6.28 所示。

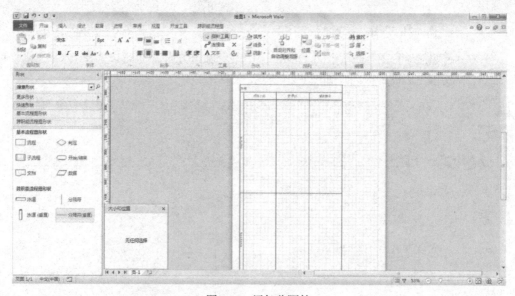

图 6.28　添加分隔符

 任务 2　绘制内部形状

（1）将"基本流程图形状"模具中的形状，拖到"招标议标计划"形状范围内，并输入相关文字，如图 6.29 所示。

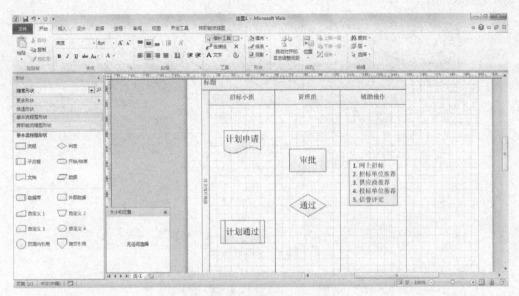

图 6.29　添加形状、文字（1）

（2）使用相同的方法，分别添加其他形状，并输入相应的文字，如图 6.30 所示。

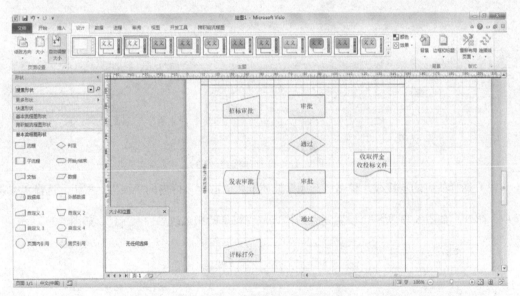

图 6.30　添加形状、文字（2）

 任务 3　设置格式及主题

（1）在"开始"选项卡中的"工具"栏内找到"连接线"按钮，单击并连接各个形状，如图 6.31 所示。

（2）选择"计划申请"与"通过"之间的连接线，单击"设计"选项卡中"版式"栏内的"连接线"按钮，并选择"直线"命令。使用相同的方法，设置"发表审批"与"通过"之间的连接线的样式，如图 6.32 所示。

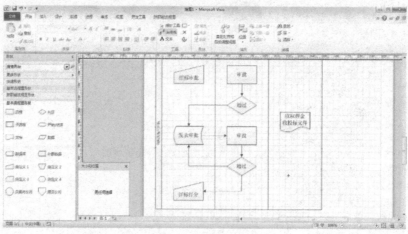

图 6.31　添加连接线

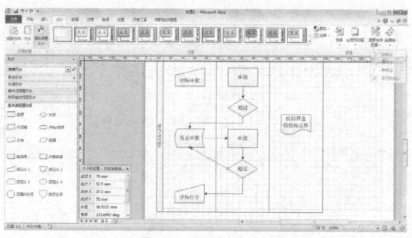

图 6.32　设置连接线（1）

（3）选择所有的连接线，单击"开始"选项卡中"形状"栏内的"线条"按钮，选择"线条选项"命令，如图 6.33 所示，设置线条的格式，将线条的粗细改为"$1\frac{1}{2}$ pt"，如图 6.34 所示。

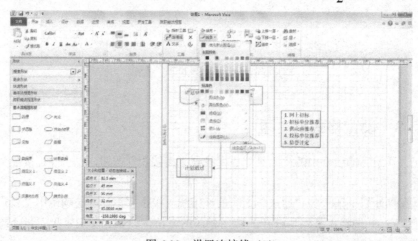

图 6.33　设置连接线（2）

图 6.34 设置连接线（3）

（4）单击"设计"选项卡中"主题"栏的"颜色"按钮，选择"地铁"命令，为绘图页添加主题，如图 6.35 所示。

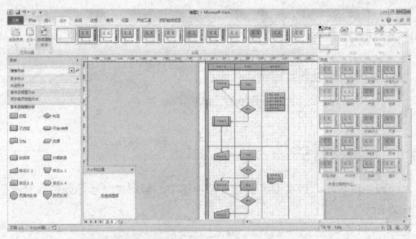

图 6.35 设置主题（1）

（5）单击"设计"选项卡中"主题"栏内的"效果"按钮，选择"倾斜"命令，设置主题效果，如图 6.36 所示。

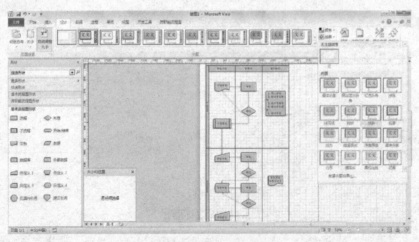

图 6.36 设置主题（2）

（6）单击"设计"选项卡的"背景"中的"背景"按钮，选择"世界"命令，为绘图页添加背景效果，如图 6.37 所示。

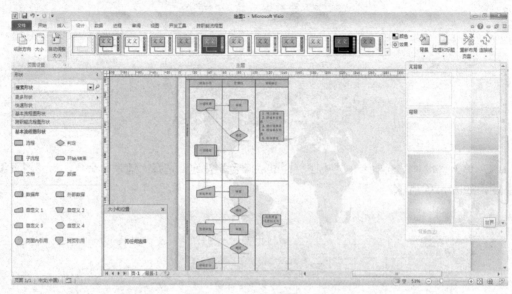

图 6.37　设置背景

 任务 4　设置标题栏

（1）在"跨职能流程图"选项卡"设计"选项组中，禁用"显示标题栏"复选框，取消标题栏，如图 6.38 所示。

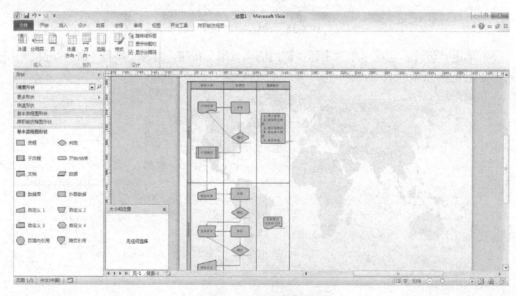

图 6.38　设置标题栏

（2）单击"设计"选项卡中"背景"栏内的"边框和标题"按钮，选择"霓虹灯"命令，如图 6.39 所示。

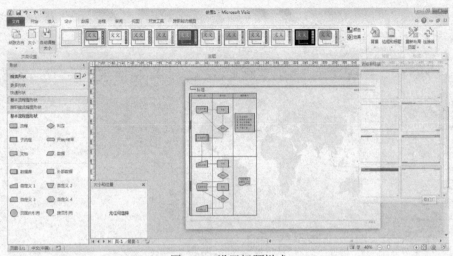

图 6.39　设置标题样式

（3）在最下方"页 -1"的旁边找到"背景 -1"并单击，然后更改标题文字为"招标流程图"，并设置文本的字体格式，如图 6.40 所示。

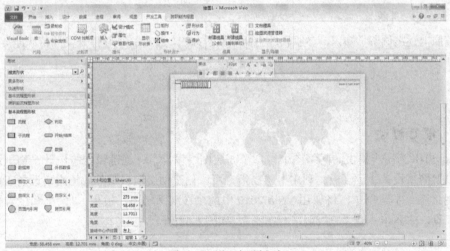

图 6.40　设置标题文字

（4）切换回"页 -1"，调整一下位置，如图 6.41 所示，"跨职能流程图"就建好了。

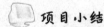 项目小结

本项目介绍了 Visio 2010 创建跨职能流程图的方法，跨职能流程图主要用于显示商务流程与负责该流程的职能单位（如部门）之间的关系。主要涉及的知识点如下：

1．创建跨职能流程图。

2．设置绘图环境。

3．移动、调整形状大小。

4．设置形状格式。

5．设置连接线。

6．添加文本并设置文本格式。

7．保存和打印图表。

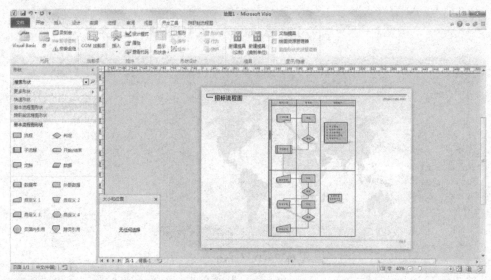

图 6.41　调整位置

同步训练

请按照上述案例所学知识，参照软件生命周期的知识，设计一个软件开发的跨职能流程图。

项目 6.3　创建三维网络分布图

项目描述

Visio 2010 为用户提供的网络图中包含了高层网络设计、详细逻辑网络设计、物理网络设计以及机架网络设备 4 类模板。利用上述模板，可以创建用于记录服务或将网络设备布局到支架上的网络图。本案例中，将运用 Visio 2010 中的"详细网络图"模板、"大小和位置"窗口及线条工具，来制作一幅"三维网络分布图"，如图 6.42 所示。

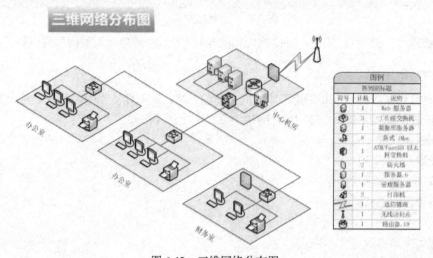

图 6.42　三维网络分布图

项目目标

- 掌握绘图窗口的创建及设置方法
- 掌握形状设计的基本操作方法
- 掌握使用模具创建网络图的方法
- 掌握网络图的设置方法

 项目实施

任务 1　创建详细网络图文件
任务 2　绘制菱形形状及设置格式
任务 3　添加网络设备
任务 4　输入并设置文本

 任务 1　创建详细网络图文件

（1）单击"文件"按钮，选择"新建"，在"模板类别"中单击"网络"图标，如图 6.43 所示，在之后的选项中找到"详细网络图"并双击它，即可完成创建，如图 6.44 所示。

图 6.43　选择网络类别

图 6.44　新建"详细网络图"

241

（2）将鼠标移动到左侧垂直标尺处，直到鼠标图标变为 ↔ 。这时，向右拖动鼠标可以拉取垂直参考线，如图 6.45 所示，为绘图页添加 4 条垂直参考线。

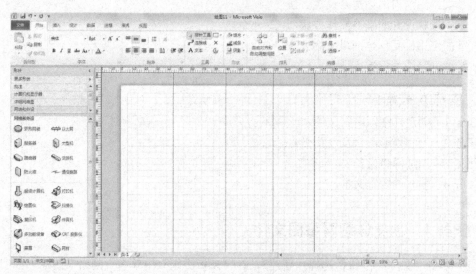

图 6.45 拉取 4 条垂直参考线

（3）选择"视图"选项卡，在"显示"一栏中，找到并单击"任务管理"按钮，随后在下拉菜单中选择"大小和位置 (O)"，如图 6.46 所示，打开如图 6.47 所示的浮动窗口。拖动线上的旋转中心到合适位置，从左到右依次为"30deg"、"150deg"、"30deg"和"150deg"，结果如图 6.48 所示。

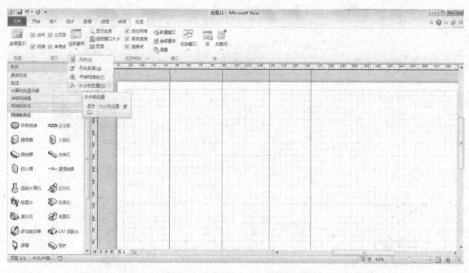

图 6.46 选择"大小和位置"

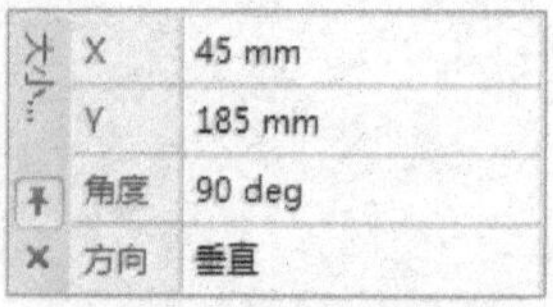

大小...	X	45 mm
	Y	185 mm
	角度	90 deg
×	方向	垂直

图 6.47 弹出浮动窗口

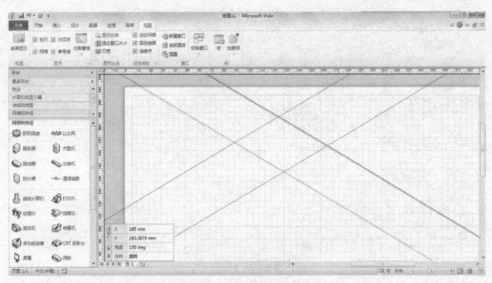

图 6.48 旋转出一个菱形

 任务 2 绘制菱形形状及设置格式

（1）选择"开始"选项卡，在"工具"一项中，单击带有下拉提示符的按钮，在弹出的下拉菜单中选择"折线图"，按照参考线绘制 4 条直线，如图 6.49 所示。

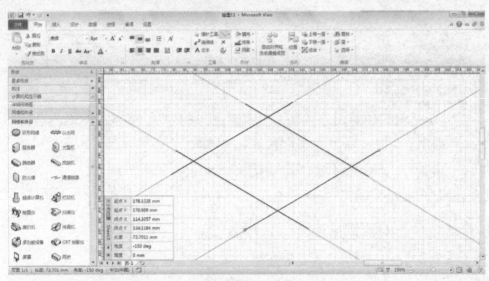

图 6.49 绘制直线

（2）逐个选择 4 条参考线，按 Delete 键删除。然后选定所有直线，点开"开发工具"选项卡，在"形状设计"中单击"操作"按钮，选择"裁剪"选项，这时菱形周围的 8 条短线都变为可选定状态，依次选择它们，并将其删除掉，如图 6.50 所示。如果没有"开发工具"选项，在上面的选项卡中任选一项，比如"开始"，在下面的工具栏位置单击右键，选择"自定义功能区 (R)"，如图 6.51 所示，弹出选项卡，在右侧勾选"开发工具"选项，然后单击"确定"按钮，如图 6.52 所示。

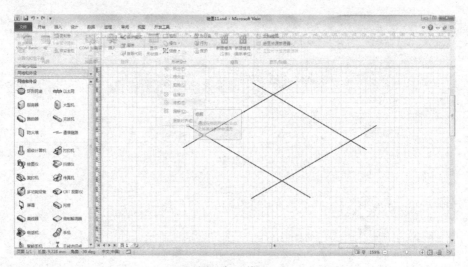

图 6.50　裁边

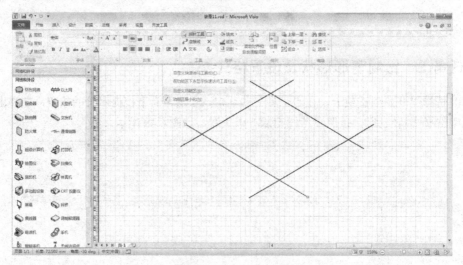

图 6.51　自定义功能区

图 6.52　勾选开发工具

（3）选择所有的直线，依次选择"开发工具"→"形状设计"→"操作"→"连接"命令，这样一个完整的菱形就出现了，如图 6.53 所示。

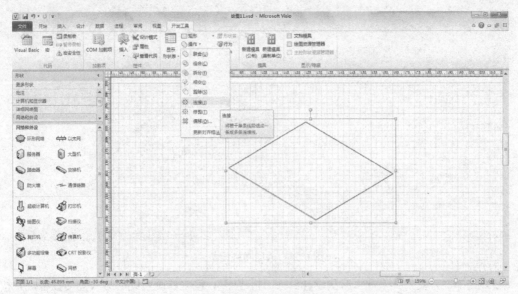

图 6.53　"连接"，建立好菱形

（4）选中刚才建好的菱形，在"开始"选项卡的"形状"类中单击"填充"按钮，并选择"强调颜色 5，淡色 80%"，设置形状的填充颜色，如图 6.54 所示。

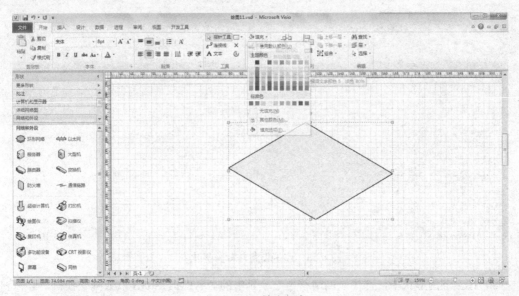

图 6.54　填充颜色

 任务 3　添加网络设备

（1）在左侧的"形状"选项卡中，选择"服务器"选项，并将"管理服务器"、"Web 服务器"与"数据库服务器"添加到菱形形状上，调整其大小与位置，如图 6.55 所示。

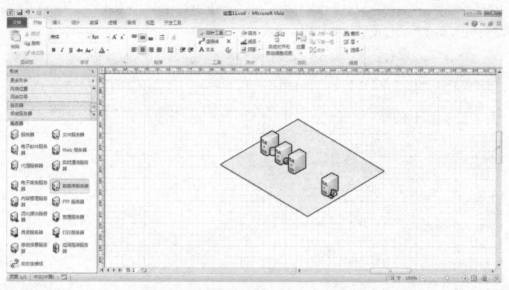

图 6.55　添加网络设备

（2）选择"开发工具"→"形状设计"→"折线图"，按之前画直线的方式连接设备，并按之前的方式进行裁剪美化（"开发工具"→"形状设计"→"操作"→"裁剪"），如图 6.56 所示。

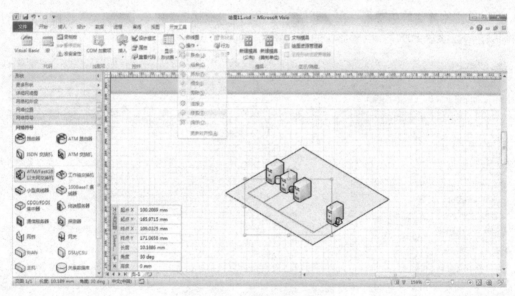

图 6.56　连接设备并裁剪美化

（3）在左侧的形状中，选择"网络符号"模具中的"ATM/FastGB 以太网交换机"并拖到菱形形状上，调整其大小与位置，如图 6.57 所示。

（4）复制菱形形状。将左侧"形状"中"计算机和显示器"模具内的"新式 iMac"与"网络和设备"模具中的"打印机"拖到菱形形状上，按照之前的方式调整其大小与位置，连接形状并进行裁剪，如图 6.58 所示。

（5）在左侧的"形状"中选择"网络符号"模具，将"工作组交换机"形状拖到菱形形状上，调整其位置与大小，连接形状，并复制菱形形状与其 中的形状，如图 6.59 所示。

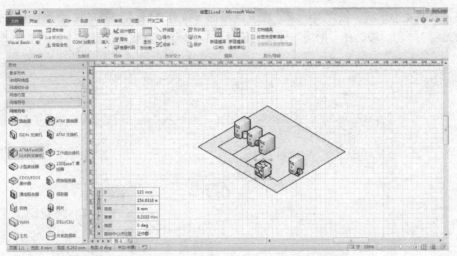

图 6.57 连接 "ATM/FastGB 以太网交换机"

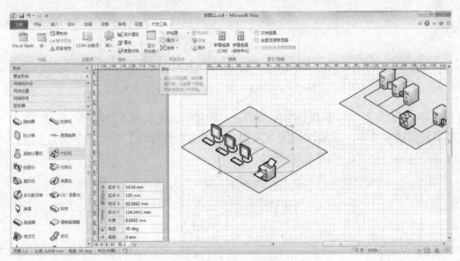

图 6.58 建立新菱形

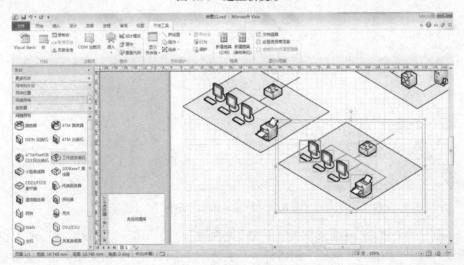

图 6.59 复制新菱形

（6）复制菱形形状。按之前的方式在上面添加"新式 iMac"、"打印机"、"工作组交换机"与"防火墙"（"防火墙"在"网络与外设"模具中），并绘制直线连接形状，如图 6.60 所示。

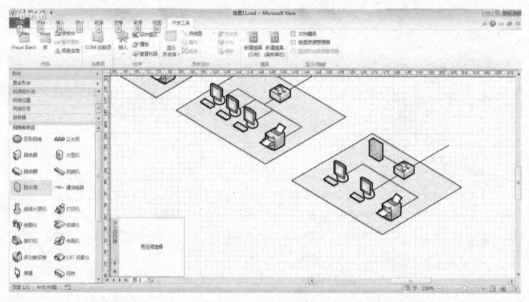

图 6.60　建立新菱形

（7）绘制"直线"形状，连接各个菱形。在"开始"选项卡的"工具"中单击"文本"按钮，分别为每个菱形添加文本，然后在绘图页左侧选择"网络和外设"模具，在最下方找到"图例"并将它添加到合适的位置，如图 6.61 所示。

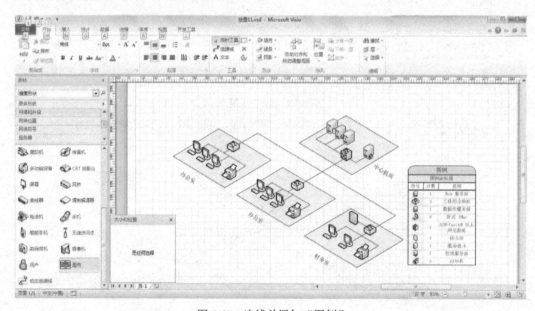

图 6.61　连线并添加"图例"

（8）在"中心机房"菱形形状上，添加"路由器"、"防火墙"、"通信链路"和"无线访问点"形状（其中"路由器"属于"网络符号"模具，"防火墙"、"通信链路"和"无线访问点"均在"网络和外设"模具中），调整形状的位置与大小，如图 6.62 所示。

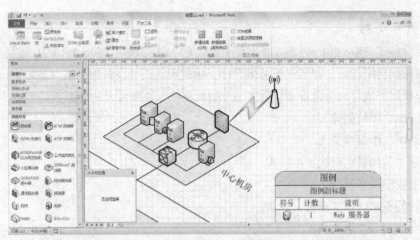

图 6.62　添加"路由器"、"防火墙"、"通信链路"和"无线访问点"

 任务 4　输入并设置文本

在"开始"选项卡的"工具"中单击"文本"按钮，输入"三维网络分布图"，并设置形状格式（"字体"设置如图 6.63 所示，"填充"设置如图 6.64 所示）。在"设计"选项卡的"背景"栏中找到"实心"按钮，单击选择"实心"命令取消背景的网格线，如图 6.65 所示。

图 6.63　文本设置

图 6.64　填充设置

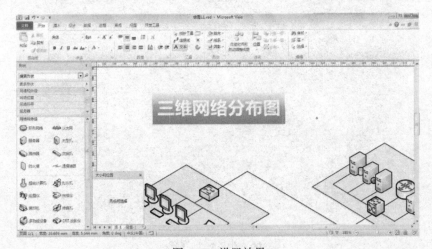

图 6.65　设置效果

项目小结

本项目介绍了 Visio 2010 创建三维网络分布图的方法，利用 Visio 2010 为用户提供的网络图中包含的高层网络设计、详细逻辑网络设计、物理网络设计及机架网络设备 4 类模板，可以创建用于记录服务或将网络设备布局到支架上的网络图。主要涉及的知识点如下：

1. 详细网络图的创建。
2. 在绘图页绘制参考线。
3. 创建形状和设置形状基本格式。
4. 设置绘图页背景。
5. 形状的布尔操作：连接、修剪。
6. 文本的输入及格式设置。
7. 连接线的绘制及设置。
8. 网络设备模具的添加以及设置。

 同步训练

请参考上述案例，为你所在学校的实验室制作一个简单的"三维网络分布图"。

项目 6.4　创建三维方向图

 项目描述

开发商在建造小区之前，往往需要通过规划部门将小区的整体规划设计为图纸或模型，以便可以直观地反映给建设者与客户。在本实例中，将运用"三维方向图"模板，创建一幅小区建筑规划图，如图 6.66 所示。

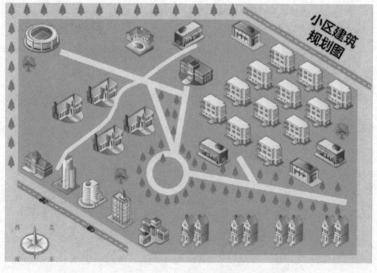

图 6.66　小区建筑规划图

项目目标

- 掌握设置绘图页背景的方法
- 掌握页面设置的方法
- 掌握使用模板创建三维方向图的方法
- 掌握形状的排列层次、填充色、旋转和翻转以及形状数据的设置方法
- 掌握文本设置的方法

 项目实施

任务 1   三维方向图的创建
任务 2   形状的格式设置
任务 3   形状数据的设置
任务 4   文本的输入及设置

 任务 1   三维方向图的创建

（1）单击"文件"按钮，选择"新建"，在"模板类别"中单击"地图和平面布置图"图标，如图 6.67 所示。在之后的选项中选择"三维方向图"，双击它，即可完成创建，如图 6.68 所示。

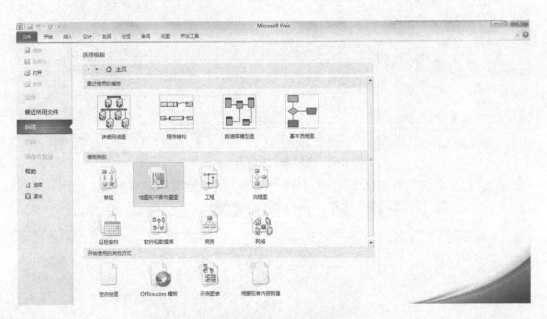

图 6.67   选择"地图和平面布置图"

（2）选择"设计"选项卡，在"页面设置"中单击"纸张方向"按钮，将纸张方向改为横向，如图 6.69 所示。选择"设计"选项卡，在"背景"中选择"实心"背景，并将颜色设置为"浅绿色"，如图 6.70 所示。

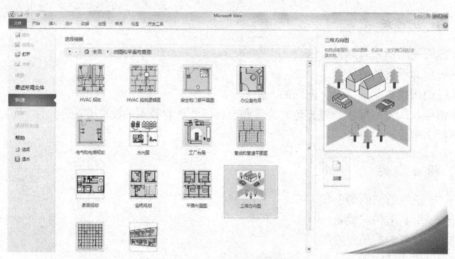

图 6.68　新建"三维方向图"

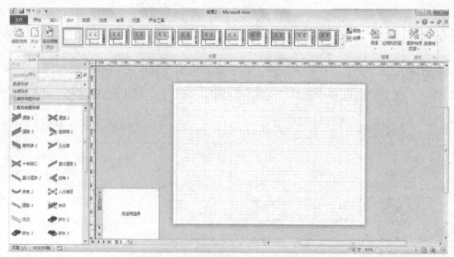

图 6.69　设置纸张方向为"横向"

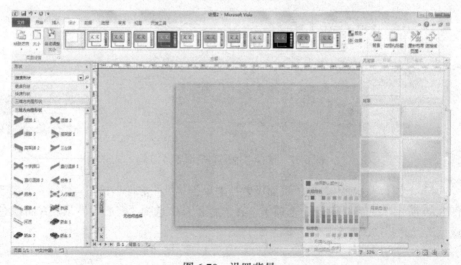

图 6.70　设置背景

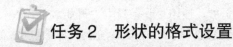

任务2 形状的格式设置

（1）在左侧的"更多形状"中选择"地图和平面布置图"→"地图"→"路标形状"，如图6.71所示，将"路标形状"模具中的"指北针"添加到绘图页的左下角，并添加方向文字，如图6.72所示。

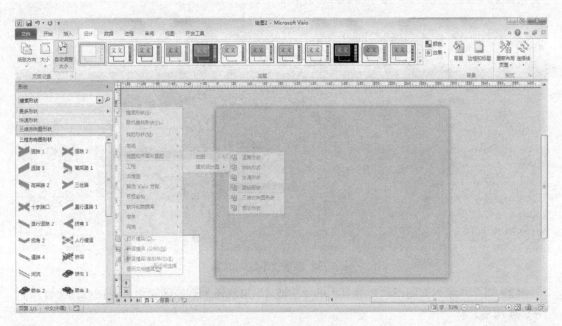

图 6.71 选择"路标形状"

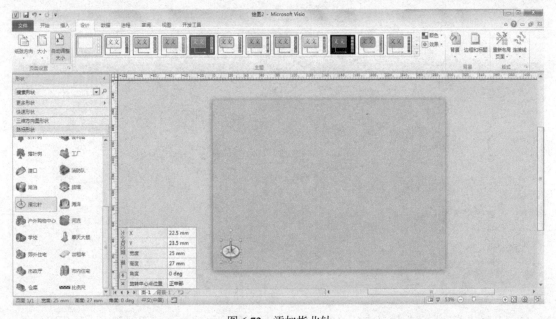

图 6.72 添加指北针

（2）将"基本形状"模具中的"六边形"添加到绘图页中，使用"铅笔工具"（"开始"→"工具"→下拉按钮→"铅笔"）拖动六边形的 6 个顶点，调整其形状，并将其填充为"深绿色"，如图 6.73 所示。

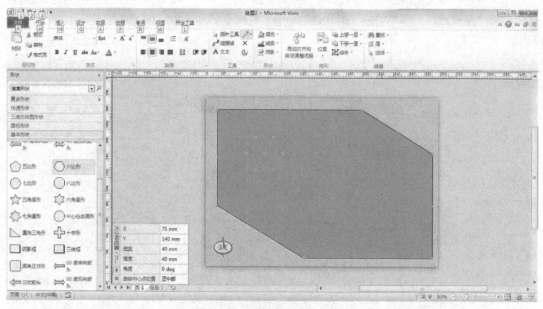

图 6.73 设置"小区"范围

（3）将"三维方向图形状"模具中的"道路 4"形状添加到绘图页中，并调整其位置，如图 6.74 所示。

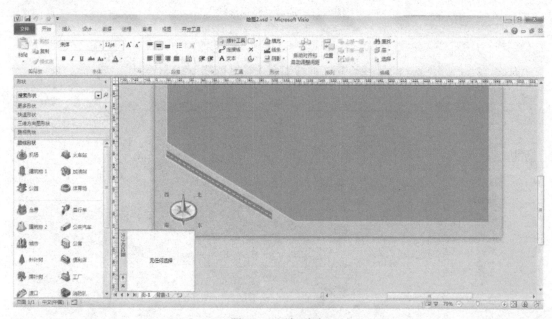

图 6.74 添加道路

（4）将"路标形状"模具中的"针叶树"形状添加到绘图页中，调整其大小并复制形状，如图 6.75 所示。

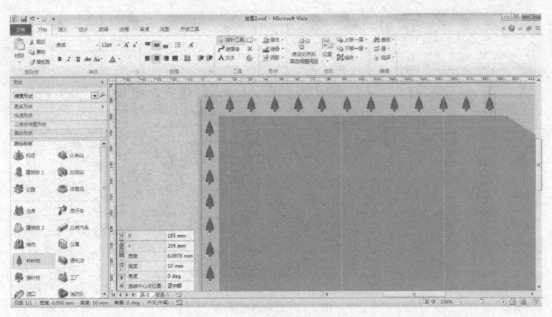

图 6.75　添加针叶树

 任务 3　形状数据的设置

（1）将"路标形状"模具中的"体育场"、"旅馆"、"便利店"和"仓库"添加到绘图页内部的顶端位置，并设置其大小，如图 6.76 所示。

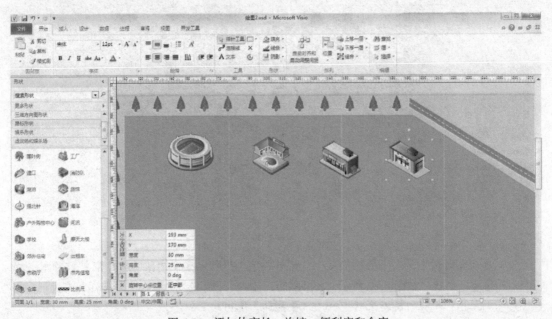

图 6.76　添加体育长、旅馆、便利店和仓库

（2）将"路标形状"模具中的"落叶树"添加到"体育场"形状的下方，并调整其宽度，如图 6.77 所示。

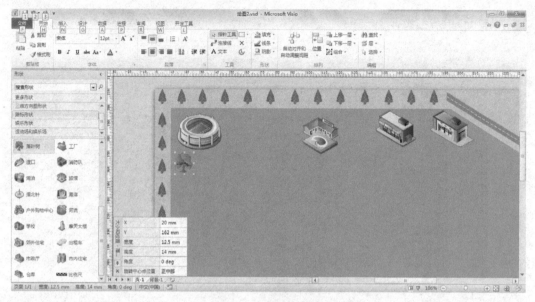

图 6.77　添加落叶树

（3）在绘图页的右侧添加"路标形状"模具中的"学校"和"公寓"，并调整其位置与大小，如图 6.78 所示。

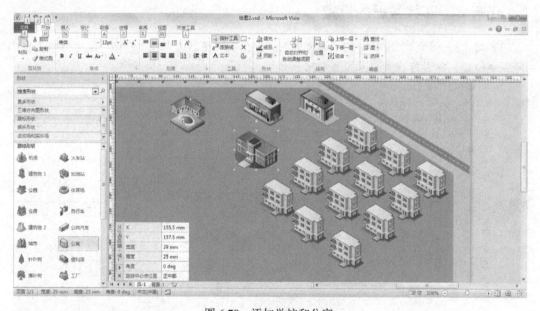

图 6.78　添加学校和公寓

（4）在"落叶树"的右下方添加 4 个"郊外住宅"形状和 1 个"落叶树"形状，并水平翻转"郊外住宅"形状，如图 6.79 所示（水平翻转：选择"开始"选项卡，在"排列"中找到"位置"按钮并单击，选择"旋转形状"→"水平翻转"即可）。

（5）在"公寓"形状的周围添加"便利店"、"仓库"和"落叶树"形状，如图 6.80 所示。

（6）在绘图页的左下方添加"市政厅"、"摩天大楼"、"建筑物 2"、"建筑物 1"和"户外购物中心"形状，调整形状的大小并排列形状的位置，如图 6.81 所示。

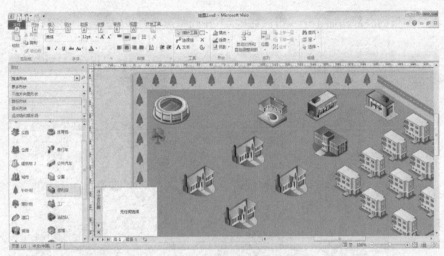

图 6.79　添加郊外住宅

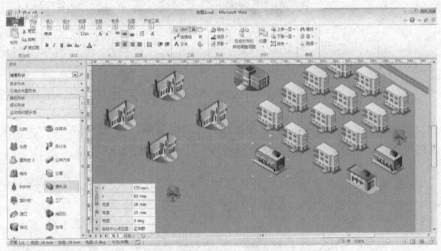

图 6.80　添加便利店、仓库、落叶树

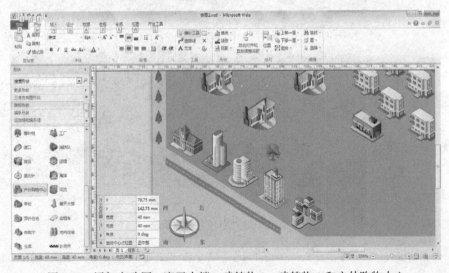

图 6.81　添加市政厅、摩天大楼、建筑物 2、建筑物 1 和户外购物中心

（7）在绘图页的底部添加 4 个"市区住宅"，并调整形状之间的距离，如图 6.82 所示。

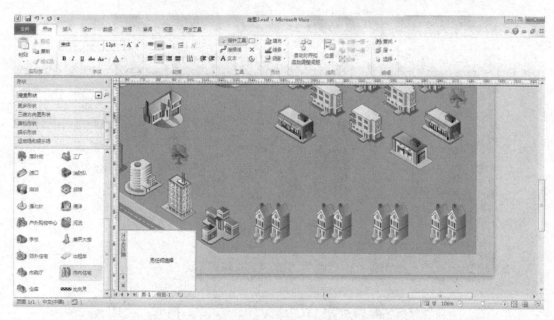

图 6.82　添加市区住宅

（8）在"道路形状"模具中使用"方端道路"、"可变道路"与"环路"制作"小区"内的道路，以及环形道路，并在道路两侧添加"针叶树"形状，如图 6.83 所示。

图 6.83　添加"小区"内的道路

（9）在"三维方向图形状"中将"小轿车 1"与"小轿车 2"形状添加到"道路"上，如图 6.84 所示。

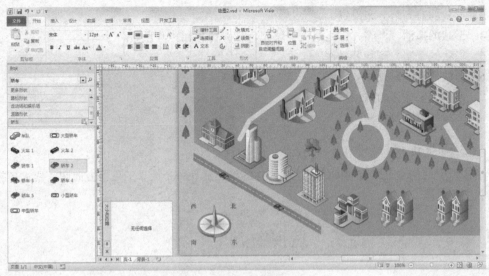

图 6.84　添加小轿车

 任务 4　文本的输入及设置

在"插入"选项卡中，找到"文本"，单击"文本框"按钮，在绘图页的右上方添加标题文本框，并设置文本的字体格式，如图 6.85 所示。

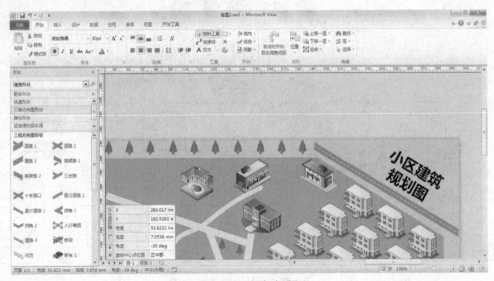

图 6.85　添加标题

 项目小结

本项目介绍了 Visio 2010 创建三维方向图的方法，方向图主要用来显示道路地图、地铁路线图等面积较大的现场平面图。三维方向图主要包括运输图、规划图等，如道路、机动车、交叉路口和标志建筑物。主要涉及的知识点如下：

1．页面设置及背景设置的方法。

2．三维方向图模板的使用以及形状的绘制。

3．形状的对齐与分布设置。

4．形状的拖动、调整、排列层次、填充色、旋转和翻转等设置。

5．形状的复制、删除等操作。

6．形状数据的设置。

7．形状文字注释的添加。

8．文本的输入及设置。

 同步训练

请按照上面创建三维方向图的方法，为你的校园建立一个简单的三维方向图，要求包括建筑物和主要道路。

项目 6.5 创建产品销售透视图表

 项目描述

数据透视关系图是按树状结构排列的形状集合，它以一种可视化、易于理解的数据显示样式，用于显示、分析与汇总绘图数据。本实例将通过制作"产品销售额数据透视图"图表，来介绍创建数据透视图表的操作方法与技巧，如图 6.86 所示。

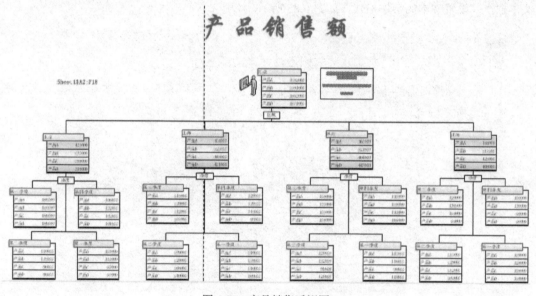

图 6.86 产品销售透视图

 项目目标

- 掌握使用模具创建数据透视图的方法
- 掌握 Excel 协同 Visio 工作的方法
- 掌握形状填充及阴影设置的方法
- 掌握数据透视图的格式及布局设置方法
- 掌握文本的输入及格式设置的方法

项目实施

任务 1　创建数据透视图

任务 2　选取数据来源 Excel 电子表格

任务 3　绘制文本框、输入文本并设置文本格式

任务 4　设置形状的填充效果及阴影效果

任务 5　设置数据透视图的格式及布局

 ## 任务 1　创建数据透视图

（1）单击左上角的"文件"按钮，选择"新建"，在"模板类别"中单击"商务"图标，如图 6.87 所示。

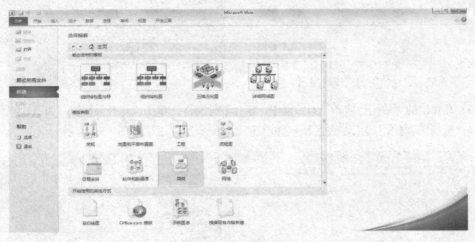

图 6.87　选择模板类别

（2）在展开的列表中选择"数据透视图表"选项，并单击"创建"按钮，如图 6.88 所示。

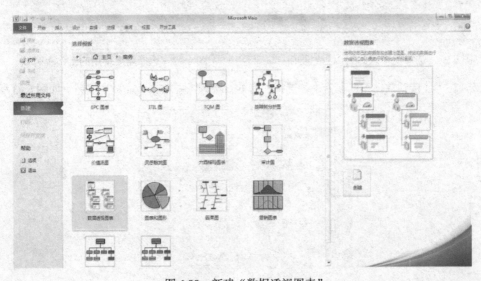

图 6.88　新建"数据透视图表"

任务 2　选取数据来源 Excel 电子表格

（1）在弹出的"数据选取器"对话框中，选中"Microsoft Excel 工作簿"选项，并单击"下一步"按钮，如图 6.89 所示。

（2）在"连接到 Microsoft Excel 工作簿"选项卡中，单击"浏览"按钮，如图 6.90 所示。

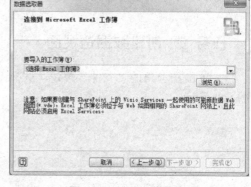

图 6.89　设置使用的工作簿类别　　　　　　　　图 6.90　导入工作簿

（3）在弹出的"数据选取器"对话框中，选择数据文件，单击"打开"按钮，如图 6.91 所示。

（4）选择需要使用的工作表区域，并单击"下一步"按钮，如图 6.92 所示。

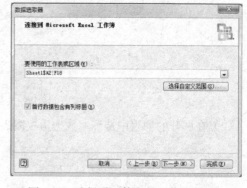

图 6.91　选择要导入的工作簿的路径　　　　　图 6.92　选择需要使用的工作表区域

（5）在"连接到数据"选项卡中，选择所有的行与列，并单击"完成"按钮，如图 6.93 所示。

图 6.93　选择包含的列和行

（6）在"数据透视关系图"任务窗格的"添加汇总"列表中，启用"产品 A"至"产品D"复选框。在"添加类别"列表框中，先启用"区域"选项，再启用"季度"选项，如图 6.94 所示。

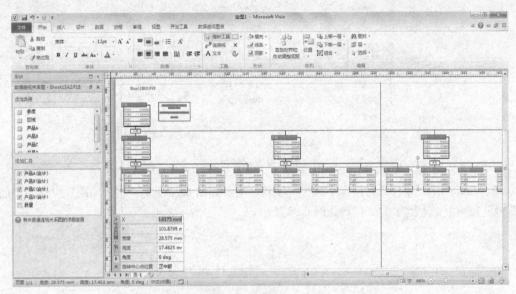

图 6.94　添加汇总和类别

任务 3　绘制文本框、输入文本并设置文本格式

（1）在"插入"选项卡中找到"文本框"按钮，单击并在绘图页最上方绘制文本框，输入"产品销售额"文字，如图 6.95 所示，在"开始"选项卡的"字体"右下角找到 图标，单击它，并如图 6.96 所示设置文本的字体格式。

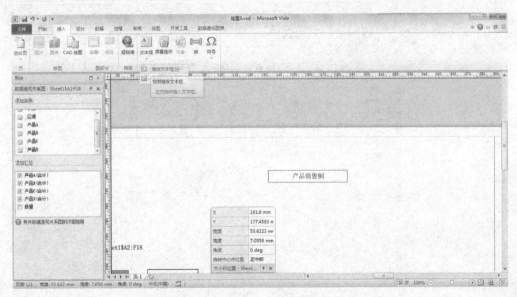

图 6.95　绘制文本框

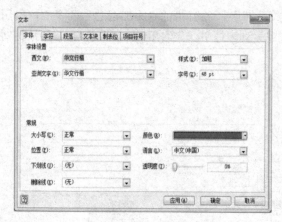

图 6.96　设置字体格式

（2）在弹出的"字体"对话框中选中"字符"项，如图 6.97 所示，将"间距"设置为"加宽"，将"磅值"设置为"10pt"，如图 6.98 所示。

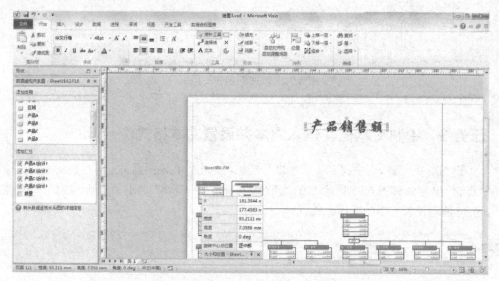

图 6.97　打开字符窗口

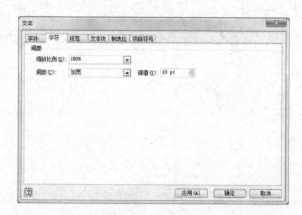

图 6.98　设置磅值

（3）在"开始"选项卡的"形状"中找到"阴影"，如图 6.99 所示，单击"阴影选项"命令，并如图设置其阴影效果，如图 6.100 所示。

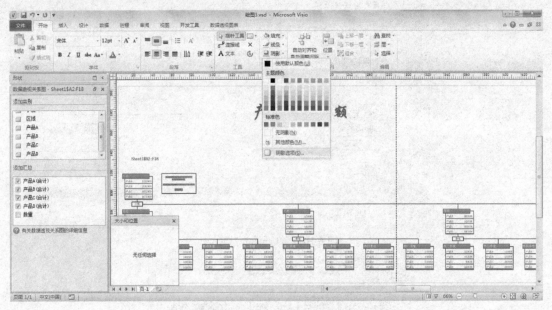

图 6.99 打开"阴影选项"

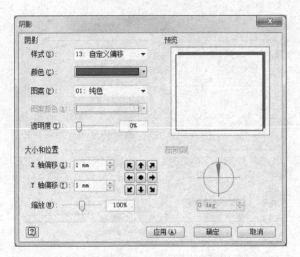

图 6.100 设置阴影效果

任务 4 设置形状的填充效果及阴影效果

（1）选择数据形状中所有蓝色的数据形状，在"开始"选项卡的"形状"中找到"填充"，单击"填充选项"命令，如图 6.101 所示，设置其填充效果如图 6.102 所示。

（2）选择"区域"数据形状中的所有数据形状，如图 6.103 所示，设置填充效果，选择"汇总"数据形状，设置其填充效果如图 6.104 所示。

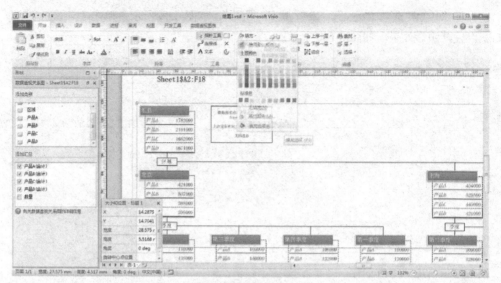

图 6.101　打开填充选项

图 6.102　设置填充效果

图 6.103　设置"区域"填充效果

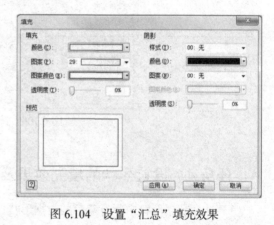

图 6.104　设置"汇总"填充效果

 任务 5　设置数据透视图的格式及布局

（1）选择"汇总"形状，在"数据透视图表"选项卡的"格式"中单击"应用形状"按钮，将模具设置为"工作流部门",并在列表框中选择"营销"选项,如图 6.105 所示。

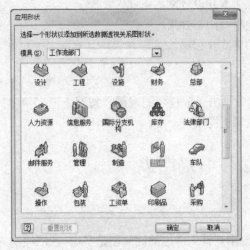

图 6.105 设置引用形状"营销"

(2) 在"数据透视图表"选项卡的"布局"中单击"全部重新布局"按钮,并拖动图表中的选择手柄调整各个形状的位置,如图 6.106 所示。

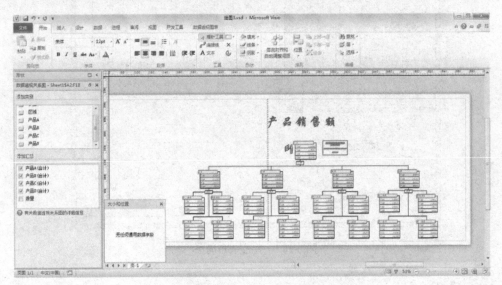

图 6.106 重新布局美化

 项目小结

本项目介绍了 Visio 2010 创建数据透视图的方法,其中 Excel 电子表格协同 Visio 提供数据源,并通过选定数据区域来创建数据透视图。主要涉及的知识点如下:

1. 创建数据透视图。
2. Visio 2010 数据与 Excel 2010 的协同工作。
3. 形状的组合与叠放设置。
4. 选取数据来源 Excel 电子表格。

5. 选定要连接的数据区域。

6. 绘制文本框、输入文本并设置文本格式。

7. 设置形状的填充效果及阴影效果。

8. 设置数据透视图的格式及布局。

同步训练

请从你每学期的成绩中找出 4 个较好的成绩，按照上面实例中的"销售数据"建立一个 Excel 文档，并以此创建数据透视图。

项目 6.6 创建办公室布局图表

项目描述

在设计办公室布局时，用户首先考虑的问题便是实用与舒服。本实例中将使用"办公室布局"模板，并利用该模板各模具中的形状，对办公室布局进行整体设计，如图 6.107 所示。

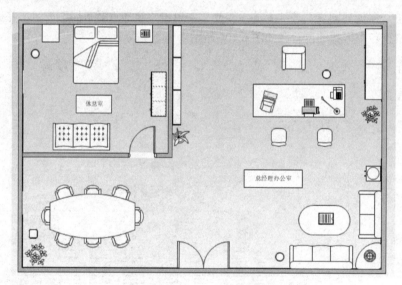

图 6.107　办公室布局图

项目目标

- 掌握使用模具创建办公室布局图的方法
- 掌握页面设置的方法
- 掌握文本设置的方法
- 掌握办公室布局图的格式及布局设置方法
- 掌握设置绘图页背景的方法

项目实施

任务 1　创建办公室布局图

任务 2　设置页面缩放比例

任务 3　绘制房间和内部样式
任务 4　设置文本及背景

 任务 1　创建办公室布局图

（1）单击左上角的"文件"按钮，选择"新建"，在"模板类别"中单击"地图和平面布置图"图标，如图 6.108 所示。

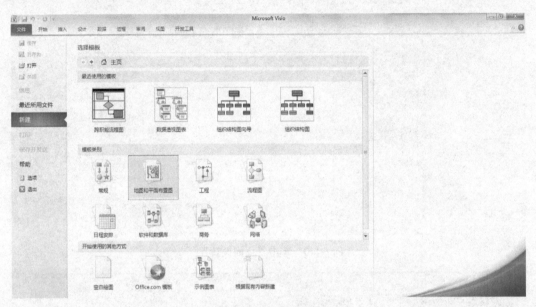

图 6.108　选择模板类别

（2）在展开的列表中选择"办公室布局"选项，并单击"创建"按钮，如图 6.109 所示。

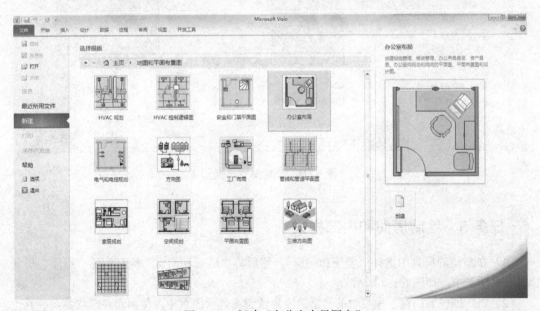

图 6.109　新建"办公室布局图表"

任务2　设置页面缩放比例

在"设计"选项卡中找到"页面设计"，在右下角单击 图标，弹出如图6.110所示窗口，选择"绘图缩放比例"项，预定义缩放比例调整为"1:50"，如图6.111所示。

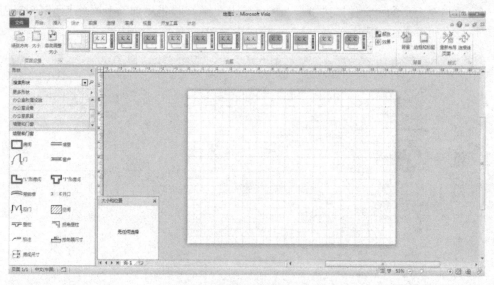

图6.110　单击"页面设置"

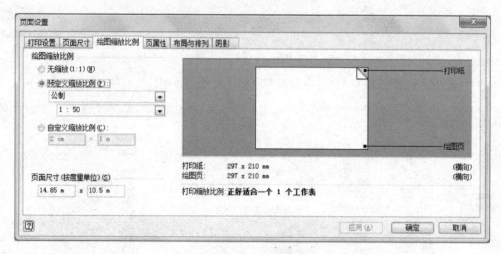

图6.111　调整缩放比例

任务3　绘制房间和内部样式

（1）在左侧的模具中选择"墙壁和门窗"，然后将"墙壁和门窗"模具中的"房间"形状添加到绘图页中，如图6.112所示。

（2）将"墙壁和门窗"模具中的"窗户"形状添加到绘图页中，复制窗户形状并调整其位置与大小，如图6.113所示。

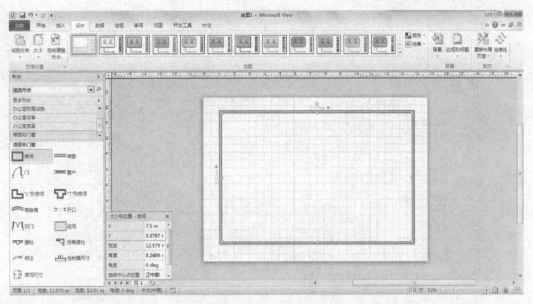

图 6.112 添加"房间"

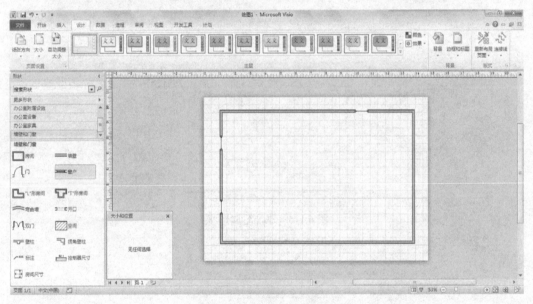

图 6.113 添加"窗户"

（3）将"办公室家具"模具中的"书桌"、"可旋转倾斜的椅子"与"椅子"等形状拖放到绘图页中，并根据布局调整其位置，如图 6.114 所示。

（4）将"办公室设备"模具中的"电话"、"PC 形状"，以及"办公室附属设施"模具中的"台灯"、"垃圾桶"等形状添加到绘图页中，并调整其位置，如图 6.115 所示。

（5）将"墙壁和门窗"模具中的"墙壁"形状添加到绘图页中，并调整其大小和位置，如图 6.116 所示。

（6）将"家具"模具中的"可调床"、"床头柜"等形状添加到绘图页中，并调整其位置与大小，如图 6.117 所示。

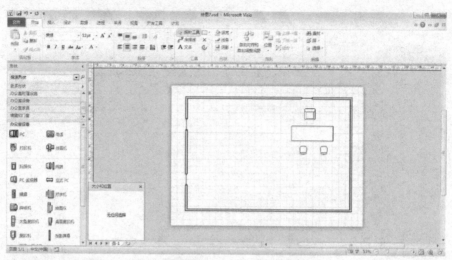

图 6.114　添加汇总和类别

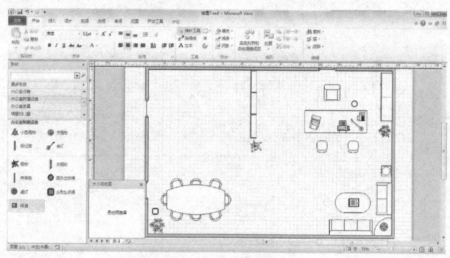

图 6.115　添加附属形状

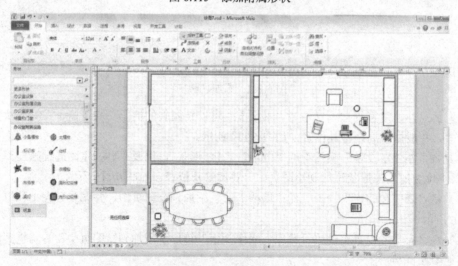

图 6.116　添加墙壁

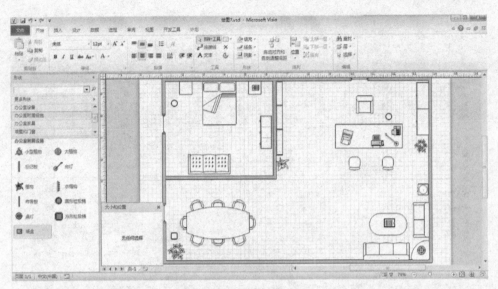

图 6.117　添加卧室用品

（7）将"墙壁和门窗"模具中的"门"、"窗户"与"双门"形状拖放到绘图页中，并根据布局要求其调整大小和位置，如图 6.118 所示。

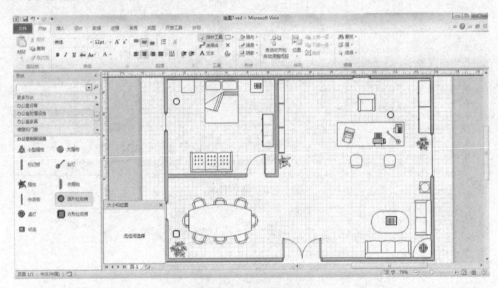

图 6.118　添加窗户和门

 ## 任务 4　设置文本及背景

（1）在"插入"选项卡的"文本"中单击"文本框"按钮，插入两个文本框并分别输入文本"休息室"和"总经理办公室"，如图 6.119 所示。

（2）调整位置，如图 6.120 所示。

（3）在"设计"选项卡的"背景"栏中找到"背景"按钮，单击并选择"溪流"样式，为绘图页添加背景效果，如图 6.121 所示。

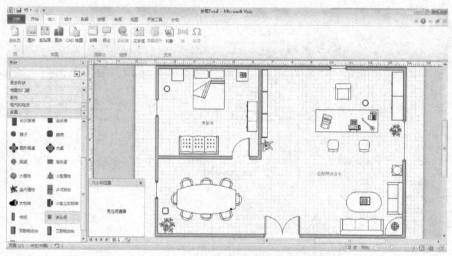

图 6.119　添加文本

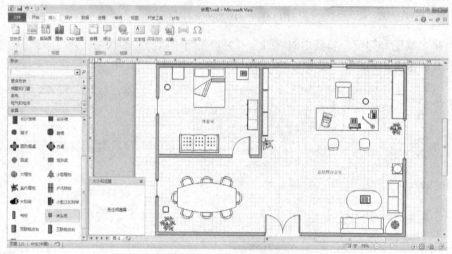

图 6.120　调整位置

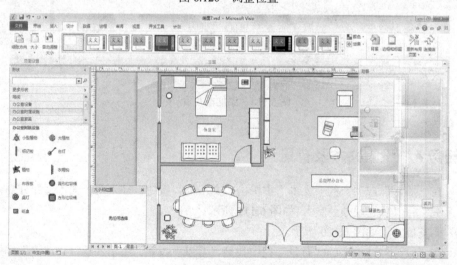

图 6.121　设置背景

项目小结

本项目介绍了 Visio 2010 创建办公室布局图的方法，其中涉及"办公室布局"模板各模具中形状的使用方法及设置，以及整体布局的设置。主要涉及的知识点如下：

1. 办公室布局图模板中形状的使用。
2. 页面的布局及属性设置。
3. 形状的布局及设置。
4. 形状的阵列设置。
5. 文本格式的设置。
6. 主题与样式的设置。
7. 背景的设置。

 同步训练

请参考上面创建办公室布局图的方法，为你心目中的家建立一个简单的布局图，要求至少有基本的家具和门窗。

参 考 文 献

[1] 薛芳. 精通 Windows7[M]. 北京：清华大学出版社，2012

[2] 林卓然，李岚. 计算机基础教程 Windows 7 与 Office 2010（第 5 版）[M]. 北京：人民邮电出版社，2011

[3] 甘勇，尚展垒，张建伟. 大学计算机基础（第 2 版）. 北京：人民邮电出版社，2012

[4] 郭喜如，周建平. Word 高效应用范例宝典. 北京：人民邮电出版社，2008

[5] 孔令德. 计算机公共基础. 北京：高等教育出版社. 2007

[6] 谭宁. 计算机文化基础案例教程. 北京：高等教育出版社，2010

[7] 杜茂康，周玉敏，曹慧英，贺淑. Excel 与数据处理（第 3 版）. 北京：电子工业出版社，2009

[8] 谢华，冉洪艳. Visio 2010 图形设计实战技巧精粹 [M]. 北京：清华大学出版社，2013

[9] 杨继萍. Visio 2010 图形设计标准教程 [M]. 北京：清华大学出版社，2012

[10] 杨继萍，吴军希，孙岩. Visio 2010 图形设计从新手到高手 [M]. 北京：清华大学出版社，2013

[11] 锐得幻演 PPT 论坛. http://www.chinapptx.com

[12] 锐普 PPT 论坛. http://www.rapidbbs.cn

[13] poweredtemplates. http://www.poweredtemplate.com

[14] presentationload. http://www.presentationload.com

[15] themegallery. http://www.themegallery.com

反侵权盗版声明

电子工业出版社依法对本作品享有专有出版权。任何未经权利人书面许可，复制、销售或通过信息网络传播本作品的行为；歪曲、篡改、剽窃本作品的行为，均违反《中华人民共和国著作权法》，其行为人应承担相应的民事责任和行政责任，构成犯罪的，将被依法追究刑事责任。

为了维护市场秩序，保护权利人的合法权益，我社将依法查处和打击侵权盗版的单位和个人。欢迎社会各界人士积极举报侵权盗版行为，本社将奖励举报有功人员，并保证举报人的信息不被泄露。

举报电话：（010）88254396；（010）88258888

传　　真：（010）88254397

E-mail：　dbqq@phei.com.cn

通信地址：北京市万寿路 173 信箱

　　　　　电子工业出版社总编办公室

邮　　编：100036